低渗透岩性气藏
动态评价方法与应用

王东旭　李进步　刘志军　等编著

石 油 工 业 出 版 社

内 容 提 要

本书基于低渗透岩性气藏气井动态指标评价，系统介绍了低渗透岩性气藏气井地层压力、动态储量、产能及递减率等指标评价方法与适应性，并结合靖边、榆林等低渗透岩性气藏的开发实例给出了评价与分析过程，为开展低渗透气藏气井指标评价提供借鉴。

本书适合石油勘探开发研究人员及高等院校相关专业师生参考使用。

图书在版编目（CIP）数据

低渗透岩性气藏动态评价方法与应用 / 王东旭等编著. — 北京 ：石油工业出版社，2024. 2
ISBN 978-7-5183-6550-0

Ⅰ. ①低… Ⅱ. ①王… Ⅲ. ①低渗透油气藏-岩性油气藏-研究 Ⅳ. ①P618. 130. 2

中国国家版本馆 CIP 数据核字(2024)第 034822 号

出版发行：石油工业出版社
(北京安定门外安华里 2 区 1 号　100011)
网　址：www. petropub. com
编辑部：(010) 64523736
图书营销中心：(010) 64523633
经　　销：全国新华书店
印　　刷：北京中石油彩色印刷有限责任公司

2024 年 2 月第 1 版　2024 年 2 月第 1 次印刷
787×1092 毫米　开本：1/16　印张：13
字数：330 千字

定价：150. 00 元
(如发现印装质量问题，我社图书营销中心负责调换)

《低渗透岩性气藏动态评价方法与应用》

编 委 会

前　言

低渗透岩性气藏在我国鄂尔多斯盆地、四川盆地、松辽盆地、塔里木盆地等均有分布，其中，以鄂尔多斯盆地的低渗透岩性气藏数量最多。1989 年，榆林地区完钻的科学探索井——陕参 1 井，在奥陶系马家沟组试气，获无阻流量 $28.3\times10^4m^3/d$，由此发现了我国陆上最大的世界级整装低渗透气田——靖边气田。靖边气田下古生界气藏储层非均质性强、渗透率低，储量丰度低，单井产量低，是典型的地层—岩性复合圈闭类低渗透岩性气藏。靖边气田的发现突破了利用构造圈闭找气的勘探思路，实现了盆地天然气勘探的第三次重大战略转移，开拓了碳酸盐岩岩溶古地貌新领域，丰富了海相天然气勘探地质理论，开创了我国天然气开发的新局面。

20 世纪 80 年代以来，长庆油田在鄂尔多斯盆地探明并开发了靖边、榆林及子洲等低渗透岩性气藏。靖边下古生界碳酸盐岩气藏于 1991 年开始试采，开发历经综合评价和开发试验、探井试采、规模开发和稳产四个阶段，以 $55\times10^8m^3/a$ 规模连续稳产了 13 年，目前正逐步转入上古生界致密砂岩气藏接替稳产阶段。1995 年，陕 141 井在二叠系山西组砂岩储层试气，获无阻流量 $76.7\times10^4m^3/d$ 的高产工业气流，拉开了鄂尔多斯盆地下古生界低渗透碳酸盐岩气藏与上古生界低渗透砂岩气藏大规模勘探开发的序幕。靖边、榆林等气田的成功开发，开创了我国大型低渗透气田勘探开发的先河。

20 多年来，长庆油田立足低渗透岩性气藏的地质特征，通过技术攻关及管理创新，探索形成了储层精细描述、富集区筛选、井位优化部署、气井酸化压裂、动态精细评价及气藏全生命周期精细管理等开发技术系列，实现了长庆油田低渗透岩性气藏年产 $120\times10^8m^3$ 规模的高效开发，形成了一套较为成熟的气藏动态评价技术体系。

本书以长庆气区靖边气田、榆林气田及子洲气田低渗透岩性气藏为例，系统描述了气田开发全生命周期管理过程中气藏及气井动态指标评价技术方法与应用。全书分为七章，第一章介绍了低渗透气藏基本地质特征及开发中常用的主要技术；第二章主要介绍了低渗透气藏储层及开发特征、渗流规律和渗流理论；第三章总结了单井与气藏地层压力评价方法及其影响因素；第四章针对低渗透气藏气井生产工作难以稳定等实际情况，系统分析了多种动态储量评价方法及其影响因素，并结合实例应用与分析，形成了一套低渗透气藏气井动态储量评价技术体系；第五章全面总结了气井产能评价及合理产量确定方法，并根据不同生产阶段动态资料特征，形成了适时跟踪的气井动态产能评价方法；第六章分析了递减规律评价方法适用性、影响因素及在气田开发中的重要作用；第七章阐明了动态监测在开发中的作用及与动态分析之间的紧密关系，并详细介绍了动态监测的主要内容与监测成果的应用。

本书是靖边、榆林与子洲等低渗透岩性气藏动态分析工作者集体智慧的结晶，也是对多年工作经验与科研成果的一次系统总结。全书由刘志军统稿，王东旭、李进步及刘志军共同审定完成。在本书编写过程中，得到了中国石油长庆油田分公司勘探开发研究院、气田开发事业部各级领导和同仁的亲切关注与大力支持，同时也得到国内相关院校、科研机构和石油工业出版社多位专家的帮助和指导，在此一并表示衷心感谢。

由于理论水平有限，书中难免存在不足之处，恳请广大读者批评指正。

目　　录

第一章　低渗透气藏基本特征与主要开发技术 …………………………………………（1）
　第一节　低渗透气藏基本特征 …………………………………………（1）
　第二节　低渗透气藏开发主要技术 …………………………………………（4）
第二章　低渗透气藏储层渗流特征 …………………………………………（11）
　第一节　低渗透气藏储层及开发特征 …………………………………………（11）
　第二节　低渗透气藏储层渗流规律 …………………………………………（17）
　第三节　低渗透气藏渗流理论 …………………………………………（27）
第三章　地层压力评价 …………………………………………（33）
　第一节　单井地层压力评价方法 …………………………………………（33）
　第二节　气藏平均地层压力评价 …………………………………………（53）
　第三节　地层压力影响因素 …………………………………………（55）
　第四节　评价成果与应用 …………………………………………（57）
第四章　动态储量评价 …………………………………………（61）
　第一节　动态储量评价方法 …………………………………………（61）
　第二节　动态储量评价结果影响因素 …………………………………………（81）
　第三节　评价成果与应用 …………………………………………（85）
第五章　气井产能评价 …………………………………………（90）
　第一节　气井产能试井分析理论 …………………………………………（90）
　第二节　气井产能评价方法 …………………………………………（100）
　第三节　气井产能影响因素分析 …………………………………………（112）
　第四节　气井合理产量评价 …………………………………………（117）
　第五节　评价成果与应用 …………………………………………（121）
第六章　产量递减规律评价 …………………………………………（129）
　第一节　产量递减分析方法 …………………………………………（130）
　第二节　产量递减影响因素 …………………………………………（146）
　第三节　递减分析在开发中应用 …………………………………………（160）

第七章　气藏动态监测……(167)
第一节　动态监测目的与原则……(167)
第二节　动态监测和动态分析关系……(168)
第三节　动态监测内容……(170)
第四节　动态监测成果应用……(178)
参考文献……(195)

第一章　低渗透气藏基本特征与主要开发技术

低渗透气藏在我国广泛分布，和致密气藏有着不同的储层特征与分类标准，不同类型气藏采用不同的开发技术。本章简要介绍低渗透气藏基本概念、地质特征及主要采用的开发技术。

第一节　低渗透气藏基本特征

一、低渗透气藏基本概念

低渗透气藏包括低渗透砂岩气藏、火成岩气藏、碳酸盐岩气藏及煤层气气藏等，常规开采方式难以有效规模开发。其关键点是“常规措施难以规模有效开发”，不是一般的技术可以实现有效规模开发的气藏。在我国，大多数气藏属于低渗透气藏，储层普遍具有低孔低渗的特点。其开发特点为气井自然产能普遍较低且分布极不均，生产压差大，稳产条件差，大部分井投产前需要进行加砂压裂改造。

与油藏相比，天然气藏的储层物理特性更为复杂，气体有不同于液体的特殊可压缩性。由于低孔低渗的特点，气、水及少量的油赖以流动的通道很窄，渗流阻力很大，液固界面及液气界面的相互作用力很大，使水锁效应和应力敏感性明显增强，并导致油、气、水渗流规律发生变化。由于这类气藏的储层具有非均质性强、孔喉半径小、含水饱和度高等地质特征，所以在开发方面它们与常规气藏之间有相当大的差异。我国已经开发了几个这类气藏，取得了一些经验和教训，主要开发工艺技术为：(1)开展气藏精细描述，划分出各类储层的分布范围；(2)储层易受到伤害且难以恢复，必须采取保护储层的钻井完井技术；(3)实施加砂压裂改造工艺技术，能够明显改善储层渗流条件，大大提高气井产能。

对于气藏来说，目前世界上通常将渗透率小于 1mD 的气藏称为低渗透气藏，将渗透率小于 0.1mD 的气藏称为特低渗透气藏。与常规气藏相比，低渗透气藏具有孔隙度低、渗透率低、非均质性强、采收率低等特点。由于开采工艺复杂、开采成本较高，相应经济效益也较低。但在气藏开发中，低渗透气藏具有广泛的资源，因此有重要的开采价值。

低渗透气藏和致密气藏的分类见表 1-1。

表 1-1　低渗透气藏和致密气藏的分类标准

《天然气藏分类》（GB/T 26979—2011）		美国（Elkins）		中国石油勘探开发研究院		
名称	有效渗透率（mD）	名称	地下渗透率（mD）	名称	渗透率（mD）	产能特征
低渗透气藏	0.1~5	一般层	>1	—	—	—
		近致密层	0.1~1	低渗透气藏	1~10	有一定自然产能，措施后可获较高产工业气流
致密气藏	≤0.1	致密层	0.005~0.1	特低渗透气藏	0.1~1	无自然产能或产量低，措施后可获工业气流
		很致密	0.001~0.005	特低渗透气藏	0.1~1	无自然产能或产量低，措施后可获工业气流
		超致密	<0.001	致密气藏	<0.1	目前技术条件下，难以获得获工业气流

二、低渗透气藏基本特征

根据一些典型的低渗透气藏储层物性、孔隙结构、电性、产能等参数研究结果，低渗透气藏单一砂层内不同部位储层特性有较大差别，其黏土矿物类型、分布、产状亦不相同，且砂体发育程度、物性、连通性、含气性、有效厚度也各不相同，这些均反映了低渗透气藏储层具有强非均质性的特征。通过对低渗透砂岩气藏储层特征统计分析得出，储层岩石大多数为细砂岩—粉砂岩，胶结物和泥质含量较高，以孔隙式胶结为主。

总的来说，低渗透气藏储层的主要地质特征是断层多、构造复杂、储层发育、物性差、非均质性强、储量丰度一般较大，地层压力高。

（1）埋藏深度大：埋深多数在 3000m 以深，塔里木盆地迪那气田超过 5000m，见表 1-2。

表 1-2　中国气藏的埋藏深度

盆地	气田（藏）名称	层位	气藏埋深（m）	埋深类型
塔里木	迪那	E	4750~5550	超深
鄂尔多斯	靖边	O	3150~3750	中深
	榆林	P	2650~3100	中深
	苏里格	P	3000~3800	中深
	乌审旗	P	3100~3150	中深
四川	八角场	J	3000~3200	中深
	白马庙	J	800~1500	浅

（2）成岩作用强烈：以次生孔隙为主，微细孔发育，储层经历一系列的成岩演化，成岩作用强度大。压实（压溶）作用和胶结作用使储层孔隙减少，孔喉为小孔隙、细喉道；

溶蚀作用是次生孔隙主要来源。

(3)储层岩性细：低渗透气藏储层以细粉砂岩—粗粉砂岩为主，粒度中值0.037~0.076mm，岩石成分主要为石英、长石。砂岩的颗粒磨圆度中等，以次棱角状为主，胶结类型以孔隙式胶结为主。

(4)储层物性差：储层平均孔隙度5%~10%，平均渗透率0.5~5mD。含气层电性特征为低阻气层，电阻率小于8Ω·m，一般为3Ω·m，见表1-3。

表1-3　中国气藏的储层物性分类

盆地	气田(藏)名称		孔隙度(%)		渗透率(mD)		渗透类型
			分布范围	平均	分布范围	平均	
塔里木	迪那		5.8~10	7.2	0.1~1.4	0.95	低、特低
松辽	徐深		4.5~6.0	5.9	0.07~5.74	1.9	低
鄂尔多斯	大牛地	盒3	1.07~18.60	7.88	0.01~17.2	0.94	低、特低
		山1	0.30~13.90	6.8	0.02~3.60	0.5	低、特低
	榆林		3.5~11.00	6.48	0.24~35.0	4.85	低
	苏里格	盒8	6.00~10.0	8.59	0.05~3.0	0.87	低、特低
		山1	6.00~10.0	7.21	0.05~2.0	0.55	低、特低
	靖边	盒8	4.00~11.0	7.6	0.10~0.70	0.41	特低
		山1	4.00~12.0	8.5	0.10~1.50	0.72	特低
		马五$_{1+2}$	4.00~8.00	5.7	0.2~34.0	3.48	低
四川	白马庙		3.0~22.9	11.78	0.08~6.4	2.2	低
	新场		2.25~23.12	12.31	0.15~6.63	2.56	低
	洛带		3.0~19.1	11.2	0.01~6.15	2.17	低
	八角场		2.0~17.75	10	0.54~1.00	0.629	特低

(5)储层含气性好：绝大部分低渗透气藏的储层含气，含气饱和度一般大于60%。

(6)气藏类型多样：按储集体形态分为块状、层状和透镜状三类，见表1-4。

(7)开发难度大：与国外低渗透气藏相比，我国低渗透气藏地质条件较差、整体开发难度更大，见表1-5。

表1-4　中国气藏类型以及基本特征

气藏类型	基本特征					典型气藏	
	储集体产状	隔层分布	气层厚度(m)	储量丰度($10^8m^3/km^2$)	气水分布	低渗透	特低渗透
块状气藏	块状连续分布	无连续隔层	>20	>10	多有底水	文23	八角场
层状气藏	层状连续分布	隔层连续	10~20	单层小于2	边水或局部滞留水	榆林、迪那、新场	—
透镜状气藏	透镜状	包围渗透层	<10	<2	气水关系复杂	苏里格、大牛地	—

表 1-5 国内外气藏开发难度对比

气藏条件	埋藏深度	储层性质	典型盆地
国内气藏	埋藏深，一般在 3000m 以上，有 5000m 超深气藏	厚度薄(<30m)，非均质性强(变异系数>0.4)	鄂尔多斯
国外气藏	中浅层为主，一般在 2000m 左右	厚度大(>30m)，较均质(变异系数<0.4)	美国圣胡安

三、低渗透气藏开发特点

低渗透气藏具有低孔、低渗透、非均质性强的储层地质特性，其渗流能力低，且易发生低速非达西渗流效应，气藏压力衰竭式开发方式下主要依靠天然气弹性膨胀能量降压开采。低渗透气藏的开发特征主要表现有下几点。

(1)气井产能普遍低，气藏产能分布极不均衡，主要是由气藏自身物性差、储层非均质性强所致。

(2)因气藏储层物性差、渗流能力低、压力波向外传播困难、气井外围气体供给能力弱，表现出气井单井控制动态储量低、生产压差大、稳产困难等开发特征，主要依靠不断增大生产压差来实现气井稳产。

(3)气井产能下降快、产量递减迅速。低渗透气藏气井的稳产条件普遍较差，气井产能下降快、产量递减迅速，究其原因主要体现在以下几个方面：①气井在大压差生产条件下，储层的再压实作用强，应力敏感效应明显，使得气井有效泄流区域内的储层孔隙度和绝对渗透率下降幅度大；②泥岩的再压实作用，使泥岩内饱和水被排驱到储层，增加了储层的含水饱和度，降低了气相渗透率；③气井采用大密度钻井液钻井时，部分钻井液颗粒进入地层，钻井液滤液使黏土发生膨胀，产生分散颗粒，随着气井大压差生产，逐渐运移到井筒附近，并堵塞部分渗流通道。

综上，因受多因素叠加综合影响的作用，低渗透气藏气井产量呈不稳定的开发特征。为保证低渗透气藏取得最大的经济效益和合理的稳产年限，就需要针对该类气藏的实际地质特征和开发特点，做好与之相对应的研究工作，并制订合理的工艺技术措施，以达到科学合理经济开发的目的。

第二节 低渗透气藏开发主要技术

低渗透气藏在鄂尔多斯盆地、川西地区、大庆深层、塔里木深层、渤海湾地区深层都有分布，经多年的开发经验与实践，为提高低渗透气藏天然气储量动用程度和开发效益，目前在地质工程和气藏工程方面，已形成了以下几个方面的主要技术研究方向。

一、气藏描述技术

气藏描述属于认识上的问题，即如何准确客观地认识气藏与储层的特征和规律，鉴于低渗透气藏的特殊性及对该类气藏的认识程度，尚需在以下两个方面不断进行攻关与研究。

1. 气藏的成因及类型

气藏成因控制气藏类型，气藏类型又直接决定气藏的形态、规模及范围。一般来讲，以岩性为主控因素的低渗透砂岩气藏分布范围一般巨大，如榆林气田。以构造为主控因素的低渗透砂岩气藏一般是在一定的构造圈闭内，对于具有较大闭合高度与面积的构造而言，也可以形成相当规模的气藏，如大北、迪那等气田。但在整体比较平缓的地层条件下，形成受到相当的限制，只有在局部的次级构造高部位可以形成气藏，气藏规模受到了限制，往往具有较高的含水饱和度，给开发带来相当难度。

2. 气藏的沉积体系与砂体类型

对低渗透气藏沉积体系的研究成果与认识，主要体现在以下几个方面。

(1)沉积体系内部不同沉积相带的研究。研究的基本单元是微相，不仅要研究各成因单元砂体的类型，也要研究其规模、形态、方向性与展布规律。由于低渗透的沉积背景，在这种类型的储层中，砂体与有效砂体的规模有着极大的差异，有时有效砂体仅为砂体的一部分或一小部分，如果具有这一特征，对有效砂体的沉积特征与成因类型的研究将是重中之重。

(2)有效储层控制因素的研究。对于该种类型的气藏而言，在开发过程中表现出的直接差异是物性的好坏，但仅从这一参数很难做到对未钻井区的预测，所以，有必要建立不同微相单元与物性之间的关系以明确不同沉积体系各微相的形态、特征与规律，预测沉积相带控制下的有利储层发育区。

(3)地球物理研究预测有利储层与气藏富集区。由于低渗透砂岩气藏强烈的非均质性，在气藏的不同部位差异性极大，从已开发的气藏来看，在气藏内部进一步的划分非常必要。开展地球物理预测研究，一般具有两个层次的意义，利用预测结果，首先是在气藏内部选择富集区，其次是在富集区进行井位部署。通过多年的实践与技术攻关，对榆林型气藏的预测已经取得了良好的效果，但对须家河组含水气藏的预测还要进一步攻关。地球物理在储层预测方面的可靠性值得信赖，攻关的方向是在进一步提高储层预测精度的同时，进行流体饱和度的预测，同时，做好地质与地球物理的结合，真正做到在地质模式指导下的储层预测。

(4)低渗透储层参数的测井解释研究。低孔隙度、低渗透储层的参数解释一直是测井研究的重点与难点。在几个重要的参数中，对孔隙度的解释最为可靠，对渗透率的解释表现出较大的不确定性。对于气藏而言，由于气体极好的流动性及气水两相的极大差异性，除渗透率仍然作为重点需要解释的参数之外，饱和度的解释，特别是可动水饱和度的解释显得尤为重要。在今后的重点攻关中，气藏描述对测井的需要主要有以下两个方面，一是建立更加有针对性的测井图版，可以解释不同地质条件下的储层参数；二是攻关低渗透储层的参数解释精度，特别是攻关气、水饱和度及可动水饱和度的解释精度，为地质研究与气田开发提供准确可靠的参数体系。

二、产能评价技术

1. 产能试井评价技术

气井产能试井从常规回压试井发展到等时试井、修正等时试井，虽然缩短了测试时间、减少了测试费用，但因产能试井测试要求必须至少有一个产量数据点的压力达到稳定，故对于低渗透气藏，稳定点的测试是一个巨大的挑战。此外，还有一点法产能试井，尽管该试井方法只需测试一个稳定点的产量和压力，在缩短测试时间、减少了气体放空、节约大量费用等方面存在显著的优势，是一种测试效率较高的方法，但是对资料的分析与处理带有一定的经验性，其分析结果存在较大误差，多用于勘探试气阶段的试井测试，因而限制了其在开发生产阶段的广泛应用。

对于非均质性较强的低渗透气藏而言，多“边界反应”造成的多解性问题、不稳定二项式产能直线斜率为负的问题，以及生产时间较长或产出量较大时地层压力的取值等问题，都需要从试井技术的发展、改进以及资料的处理方法上来满足和适应低渗透气藏产能评价的需要。从气藏评价现场要求来讲，产能试井方法发展应本着测试程序简单、操作方便、测试结果可靠，或者采用不稳定试井与产能试井不稳定部分的测试数据联合评价的方法，从而避开低渗透储层无法有效获取稳定测试点的技术难题。近年来，产能试井评价技术的发展非常缓慢，如何利用生产数据评价气井的实际生产能力已成为一个重要的攻关方向。

2. 用不同开发阶段的生产数据评价产能

对于均质无限大气藏而言，整个开发过程中，生产数据反映的气井生产规律和生产能力是一样的，与生产制度无关。但对于强非均质性低渗透气藏而言，气井生产的不同阶段却表现出不同的生产规律和生产能力。以榆林气田为代表的低渗透气藏，表现出明显的多段式的生产规律，不同阶段的生产规律反映了不同储层的渗流特性及生产能力。

不同生产阶段的产能反映了不同压力波及范围内储层的地质和渗流特征，产能评价方法和意义也是不同的，因此，低渗透气藏的产能评价应该分不同阶段进行。而在实际生产中，利用初期生产数据评价气井产能是能有效地指导气井合理配产，确定合理的生产制度，以及指导或改进地面工程方案。在不进行产能试井、快速投产的情况下，如何利用初期的生产数据来准确评价气井的生产能力，主要采用的是经验统计法。针对某一个具体气藏，统计总结探井、评价井或早期开发井的初期生产数据，评价气井生产能力与最终生产能力之间的相关关系，将这种关系应用到该气藏的其他新投产井上，从而预测出气井的产能。经验方法能够对投产初期的气井产能进行评价，然而在非均质性较强的低渗透气藏中，不同气井钻遇的有效储层特征差异较大，经验方法的适用性受到质疑，况且经验方法缺少理论基础。如何从渗流理论和气藏工程角度解决这一问题，将是今后的研究方向。

3. 单井生产规律与区块生产规律

对于生产区块中的单井，其生产规律与钻遇储层条件、稳产时间、配产量、压力降落速率、增产措施等因素有关。气井经历稳产、递减两个阶段，当配产合理时，气井都会有一定的稳产期，稳产时间的长短受钻遇储层条件、配产量等因素影响。当单井配产较高，超出气井供给能力时，稳产时间变短，气井迅速进入递减阶段。

在国内，为了满足产量需求，单井一般是先定产生产，待压力降到一定值，不能满足定产条件时，转为定压生产，产量开始递减。单井递减规律有 Arps 提出的指数递减、双曲线递减、调和递减等三种经典递减规律，以及在三种经典递减规律的基础上提出的修正双曲线递减、衰竭递减等递减规律。低渗透气井的产量递减阶段一般很长，递减规律也不是一成不变的。在递减阶段的不同时期，可能有不同的产量递减规律。总的来看，产量递减速率是逐渐减小的，单位压降产量是逐渐增加的。准确认识气井不同产量递减阶段的递减规律，对预测气井未来的产量具有重要的指导意义。

整个区块的生产规律受单井生产规律的影响，但又不同于单井。区块开发的实际经验表明，无论何种储集类型、驱动类型和开发方式，区块开发全过程都可以划分为产量上升期、稳定期、递减期。产量上升期主要受建井时间及建产井产量的影响，稳定期部分单井可能处于产量递减阶段，但有新投产井(井间加密或新区块)弥补产量递减，整体保证区块的产量稳定。产量稳定期的长短主要受建产规模、钻井总数、单井产能等因素决定。区块产量递减期即新井投产或老井增产已无法弥补老井的产量递减，区块开始进入整体产量递减。区块产量的递减规律分析方法同样采用 Arps 的研究成果，就是用统计方法对产量变化的信息加工，虽然对这些变化的机理不清楚，但通过对生产数据的加工处理，就可以在某种程度上揭示气藏中出现的一些问题本质。从而可以从根本上解决这些问题，预测区块未来产量和累计采出量，更有效地指导气田合理开发。

4. 合理采气速度

合理采气速度应以气藏储量为基础，以气藏特征为依据，以经济效益为出发点，尽可能地满足实际需要，保证较长时期的平稳供气，并获得较高的采收率。研究方法一般首先建立气藏三维地质模型，再对气藏的实际生产历史进行拟合，定量确定出气藏参数分布和气井参数。在此基础上，利用开发指标、经济指标来优化采气速度。

对于无边底水的弹性均质低渗透气藏，采气速度的大小完全受气藏弹性能量大小和渗流供给能力的影响。在储层渗流供给能力允许的范围内，采气速度对其最终采收率影响不大，因此可适当加大采气速度。如长庆油田长北合作区采气速度是 3.68%，地层压力和生产情况良好。

对于边、底水活跃的裂缝—孔隙型非均质性低渗透气藏，采气速度的大小直接影响气藏的开发效果和最终采收率。四川盆地西部地区须家河组低渗透砂岩气藏属构造控制的断层背斜气藏，储层类型为裂缝—孔隙型，裂缝和储层的有效搭配是气井获得高产的重要条件。气藏普遍具有边水或底水，水体较活跃，水侵方式为沿裂缝水窜，气井见水后产能下降明显。因此，在气藏开发过程中应严格控制采气速度(2%以下)，以避免气藏过早见水，造成恶性水淹，影响总体开发效果和最终采收率。因此，对于边、底水活跃的裂缝—孔隙型非均质低渗透砂岩气藏，应严格控制采气速度，结合堵水、排水措施，充分利用地层能量、发挥裂缝高渗透优势是保持高产稳产、提高最终采收率的最有效途径。

因此，对于无边、底水或边、底水不活跃的低渗透气藏，采气速度主要由稳产期决定，其对气藏的最终采收率影响不大；而对于边、底水活跃的低渗透气藏，特别是有裂缝发育的气藏，采气速度的大小决定着能否有效地防止底水锥进和边水入侵，是否充分利用地层能量也决定着最终采收率的高低。

三、地层压力评价技术

地层压力是气藏能量的直接体现，及时、准确地掌握气藏的地层压力变化，对于气藏动储量计算、产能核实、开发效果预测、加密调整都具有重要的意义。

不同时期的地层压力主要通过下井底压力计实测关井后的稳定压力和通过井口压力等生产数据外推来获取。由于低渗透气藏大面积关井测压需要测试时间，一方面影响了供气要求，另一方面增加了测试成本。在气藏实际开发过程中，不可能频繁地关井下压力计来测量地层压力及长时间的关井来进行压力恢复测试，如何直接利用生产数据来获取气井不同时期的地层压力成为急需解决的问题。

关井条件下地层压力评价技术主要是利用关井进行压力恢复试井，得到不同时期的地层压力。目前常规的计算方法主要有压降曲线法、井口套压折算法和 MBH 法。

不关井条件下地层压力评价技术主要是利用生产数据，通过各种方法得到不同时期的地层压力。目前常规的计算方法主要有流动物质平衡法和现代产量不稳定分析法。

对于各种评价方法，以实际关井测压的地层压力作为比较标准，将利用各种方法计算的地层压力值与实际关井测压的地层压力值进行对比，开展误差分析，进而判断各种方法的可靠性，验证该方法在气井整个生产历程中的适用性，进一步攻关并优选出适合低渗透气藏气田的地层压力评价方法。

四、动态地质储量评价技术

动态地质储量是气田开发方案编制、规划、动态分析、可采储量标定、开发部署等的重要依据，也是储量动用程度分析、评价的重要指标。因此，在气田开发过程中，落实动态地质储量是重要的工作内容之一。

评价气田动态地质储量的方法一般有气藏物质平衡法、模型预测法、气井不稳定试井法、产量递减法、经验法等，评价方法均根据气田生产动态数据（如地层压力、井底流压、产气量等）来计算动态地质储量。动态资料是气藏中天然气流动特征的体现，利用动态资料评价的储量结果是气田中可渗流或流动的地质储量，即动态地质储量。

动态地质储量评价技术计算气田地质储量是有一定条件的，如气藏物质平衡法的应用一般要求地层压力降大于 10%；气井不稳定试井法的应用要求气井生产动态出现拟稳态；模型预测法通常要求气藏生产到中后期；产量递减法要求油气藏生产至递减期等。落实动态地质储量是一个漫长的历史过程，气田开发时间越短，计算方法越少，计算的精度也越低；气田开发时间越长，积累的动态资料越多，适合计算的方法也越多，计算结果越准确。动态地质储量不仅排除了容积法计算地质储量的各项参数取值的不确定性，而且排除了不可渗流的无效油气储量，是可靠的地质储量。

准确的气藏或单井储量计算与分析，关系着对气藏的客观综合评价，关系着气井产量及工作制度的制定与开发井网部署和调整，是气田高效、科学开发的基础，是实现气田长期高产、稳产的前提条件。

针对低渗透气藏气井工作制度不稳定、生产动态特征差异大等难点，长庆低渗透气田在压降法等常规方法研究的基础上，根据不同类型气井渗流和生产动态特征，形成了流动物质平衡法、气藏影响函数法、优化拟合法、数值试井法等方法，对落实气田开发单元储量，分析各单元储采比，开展区块调控、内部加密、精细管理等提供参考依据。

五、递减规律分析技术

产量递减规律分析是油藏动态管理的一个重要内容，自 1945 年 J J Arps 总结出产量递减规律后，国内外众多学者对递减分析进行了研究，提出了一系列的产量递减方程及产量预测方法。传统 Arps 方法是利用相关系数去判别递减类型，对于同一条生产递减曲线，不同递减类型回归出来的相关系数往往相差不大，造成递减类型判识不准确、递减规律认识不清等问题。加之低渗透气井产量递减特征复杂多变，仅仅靠一个递减类型无法准确展现其递减规律，如何避免递减类型的判识成为需要解决的问题。

油气藏产量递减首先是由油气藏先天的地质条件约束造成的，故递减分析必须先从地质上寻找递减影响因素，分析产量递减和地质参数之间的关系。有很多的科研工作者已经对递减影响因素进行了分析研究，但对于地质影响因素与产量递减之间的关系仍缺少一套完整的理论方法。虽然目前递减影响因素分析并不全面，但是随着人们对其重视程度越来越高，以后肯定能够形成系统的方法，并在油气藏的中后期开发过程中起到积极的作用。针对低渗透气藏气井产量递减存在递减类型判识不准确导致递减规律认识不清等问题，从传统 Arps 递减类型判识、递减率及其影响因素和产气量变化等方面开展了研究。

一是递减类型判识方法研究。针对传统 Arps 方法通过线性相关系数来判定递减类型造成气井递减类型判识难度大的问题，以现代产量不稳定分析法评价动储量为标准，通过对比不同递减类型下气井技术可采储量来优选递减类型；另从 Arps 双曲递减通式出发，推导并绘制了不同 n 值情况下无量纲递减率和采出程度的图版，图版法可快速获得 n 值，实例表明图版法与不稳定分析动储量评价法结果基本一致。

二是递减率影响因素研究。气井递减率随生产时间不断变化，且与储层、工作制度等有关，建立典型低渗透气井单井数值模型，运用单因素分析法，研究递减率变化规律及其主要影响因素。结果表明，气井递减率呈快速递减和缓慢递减两个阶段，气井进入递减期 2~3 年后递减率趋于稳定；递减率随着渗透率、含气饱和度、井口压力的增加而增加，随孔隙度、井控储量的增加而减小；生产后期递减率不随储层厚度、初期配产、地层压力变化而改变。采用正交试验设计方法，确定出井控储量和渗透率为影响低渗透气井产量递减的主控因素。

三是递减率模型的建立。针对井控储量、渗透率、地层压力和配产气量等 4 个主要影响因素，运用响应曲面设计，回归递减率与各因子非线性模型，以快速准确地预测出递减率，且能够避免传统 Arps 方法递减类型的判识。根据预测模型，井控储量越大，渗透率越小，递减率越小。为降低气井生产过程中产量递减率，综合考虑各参数对递减率的影响，尽量提高气井的井控储量。

四是产气量递减模型研究。直接从低渗透气井产量递减曲线的特征入手，改进幂律产量递减模型，物理意义明确，改进模型比幂律模型拟合精度更高；针对递减指数在递减过程中不断变化，推导产量递减分析模型，提高模型对低渗透气藏产量递减分析的适用性。

六、动态监测及动态分析技术

气藏动态监测、分析和管理是气田开发管理的核心，它贯穿于气田开发的始终。气藏动态分析的主要内容包括对气藏连通性、气藏流体性质、驱动方式、储量、气藏及气井生产能力和规模、储量动用程度及剩余资源潜力和采气工艺措施效果及井况等的分析，并进行超前预测。只有掌握气井、气藏的开采动态和开发动态，研究分析其动态机理，不断加深对气井、气藏的开采特征和开采规律的认识，才能把握气田开发的主动权，编制出最佳的开发调整方案、开采挖潜方案和切合实际的生产规划，实现高效、合理和科学开发气田的目的，并指导下游工程的健康发展。

第二章　低渗透气藏储层渗流特征

鄂尔多斯盆地天然气资源丰富，气藏类型复杂，发育低渗透碳酸盐岩气藏（靖边气田为代表）和低渗透砂岩气藏（榆林气田、子洲气田为代表）。低渗透气藏由于储层的特殊性，常常会产生滑脱效应、高速或低速非线性渗流、应力敏感性及可动水等问题，这些问题是目前低渗透气藏开发的热点问题。低渗透气藏储层地质条件复杂，存在渗透率低、孔隙度低、埋藏深度大、应力敏感性强、含水饱和度较高及非均质性强等特点。这些特点使得低渗透气藏储层的渗流特征及规律差异，在开发过程中实施的开发技术政策不一。低渗透气藏复杂渗流规律是有效开发气藏和掌握气井动态的重要理论基础，认识低渗透气藏气体渗流机理，建立气藏气体渗流数学模型，形成理论体系，对低渗透气藏合理高效的开发具有重要的科学指导意义。

第一节　低渗透气藏储层及开发特征

我国已发现的低渗透气藏有其自身的特点：天然气储层大多属于中低渗透储层，并且低渗透、特低渗透储层占了相当的比例，这些储层非均质性明显，孔隙度低，连通性差，水敏和酸敏性突出，水锁贾敏效应严重，其开发规律极其复杂。因此，厘清低渗透气藏的开发规律，可指导此类气藏有效开发，对提高我国低渗透气藏的开发技术水平具有十分重要的作用和意义。

一、低渗透气藏储层特征

榆林气田山2气藏，属于低渗透砂岩气藏，其山2段砂岩储层平均有效厚度10.7m，孔隙度6.5%，渗透率4.68mD，含气饱和度82.7%。气藏生气源岩主要为石炭系、二叠系煤系地层，物理性质相对稳定。榆林气田天然气组分中无H_2S气体，甲烷含量大于95%，气藏属于干气气藏。

1. 储层岩石学特征

榆林气田山2储层岩性包括石英砂岩、岩屑石英砂岩及岩屑砂岩，其中以石英砂岩为主，岩屑砂岩次之（图2-1）。通过对129个样品进行统计分析，石英砂岩占61.2%，岩屑砂岩为24.1%，岩屑石英砂岩为14.7%。

2. 孔隙类型

榆林气田山2储层主要孔隙类型以粒间孔、晶间孔、溶蚀孔为主，局部伴有少量微孔和微裂隙。粒间孔所占比例最高，为38.4%，其次是晶间孔（30%）；溶蚀孔中以岩屑溶孔（63.4%）为主（表2-1）。

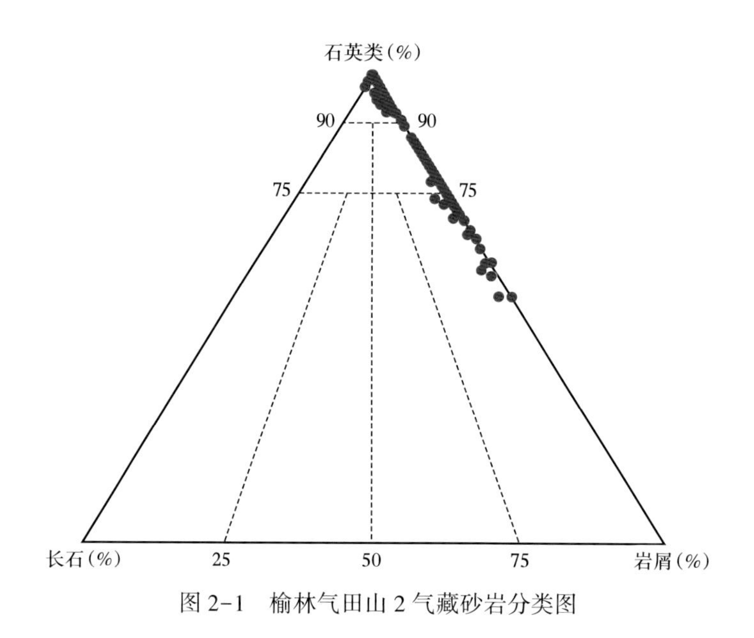

图 2-1　榆林气田山 2 气藏砂岩分类图

表 2-1　榆林气田山 2 气藏孔隙类型分布表(样品 107 块)

<table>
<tr><th rowspan="3">层位</th><th colspan="9">孔隙类型及含量(%)</th></tr>
<tr><th rowspan="2">粒间孔</th><th rowspan="2">晶间孔</th><th colspan="5">溶蚀孔</th><th rowspan="2">微孔</th><th rowspan="2">微裂隙</th></tr>
<tr><th>岩屑溶孔</th><th>溶孔</th><th>基质溶孔</th><th>粒间溶孔</th><th>杂基溶孔</th></tr>
<tr><td>山 2</td><td>38.4</td><td>30.0</td><td>17.7</td><td>0.2</td><td>0.7</td><td>7.3</td><td>2.0</td><td>1.0</td><td>2.7</td></tr>
</table>

1)粒间孔

粒间孔是指砂岩在成岩演化过程中，经受了压实、胶结等一系列的成岩作用后，孔隙空间减少，所保留下的原始的骨架颗粒之间未受明显溶蚀和未被胶结物完全堵塞的一种孔隙。榆林气田铸体薄片和扫描电镜分析显示，山 2 储层砂岩仅有少量原生粒间孔保存，由于成岩作用的差异性，故各气井砂岩中保存的原生粒间孔含量亦不同(图 2-2、图 2-3)。

2)晶间孔

晶间孔是榆林气田砂岩储层次要的孔隙类型，占整个孔隙的 30%，晶间孔基本上为自生和蚀变高岭石晶间孔隙，主要由重结晶作用形成，因而孔隙度都比较规则。研究区可见高岭石晶间孔、伊利石晶间孔和绿泥石晶间孔。其中，高岭石晶间孔最发育(图 2-4、图 2-5)。区内砂岩中高岭石较发育，除了少部分因压实形成的致密层中未发现高岭石外，其余样品中均不同程度见到高岭石。分析认为该区高岭石是由泥质杂基，千枚岩、泥岩、板岩等岩屑颗粒以及少量云母、长石蚀变形成的。高岭石晶体的自形程度较好，边缘较规则。总的来说，山 2 砂岩储层中高岭石晶间孔较为发育，虽然孔径小，但数量多，规模大，是该区主力含气层段主要储集类型之一。

图 2-2　粒间孔(榆 41-A 井)

图 2-3　粒间孔(榆 42-B 井)

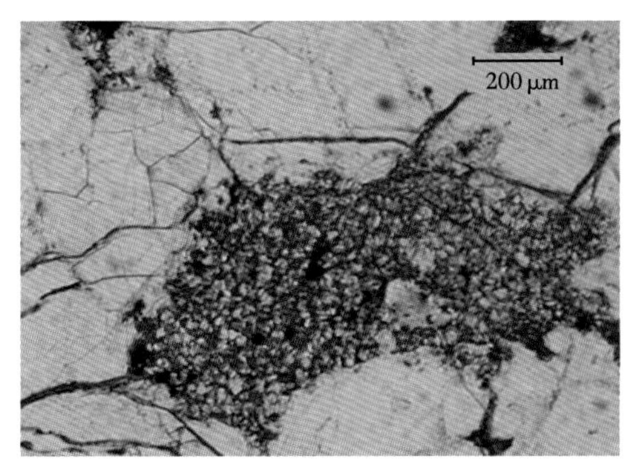

图 2-4　高岭石晶间孔(榆 C 井)

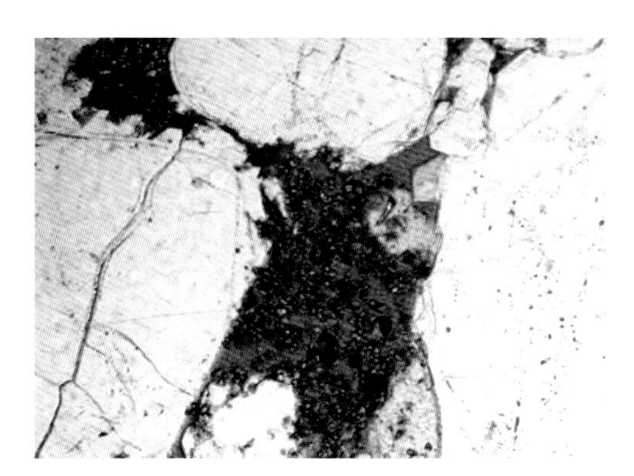

图 2-5　晶间孔(榆 41-D 井)

3)溶蚀孔

溶蚀孔指由碎屑颗粒、基质、自生矿物胶结物或交代矿物中的可溶成分被溶解形成的孔隙。由长石溶解所形成的孔隙在砂岩中普遍存在。溶蚀孔可分为(粒间)溶孔、铸模孔、颗粒内溶孔和胶结物内溶孔等类型(图 2-6、图 2-7)。榆林气田储层溶蚀孔主要发育岩屑溶孔和粒间溶孔。

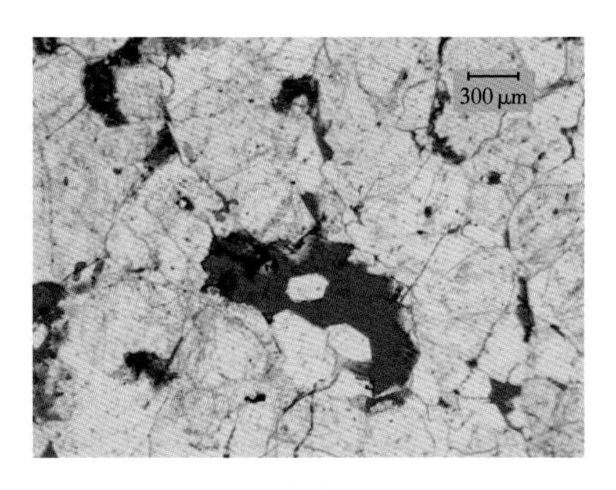

图 2-6　粒间溶孔(榆 42-2 井)

图 2-7　粒间溶孔(高岭石晶间孔，榆 42-2 井)

除粒间孔、晶间孔和溶蚀孔外，榆林气田地区还发育微裂隙，但所占比例非常小，仅占2.7%。

3. 孔喉结构特征

孔隙结构是指孔隙和喉道的大小、几何形状、连通性、配置关系及演化特征（裘亦楠等，1991）。孔隙和喉道是砂岩储集空间的两个基本因素，喉道的粗细特征严重影响着岩石的渗透率，喉道与孔隙的不同配置关系，可以使储集层呈现出不同的性质。

根据不同物性储层的孔隙结构参数分布情况，将榆林气田孔隙结构划分为四种类型：Ⅰ型、Ⅱ型、Ⅲ型和Ⅳ型(图2-8)。Ⅰ型和Ⅱ型占主体，约80%。压汞曲线具有较宽的平台，排驱压力较低，一般小于1MPa，平均孔径多分布在10~100μm；喉道中值半径大部分小于4μm，最大可达15.1μm，反映了石英砂岩储层孔喉大、歪度粗、分选好的孔隙结构特征(图2-9、图2-10)。

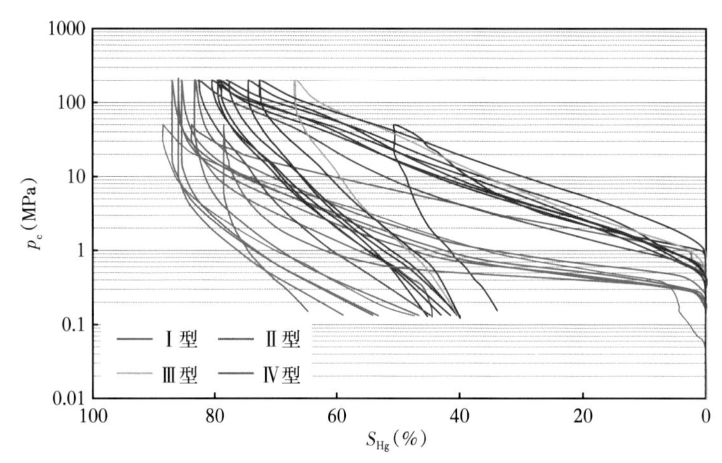

图2-8　榆林气田不同类型毛细管压力曲线

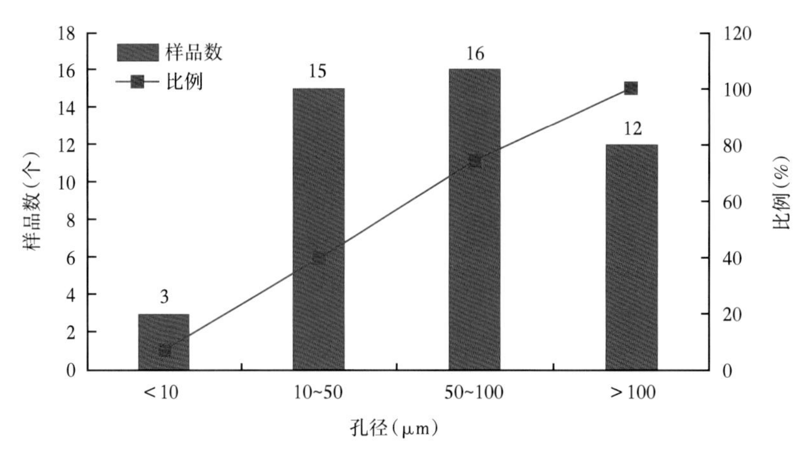

图2-9　储层孔径大小及分布图

4. 储层物性特征

根据32口井1718个岩心物性资料的统计，储层孔隙度值分布在0.1%~13%之间，主要分布区间为2%~10%之间，其中4%~6%的样品占主体(38.5%)(图2-11)；渗透率值主要

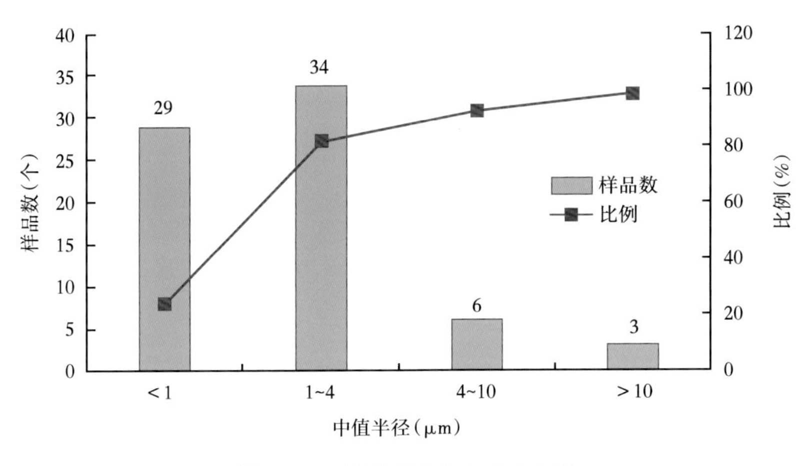

图 2-10　储层喉道大小及分布图

分布在 0.01~50mD 之间，其中 0.1~0.5mD 的样品占主体（33.6%）（图 2-12）；根据砂岩储层评价分类标准（SY/T 6285—2011），储层为一套低孔、低渗透储层。

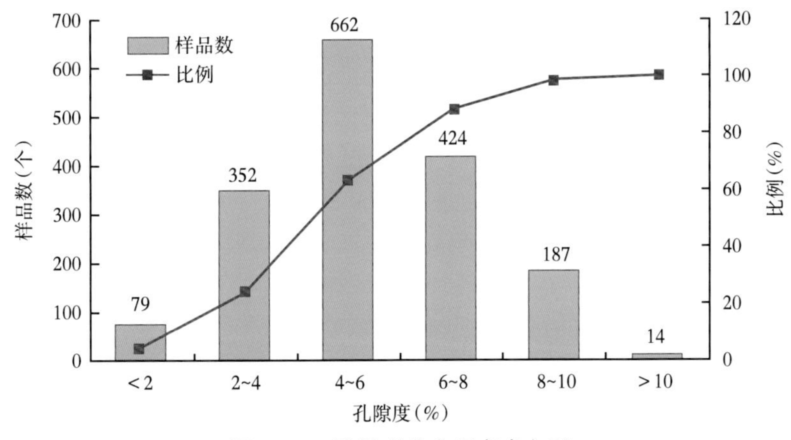

图 2-11　孔隙度分布频率直方图

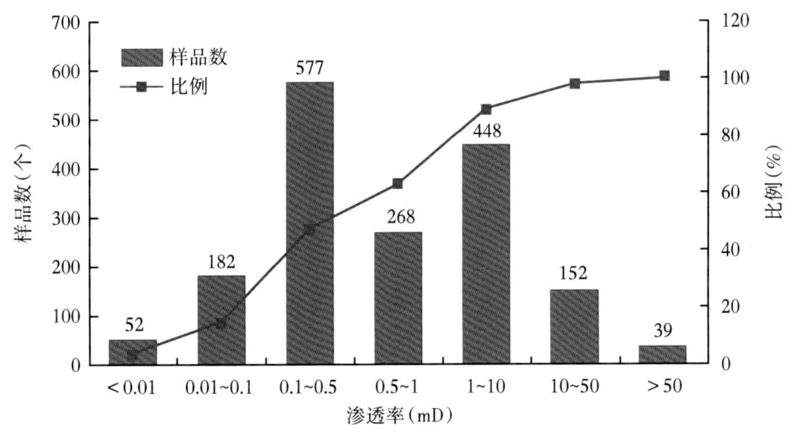

图 2-12　渗透率分布频率直方图

二、低渗透气藏开发特征

低渗透储层由于孔喉细小、比表面积和气边界层厚度大、贾敏效应和表面分子力作用强烈，其渗流规律不遵循达西定律，具有非达西型渗流特征。启动压差效应是指岩样两端流动压差增大到一定程度后气体才开始流动的现象。气体发生流动所需要的最小压差即为启动压差，描述了气体从静止到流动的突变和时间滞后现象，表现为渗流直线段延长线不通过坐标原点(达西型渗流通过坐标原点)，而与压力梯度轴相交，其交点即为启动压力梯度。渗透率越低，启动压力梯度越大。贺伟等采用 7 块低渗透气藏的实际岩心，岩心的孔隙度为 7%~15%，渗透率为 0.07~2mD，进行了特殊渗流机理实验，研究表明在干岩心中气体渗流符合达西定律；当岩心中饱和水时气体渗流将偏离达西定律，气体渗流存在“启动压差”和“临界压力梯度”（保持气水两相渗流必须保持的最低压差或压力梯度）；临界压力梯度与含水饱和度、岩石物性有关。低渗透气藏具有孔隙度和渗透率低的特点，气体在低孔、低渗透的气藏中渗流时，由于孔隙结构的复杂性及其差异，在有的气藏中，启动压力梯度值较大，而在有的气藏中启动压力梯度值较小。当启动压力梯度较大时，则需要考虑启动压力梯度对气体渗流的影响。

1. 气井产能低，压裂酸化改造后才具有经济效益和开采价值

对于低渗透砂岩无裂缝气藏，由于其低孔低渗透特性，钻井和完井过程中地层伤害严重。影响气井产能大小的因素较多，最主要的因素是储层渗透率。

榆林气田山 2 气藏是典型低渗透、低丰度、低产的大型石英砂岩气田，气田的主力产层山西组山 2 段有效厚度为 2~32m，孔隙度在 5.2%~8.13%之间，测井渗透率为 0.24~11.55mD。统计出榆林气田前期资料和产量资料齐全的井 32 口，其中 9 口井的平均产量低于 $1\times10^4m^3/d$，且生产不稳定，递减快，单井控制储量小。榆林气田进入开发阶段后，通过开展以提高单井产量为目的的储层改造研究和攻关试验，气田储层改造工艺逐步发展、趋于成熟。靖边气田下古生界奥陶系马家沟组白云岩储层属低压、低渗透气层。针对下古生界白云岩储层，初期采用的是以普通酸酸压技术与稠化酸酸压技术为主体的改造模式。但随着下古生界碳酸盐岩储层条件越来越差的地质特征，为进一步提高下古生界碳酸盐岩气藏的开发效益，逐渐形成了稠化酸与普通酸组合酸化、变黏酸酸压和下古生界加砂压裂技术。2000 年，在 G34-M 井、G17-M 井试验变黏酸酸压，分别获得无阻流量 $4.46\times10^4m^3/d$、$107.20\times10^4m^3/d$。2001 年，在 G18-M 井试验，取得了较好的效果。2000—2003 年，靖边气田下古生界碳酸盐岩储层开展 24 口井的变黏酸酸压试验，平均无阻流量达到 $40.30\times10^4m^3/d$。

2. 储层非均质性强，产量和压力下降快，稳产期末产出程度低

低渗透气田由于储层连通性差、渗流阻力大，一般边、底水不活跃，弹性能量很小。除少数异常高压气田外，弹性阶段采收率不高。在消耗天然能量的开采方式下，由于低渗透气层渗流阻力大，生产压差较大，能量消耗快，生产中初期产量和压力下降较快。

榆林气田南区于 2001 年投入开发，2005 年底建成 $20\times10^8m^3/a$ 规模，2006 年起以 $20\times10^8m^3/a$ 持续稳产 10 年。气田后期产量压力下降快，难以稳产，2019 年底气田全面实施增压开采。

第二节　低渗透气藏储层渗流规律

低渗透气藏中气体的渗流有其独有的特征，气体渗流受含水、介质变形、启动压力梯度等多重因素的影响，从而导致气体在储层中的渗流为偏离达西规律的非线性流动，与中—高渗透储层的达西渗流存在较大的差异。在低渗透气藏开采过程中，由于凝析水、地层水，以及外来水侵入，储层普遍含水饱和度较高，在微观上通过流体的多孔介质通道狭窄，造成低渗透含水气藏毛细管压力普遍很高，严重降低了气体的相对渗透率，甚至出现水锁现象。水锁现象普遍存在于气田开发的中后期。

一、滑脱效应

低渗透气藏的开发在我国气田开发中发挥着越来越重要的作用，随着生产实际的需要和研究手段的进步，人们开始把低渗透气藏中流体的低速渗流规律作为研究重点。低渗透气藏储层岩石孔喉细小、毛细管压力高，同时由于气体黏度小及压缩性强的特性，与液体相比，在物理性质上存在很大差异。气体在这类多孔介质中低速渗流时，气体分子与介质壁面没有紧密接触，在介质壁面处具有一定的非零速度。当气体分子的平均自由程接近孔隙尺寸时，介质壁面处各分子将处于运动状态，这种现象称为气体分子的滑脱现象。天然气在低渗透岩石的小孔道中渗流时，这一现象尤为明显。

平均压力越小时，滑动效应越严重。而当气体平均压力很高时，随着压力的增加，气体的滑脱效应越来越弱；当气体的压力趋于无穷大时，管壁上的气膜逐渐趋于稳定，滑动效应逐渐消失。

1941 年 Klinkenberg 给出了考虑气体滑脱效应的气测渗透率数学表达式：

$$K_g=K_\infty\left(1+\frac{b}{\bar{p}}\right) \tag{2-1}$$

其中：

$$b=\frac{4C\lambda\bar{p}}{r} \tag{2-2}$$

式中　K_∞——克氏渗透率；

K_g——气测渗透率；

r——等效液体渗透率；

$\bar{p}$——岩心进出口平均压力；

b——滑脱系数；

λ——对应于平均压力下气体平均分子自由程；

C——近似于 1 的比例常数。

1. 滑脱效应实验

为了验证低渗透气藏是否存在滑脱效应，以及认识滑脱效应对气体渗流的影响程度，开展了定压差高压单相气体渗流实验，测得的克氏渗透率曲线如图 2-13 所示。

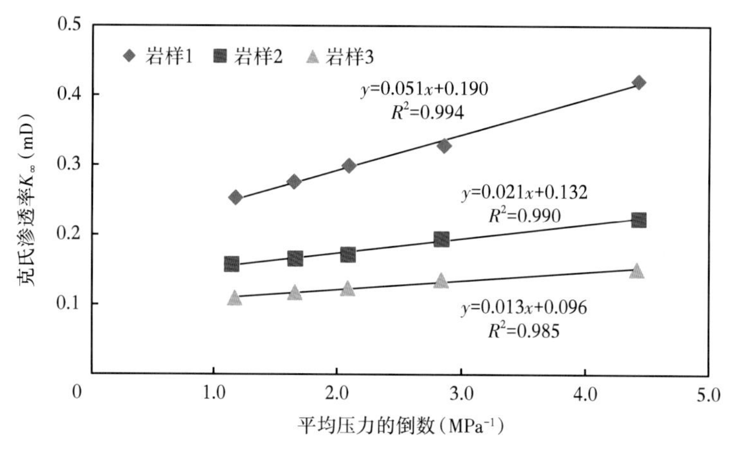

图 2-13　三块岩心克氏渗透率曲线

通过对比不同平均压力下的气测渗透率与克氏渗透率可发现，平均压力越高，气测渗透率与克氏渗透率越接近，当平均压力为 20MPa 时，二者偏差在 3%以内。因此，根据滑脱效应的定义与特征，当气体平均压力很高时，平均压力越高，管壁上的气膜越稳定，滑动效应越弱，气测渗透率与克氏渗透率越接近。实验证实了低渗透砂岩气藏渗流过程中存在滑脱效应。

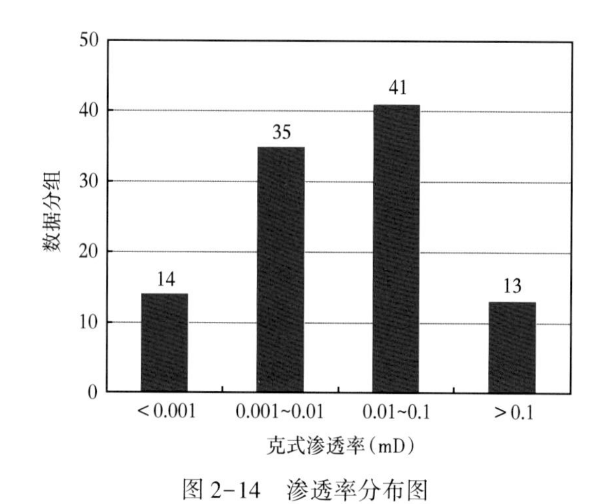

图 2-14　渗透率分布图

2. 滑脱效应对气藏生产的影响

气体滑脱效应的研究成果及认识都是基于室内实验条件（实验压力较低）的基础上，无法适用于真实气藏气体的渗流过程。因此，有必要研究滑脱效应对真实气藏生产的影响程度。

为了研究不同岩心物性的滑脱效应，进行了大量克氏渗透率测试实验。共测试了 103 组数据，克氏渗透率范围在 0.00004~0.19677mD 之间，分布范围如图 2-14 所示。b 的范围在 0.08116~1.65818MPa 之间。滑脱系数随克氏渗透率的增大而减小，如图 2-15 所示。回归二者关系可得：

$$b=0.07K_{\infty}^{-0.29} \tag{2-3}$$

气体单向稳定渗流的流量公式为：

$$q_{sc}=\frac{774.6K_{g}h(p_{e}^{2}-p_{wf}^{2})}{T\bar{\mu}\bar{Z}\ln\dfrac{r_{e}}{r_{w}}} \tag{2-4}$$

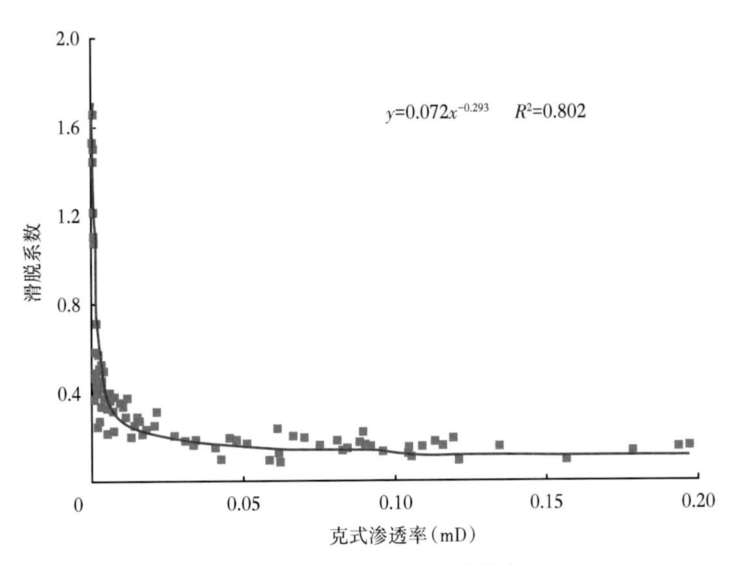

图 2-15　滑脱系数与渗透率的关系

式中　q_{sc}——标准状态下的产气量，m^3/d；

K_g——渗透率，mD；

$\bar{\mu}$——平均气体黏度，mPa·s；

$\bar{Z}$——平均气体压缩系数；

T——气层温度，K；

h——气层有效厚度，m；

r_w——井眼半径，m；

r_e——有效半径，m；

p_e——地层压力，MPa；

p_{wf}——井底流压，MPa。

将式(2-1)、式(2-3)代入式(2-4)可得到考虑气体滑脱效应的气井产能公式：

$$q_{sc}=\frac{774.6K_{\infty}\left(1+\frac{0.072K_{\infty}^{-0.29}}{\bar{p}}\right)h}{T\bar{\mu}\bar{Z}\ln\frac{r_e}{r_w}}(p_e^2-p_{wf}^2) \tag{2-5}$$

由式(2-5)可知，气体滑脱效应对产量的影响取决于岩心的克氏渗透率和气藏的平均压力。根据式(2-5)做出了气体滑脱效应对产量影响的理论图版，如图 2-16 所示。滑脱效应影响程度的大小由渗透率和气藏压力共同决定，渗透率越低，气藏压力越低，滑脱效应越显著，影响程度曲线由左向右方平行移动。

储层有效渗透率大于 1mD 时，滑脱效应对生产的影响不明显；储层有效渗透率介于 0.01~1.0mD 之间，当气藏压力高于 10MPa 时，滑脱效应对生产有弱影响，影响程度在 3%以内；储层有效渗透率小于 0.01mD 时，当气藏压力低于 2MPa 时，其影响程度可达 10%。

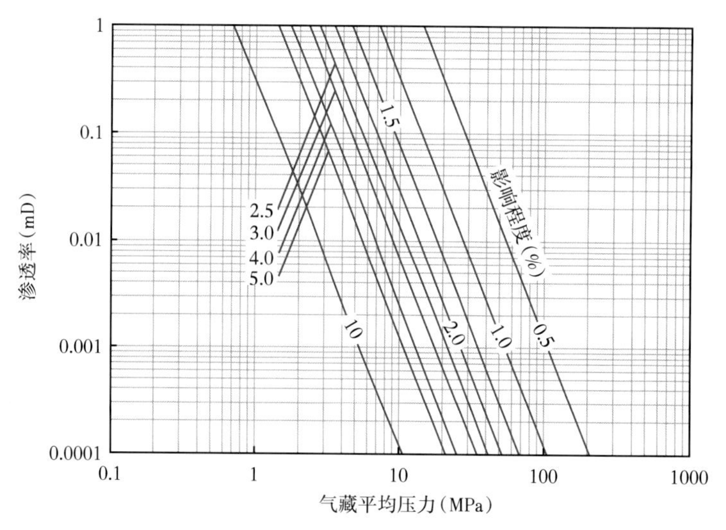

图 2-16　滑脱效应对气井生产影响的理论图版

二、启动压力梯度

低渗透气藏在实际开发过程中，大量的气井产气剖面资料表明部分低渗透层动用很差或未动用。此外，利用大量的稳定试井资料绘制的采气指示曲线存在不通过原点的情况，因而无法准确求取气井的无阻流量这些现象均表明气藏中气体的渗流过程与油藏的渗流过程一样存在启动压力梯度。

启动压力又称阀压（或门槛压力），即非润湿相开始进入岩石孔隙的最小起始压力，或非润湿相在岩石孔隙中建立起连续流动所需的最小压力值。“启动压差”效应指岩样两端流动压差增大至一定程度时气体才开始流动的现象。气体发生流动所需要的最小压差即为“启动压差”，可以用于描述气体从静止到流动的突变和时间滞后现象。低渗透非达西渗流具有其自身的特殊性，通常具有图 2-17 所示的渗流曲线特征，其中 $\mathrm{grad}p_{\mathrm{b}}$ 表示拟启动压力梯度，$\mathrm{grad}p_{\mathrm{C}}$ 表示临界压力梯度，v_{C} 表示 C 点渗流速度。曲线由两部分组成：低渗透流速度下的上凹形非线性渗流曲线段；较高渗流速度下的直线段。当压力梯度比较低时，渗流速度是上凹形非线性曲线，随压力梯度的增大，渗流曲线逐渐由非线性渗流段过渡到直线性渗流段，出现线性渗流区。该线性渗流与达西线性渗流的差异在于其直线段的延伸与压力梯度相交于某一点而不经过坐标原点，这一点就是通常所说的拟启动压力梯度点。而把曲线图低渗透非达西渗流特征曲线上由非线性段过渡到直线段的点称

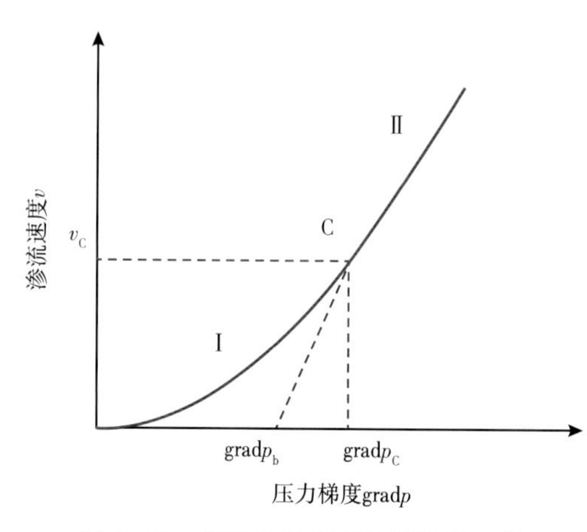

图 2-17　低渗透非达西渗流特征曲线

为临界点(C 点)。其对应的渗流速度和压力梯度分别称为临界流速和临界压力梯度。当压力梯度小于临界压力梯度时，流体渗流表现为拟线性渗流。

气体的流态呈非线性渗流规律，即二项式定律，而液体一般呈线性规律，即达西定律。二者在低速渗流时的区别则更明显，低速渗流时，液体需克服液体与岩石的吸附阻力后才能流动，使储层的视渗透率减少，即油藏具有启动压力现象；气体则相反，因滑脱效应而附加了一种滑脱动力，造成储层的视渗透率增大，更易于流动。平均压力较小时，滑脱效应影响更大。朗格茂(Langmuir)早在 1916 年就提出气体在固体表面上的吸附理论，吸附作用是气体分子在固体表面凝集和逃逸两种相反过程达到动态平衡的结果。但是在气测渗透率实验中，1941 年克林肯伯格(Klinkenberg)提出了微管流动时的滑脱效应。既然气体与液体一样与岩石表面均存在吸附现象，因此可以预见在更低的流速即更小的压差条件下，当驱动力小于气—固间吸附作用所产生的力后，气体同样不能流动，同样存在启动压力现象。而气体的滑脱效应与气体的启动压力现象相矛盾。吴凡等通过室内实验研究指出气体低速流动时的滑脱效应是有条件的，更低速条件下具有启动压力现象。

1. 启动压力判断及计算

1)低渗透非达西现象的判断

通过克氏回归曲线可以判断岩心中是否存在具有启动压力梯度的低速非达西渗流现象。吴凡等通过对大量中低渗透岩心的气体低速渗流实验，建立了一系列渗透率与平均压力倒数的关系曲线(克氏回归曲线)，发现各岩心均具有如图 2-18 所示的曲线特征：

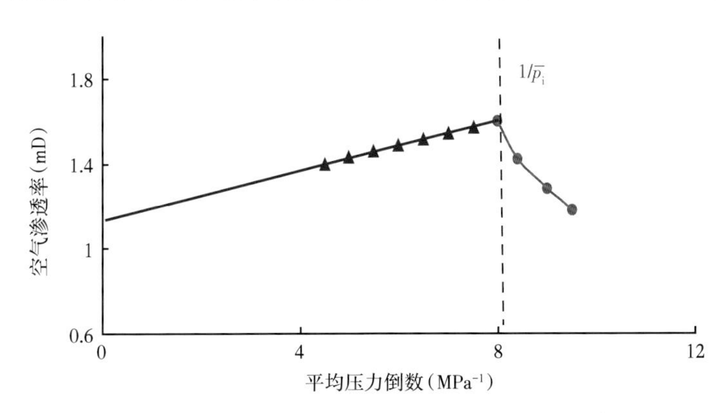

图 2-18 气体渗透率与平均压力倒数关系曲线

(1)小于 $1/\overline{p}_i$ 的区间内，随着 $1/\overline{p}$ 的减小，渗透率减小，$K-1/\overline{p}$ 呈线性关系，即存在一般的滑脱效应。

(2)大于 $1/\overline{p}_i$ 的区间内，随着 $1/\overline{p}_i$ 的增大，渗透率减小，$K-1/\overline{p}$ 呈现非线性的反比关系。随着压差的变小，视渗透率变小，与液体低速渗流时的特征相同，存在启动压力梯度。这一重要特征表明低速条件下气体的滑脱效应是有条件的，在更低速条件下，气体的渗流同样存在启动压力梯度，即低速非达西渗流。

2)启动压力梯度的计算

气体突破孔隙喉道处水的束缚，开始连续流动后，考虑阈压效应的流速与压差的关系为：

$$v=-10^{-3}\frac{K}{\mu}\frac{\mathrm{d}p}{\mathrm{d}x}\left(1-\frac{\lambda_{\mathrm{B}}}{\left|\frac{\mathrm{d}p}{\mathrm{d}x}\right|}\right) \tag{2-6}$$

式中 x——维渗流系统坐标值，m；

v——流速，m/s；

p——压力，MPa；

K——岩心渗透率，D；

μ——气体黏度，mPa·s；

λ_{B}——保持连续流动所需临界压力梯度，MPa/m。

根据气体状态方程得到气体密度表达式、不同压力下体积流量换算为大气压力下体积流量的关系式代入式(2-6)，忽略 μZ 变化，并近似用 $(p_1+p_{\mathrm{a}})/2$ 代表岩心中气体的平均压力，积分后整理得：

$$q_{\mathrm{a}}=10^{-3}\frac{AK\left(1-\frac{\lambda_{\mathrm{B}}L}{p_1-p_{\mathrm{a}}}\right)}{2\mu Zp_{\mathrm{a}}}\cdot\frac{p_1^2-p_{\mathrm{a}}^2}{L} \tag{2-7}$$

式中 L——实验岩心长度，m；

A——实验岩心横截面积，m^2；

q_{a}——流量，m^3/s；

p_1——进口端压力，MPa；

p_{a}——出口端压力，MPa；

K——岩心渗透率，D；

μ——气体黏度，mPa·s；

Z——气体偏差系数；

λ_{B}——保持连续流动所需临界压力梯度，MPa/m。

从式(2-7)可以看出，如果分别对不同实际压差的数据点采用传统方法计算渗透率，则阈压效应影响阶段的渗透率计算结果为 $K[1-\lambda_{\mathrm{B}}L/(p_1-p_{\mathrm{a}})]$。在这种情况下，作渗透率计算结果与 $1/(p_1-p_{\mathrm{a}})$ 关系曲线，图 2-18 中负斜率直线段为阈压效应特征反映，直线段在纵轴上的截距为真实渗透率。

根据前述判断结果，找出存在低速非达西渗流现象的岩样，然后从其克氏回归曲线上截取出低速非达西渗流段（即 $1/\bar{p}$ 大于 $1/\bar{p}_i$ 的曲线段），再绘出该段曲线对应的 $\frac{2\mu Zp_{\mathrm{a}}Lq_{\mathrm{a}}}{10^{-3}A(p_1^2-p_{\mathrm{a}}^2)}\sim 1/(p_1-p_{\mathrm{a}})$ 曲线，并且结合式(2-7)可以确定出岩样的启动压力梯度。

2. 启动压力梯度与储层物性的关系

岩心启动压力梯度的大小受岩心绝对渗透率和含水饱和度所控制。如图 2-19 所示，启动压力梯度与岩心绝对渗透率呈反比关系，岩心绝对渗透率越低，启动压力梯度越大。且关系曲线上有一明显的拐点，当绝对渗透率高于该临界值时，启动压力梯度随绝对渗透率的降低而缓慢增大；当绝对渗透率低于该临界值时，启动压力梯度随绝对渗透率的降低而急剧增大。含水饱和度越高，启动压力梯度也越大。

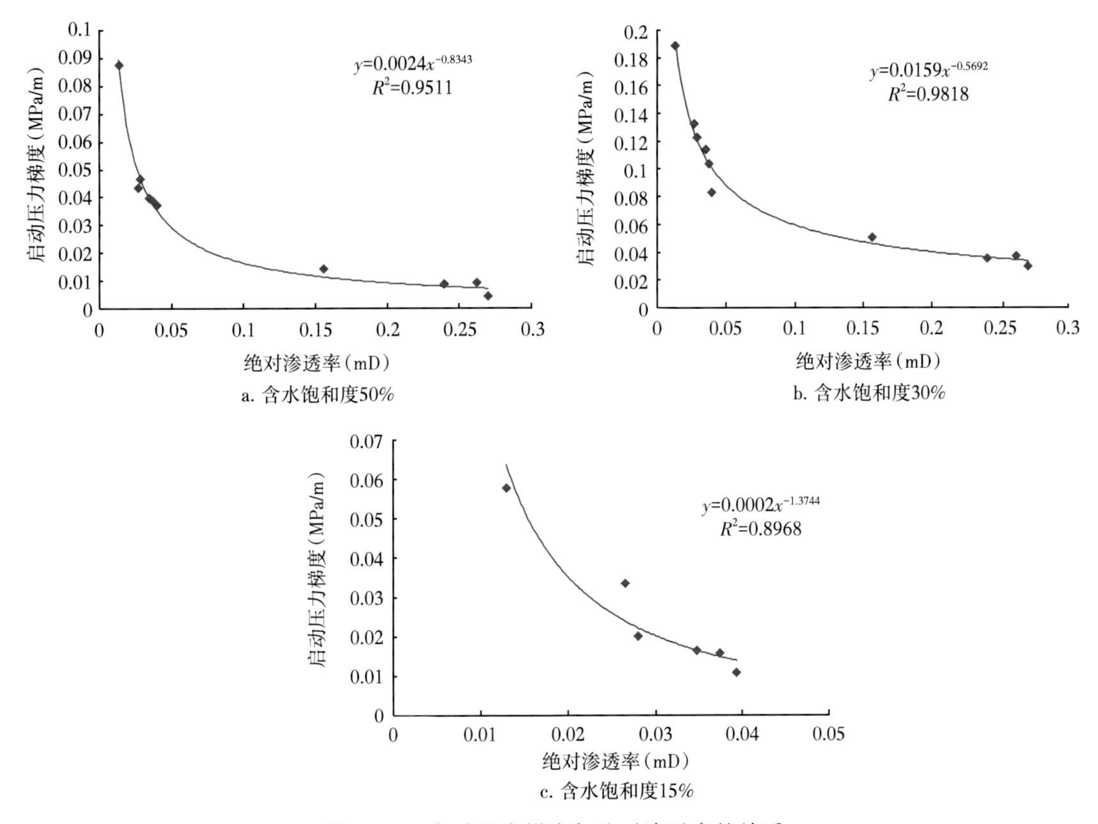

图 2-19　启动压力梯度与绝对渗透率的关系

从图 2-19 相关性分析结果得知，启动压力梯度与绝对渗透率呈乘幂式变化规律，其拟合精度较高，满足如下变化关系式：

$$\begin{cases}\lambda = 0.0159K^{-0.5692} \quad (S_w = 50\%) \\ \lambda = 0.0024K^{-0.8343} \quad (S_w = 30\%) \\ \lambda = 0.0002K^{-1.3744} \quad (S_w = 15\%)\end{cases} \tag{2-8}$$

式中　λ——启动压力梯度，MPa/m；

K——绝对渗透率，mD；

S_w——含水饱和度，%。

低渗透含水气藏微观特征表现为连续的气泡容易在喉道变径处卡断，变成不连续的气泡，从而产生毛细管压力。因此，对于低渗透气藏，必须要有足够的压差，气泡才能克服其阻力效应以突破水膜的束缚，在孔道中央形成连续流动。气体启动压差为气体克服毛细管压力，突破孔隙喉道处水膜水的束缚，从静止到流动所需要的最小压力差。压汞资料统计表明：渗透率越低，孔隙喉道中值半径越小，毛细管压力就变得越高。

3. 启动压力梯度对气藏开发指标的影响

根据平均地层压力、井底流压和井距数据，可对同一气井不同气层影响边缘半径进行计算，求取泄气面积，进行动用程度评价。当存在启动压力时，在气井试井中表现为类似边界反映。在相同产量下，启动压力的影响表现为更低的井底压力。相同井底压力下，启动压力的影响表现为更低的产量。总之，启动压力对开发表现出不利的影响，同时还直接影响合理井距的计算结果。

与油、水相比，天然气的黏度极小、弹性压缩性强，故气藏的开发一般采用弹性开发方式。低渗透气藏常采用小密度井网开发，以扩大井控储量和延长稳定期。因此，对于低渗透而言，井网部署往往是一次性的，后期调整较小，这就要求在气藏的开发设计中必须进行严格的井网论证。若井网密度太小，虽然钻井投资较小，但将导致井控储量偏低；若井网密度太大，虽然能完全控制储量，但因钻井投资太大，致使开发经济效益不高。应用气体启动压力梯度对开发的影响规律，能计算出单井最大泄气半径，确定出合理的井距。

三、储层应力敏感性

岩石应力敏感性是指油气层的渗透率随有效应力的变化而发生改变的现象。在气藏的生产过程中，随着流体的产出，岩石孔隙压力不断降低，储层的孔隙空间在上覆岩石压力的作用下受到压缩而使孔隙结构发生改变，主要表现在孔隙、裂缝和喉道的体积缩小，甚至有可能引起裂缝通道和喉道闭合。储层孔隙结构的这种改变将大大增加流体在其中的渗流阻力，降低渗流速度，使油气井的产能下降。

低渗透气藏应力敏感性是指随着开发的进行，孔隙压力逐渐降低，导致岩石的有效应力发生变化，从而导致储层的物性参数(孔隙度、渗透率、压缩系数)发生变化。把这种储层物性随有效应力的变化而变化的性质称为储层的应力敏感性。关于应力敏感性的测试方法可参见标准《储层敏感性流动实验评价方法》（SY/T 5358—2010)，其中有两种方法，第一种是用逐渐增加围压方式来增加净上覆岩层压力，第二种是用定围压降内压方式来增大净上覆岩层压力，这两种方法测试结果有一定区别，变围压比变内压测试结果相对渗透率变化大，为10%~15%。

1. 应力敏感性评价指标

应力敏感性评价是储层保护方案设计、合理工作制度确定的重要依据，尤其对于低渗透储层更显得意义重大。国外在应力敏感性评价方面的工作开展较早，Jones（1975年）提出了天然裂缝性碳酸盐岩储层中岩样渗透率与有效应力之间的关系式。Jones和Owens(1980年）发现该关系式也适用于低渗透砂岩气层。

$$S=\frac{1-\left(\dfrac{K}{K_{1000}}\right)^{1/3}}{\lg\dfrac{\sigma}{1000}} \tag{2-9}$$

式中　S——应力敏感性系数,%；

K_{1000}，K——分别为初始测点渗透率和各测点渗透率，mD；

σ——各测点的围压，MPa。

国内近年来应力敏感性研究发展很快，张琰等(1999)用不同应力点的渗透率伤害率来解释低渗透气层的应力敏感程度：

$$R=\frac{K_1-K_2}{K_1}\times 100\% \tag{2-10}$$

式中　R——岩样应力敏感伤害率，%；

K_1，K_2——分别为低压渗透率和高压渗透率，mD。

蒋海军等(2000)将实验数据进行回归得到渗透率与有效应力的指数关系，用关系式中的常数表示应力敏感程度。

标准 SY/T 5358—2010 中对于应力敏感性的计算方法：

$$D_K=\frac{K_1-K_{\min}}{K_1}\times 100\% \tag{2-11}$$

式中　D_K——渗透率伤害率，%；

K_1，$K_{\min}$——分别为初始围压下的岩心渗透率和最小岩心渗透率，mD。

兰林、康毅力等分析了应力敏感性系数与不同初始条件下渗透率损害率的关系，探讨了不同评价方法的优缺点：

$$S_s=\frac{1-\left(\dfrac{K}{K_0}\right)^{1/3}}{\lg\dfrac{\sigma}{\sigma_0}} \tag{2-12}$$

式中　S——应力敏感性系数，%；

K_0，K——分别为初始测点渗透率和各测点渗透率，mD；

σ_0，σ——分别为初始测点的围压和各测点的围压，MPa。

考虑到应力敏感性系数与渗透率伤害率相关性强，应力敏感性系数可用于进行不同区块储层的应力敏感程度对比，故可使用兰林等提出的应力敏感性系数来度量储层的应力敏感程度。

2. 滑脱效应对实验的影响

根据低渗透气藏气体滑脱渗流特征研究结果可知，滑脱效应对常规室内气体渗流实验具有显著影响。岩心应力敏感性实验所需平均压力较低，受滑脱效应影响严重。因此，在进行应力敏感性实验时应同时考虑介质变形和滑脱效应两个因素对渗透率的影响。

岩心毛细管半径越小，滑脱系数越大，滑脱效应越严重。随着围压的增加，多孔介质发生形变，孔隙半径变小，滑脱系数呈线性增加趋势，如图 2-20 所示。

室内实验模拟地层有效应力，研究了不同有效应力下气藏岩心的渗透率变化规律，为气藏开发提供理论基础。

实验用氮气作为流体测试岩石应力敏感性，实验所用岩心取自同一区块，用来对该区

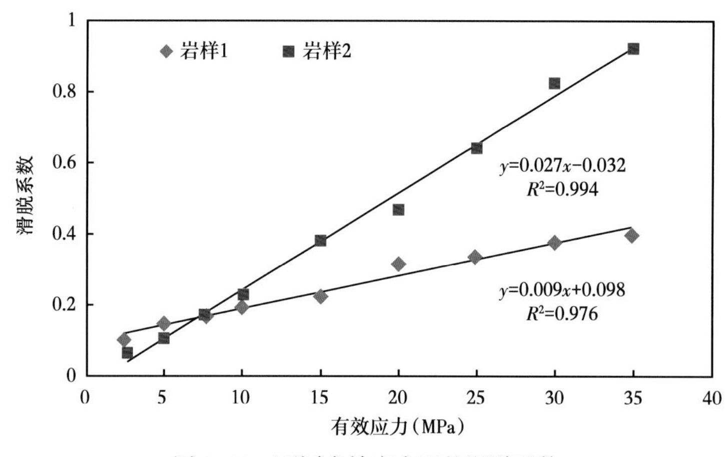

图 2-20　不同有效应力下的滑脱系数

块的应力敏感性进行评价分析。为了消除滑脱效应的影响，对 SY/T 5358—2010 进行修改，即出口压力为大气压，在每个净围压测点设定进口压力稳定为 0.25MPa、0.5MPa、0.75MPa、1.0MPa、1.5MPa，测得气测渗透率，回归得到克氏渗透率，将初始净围压设定为 2.5MPa，依次增加净围压到 5MPa、7.5MPa、10MPa、12.5MPa、15MPa、20MPa、25MPa、30MPa、35MPa，然后依次降低净围压，测量岩心的应力敏感性。

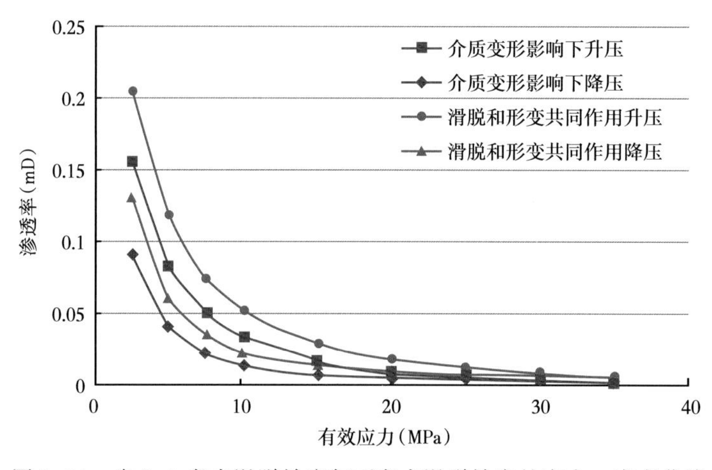

图 2-21　岩心 A 考虑滑脱效应与不考虑滑脱效应的应力—应变曲线

实验结果表明，在介质变形和滑脱效应共同影响下的岩心应力敏感性更强。因此，如果实验过程中忽略滑脱效应的影响（未对其进行校正），那么测得岩心的应力敏感性程度会偏小。

3. 应力敏感性对低渗透气藏开发影响

目前低渗透气藏主要采取衰竭开发方式，随着开发进行地层压力 p 的下降，作用在岩石颗粒上的有效应力增加，使得岩石物性参数（孔隙度和渗透率）减小，其减小机理主要表现在以下两个方面：一是压敏效应使储集层被压缩，最先受到压缩的是喉道及狭窄的孔

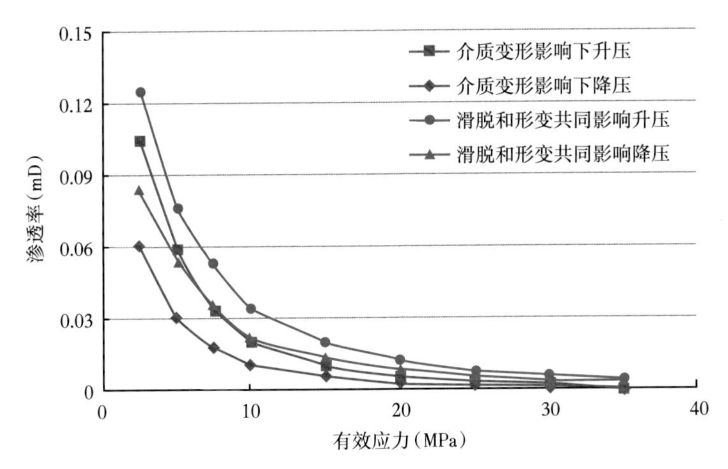

图 2-22　岩心 B 考虑滑脱效应与不考虑滑脱效应的应力—应变曲线

隙，孔隙及喉道平均半径减小对储层渗透率影响较大，随着有效应力的增加，渗透率显著降低。二是孔隙介质变形使依附于孔壁上的松散颗粒脱落，颗粒在孔隙中运移并在狭窄孔隙或吼道处堆积，造成堵塞，使储集层的渗透率降低。渗透率降低直接影响气体在孔隙渗流，降低了气井产能。

目前，主要采用实验与理论计算相结合的方法开展应力敏感性对低渗透气藏开发的影响研究。通过实验建立岩石渗透率与岩石有效压力的关系，再将该关系引入到理论计算模型中，对于不同的气藏，其孔隙度、渗透率、岩性、孔隙结构等都不一样，其应力敏感性的程度也不一样，因此，所建立的渗透率与岩石有效压力关系也各不相同，进而导致现有的计算模型具有半经验性。

第三节　低渗透气藏渗流理论

低渗透气藏储层非均质性强，不同井之间、不同层之间的产能差异大。加砂压裂综合工艺技术是低渗透气藏增产和提高采收率普遍采用的一种技术手段，也是最有效的措施之一。同时，低渗透气藏储层大多储集空间内存在滞留水，生产中变为可动水，尤其是在生产后期，地层气水两相渗流更为明显。单相气体渗流理论已不再适用描述气藏气水两相的实际渗流过程，常规的产能数学模型已不再适合于计算和预测气井的产能。因此，建立考虑气水两相渗流的压裂气井模型，分析产能的影响因素，预测产气水气井产能、动储量、地层压力等生产指标，指导产气水气井合理配产与生产，意义重大。

一、压裂气井非达西渗流模型

压裂气井人工裂缝介质的结构形状、渗流规律、力学性质、介质变形特征与基质完全不同。人工裂缝具有结构简单、壁面光滑等特点，与基质相比，其渗流能力获得了极大的提升。由于人工裂缝介质结构的特殊性，导致其在外力作用下易发生变形，从而对流体在储层中渗流造成较大影响。建立压裂储层渗流数学模型，分析裂缝在地层应力下的渗透变化特征十分的重要。

1. 数学模型的建立

对压裂气井生产，天然气在整个流动过程中，要依次经过基质、水力裂缝、井筒。由于流经过的介质较多，研究介质间流体的交换过程、渗流规律及相互间的压力变化规律的难度较大。因此，为方便研究压裂气井的渗流规律和井底压力的变化规律，通常会对模型进行简化。在实际应用中，也多使用简化的渗流模型(图 2-23)。

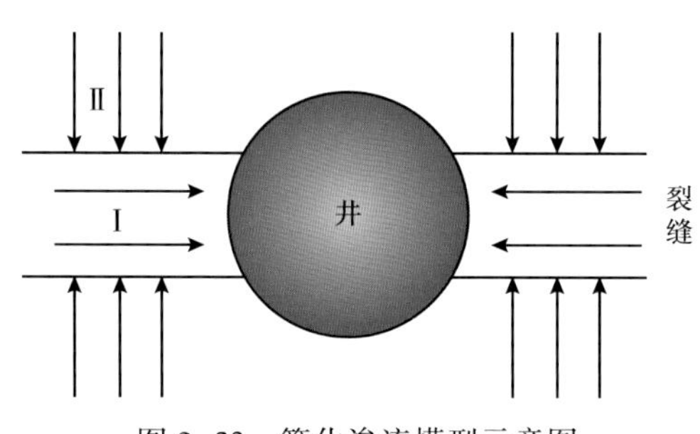

图 2-23 简化渗流模型示意图

渗流模型基本假设：

(1)气藏顶底为不渗透边界，均质等厚、各向同性，其厚度为 h，渗透率为 K_m，孔隙度为 ϕ，原始地层压力为 p_i；

(2)在气藏中存在一条裂缝，裂缝与井筒对称，其高度和油层高度一样，裂缝具有确定的渗透率 K_f，沿裂缝存在压降；

(3)流体可压缩，在裂缝—基质系统中的流动满足低速非达西流；

(4)忽略毛细管压力、重力，地层流体先从气藏中流入裂缝，再从裂缝流入井筒，井以恒定产量进行生产。

气藏流体在裂缝与地层中形成双线性流，形成两个流动区域：裂缝线性流区(Ⅰ)、地层线性流区(Ⅱ)。

2. 渗流模型

1)连续性方程

对基质系统，在极坐标条件下，其连续性方程为：

$$\frac{1}{r}\frac{\partial}{\partial r}(r\rho_m V_m) - Q = \frac{\partial(\rho_m\phi_m)}{\partial t} \tag{2-13}$$

式中 ϕ_m——多孔介质的孔隙度；

ρ_m——多孔介质流体的密度，无量纲；

V_m——基质系统体积比，无量纲；

r——距井的径向距离，m；

Q——基质与裂缝系统之间的窜流项，无量纲；

t——时间，h。

裂缝系统的连续性方程为：

$$\frac{1}{r}\frac{\partial}{\partial r}(r\rho_f V_f) + Q = \frac{\partial(\rho_f\phi_f)}{\partial t} \tag{2-14}$$

式中 ϕ_f——裂缝的孔隙度；

ρ_f——裂缝流体的密度，无量纲；

V_f——裂缝系统体积比，无量纲。

Q 表征单位体积岩石的质量流量。由于基质系统的渗透率远小于裂缝系统的渗透率，因而依靠渗流传导而引起的流体质量变化与窜流项和弹性项相比可以忽略不计。

2)基本微分方程

$$\rho_f=\frac{T_{sc}z_{sc}p_{sc}}{p_{sc}T}\frac{p_f}{z_f} \tag{2-15}$$

$$V_f=\frac{K_f}{u_f}\left(\frac{\partial p_f}{\partial r}-\lambda_B\right) \tag{2-16}$$

其中，气相的体积压缩系数定义为：

$$C_i=\frac{1}{\rho_i}\frac{\partial\rho_i}{\partial p_i}\quad(i=f,\ m) \tag{2-17}$$

体积压缩系数的通用公式也可定义为：

$$C_\rho=\frac{1}{V}\frac{dV}{dp}=\frac{1}{\rho}\frac{d\rho}{dp}=\frac{1}{p}-\frac{1}{z}\frac{dz}{dp} \tag{2-18}$$

由渗透率模数及孔隙度模数的定义知：

$$K_f=K_o e^{\alpha_f(p_f-p_o)} \tag{2-19}$$

$$\phi_i=\phi_{oi}e^{\beta_i(p_i-p_o)}\quad(i=f,\ m) \tag{2-20}$$

整理并采用国际通用单位，得基质—裂缝系统最终的渗流微分方程：

$$\frac{\partial^2\psi_f}{\partial r^2}+\alpha_{\psi_f}\left(\frac{\partial\psi_f}{\partial r}\right)^2+\left(\frac{1}{r}-\alpha_{\psi_f}\lambda_{\psi B}\right)\frac{\partial\psi_f}{\partial r}-\frac{1}{r}\lambda_{\psi B}$$
$$=\frac{\mu}{3.6K_o}\left[\phi_o(\beta_f+C_f)e^{(\beta_f-\alpha_f)(p_f-p_o)}\frac{\partial\psi_f}{\partial t}+\phi_m C_m e^{-\alpha_f(p_f-p_o)}\frac{\partial\psi_m}{\partial t}\right] \tag{2-21}$$

$$\frac{\mu_m\phi_m C_m}{3.6}\frac{\partial\psi_m}{\partial t}=\alpha K_m(\psi_f-\psi_m) \tag{2-22}$$

3)定产量生产数学模型的建立

对无限大地层一口井定产量生产时，定义 $\xi=\psi_{mD}$，$\tau=t_D$，$u=\ln r_D$，$\eta=\frac{1}{\alpha_D}(1-e^{-\alpha_D\psi_D})$，推导获得基质—裂缝系统的渗流模型：

$$\frac{\partial^2\eta}{\partial u^2}-e^u\alpha_{\psi fD}\lambda_{\psi BD}\frac{\partial\eta}{\partial u}$$
$$=e^{2u}\left\{w(1-\alpha_{\psi fD}\eta)^{r_D-1}\frac{\partial\eta}{\partial\tau}-\lambda\left[\frac{1}{\alpha_{\psi fD}}\ln(1-\alpha_{\psi fD}\eta)+\xi\right]\right\}-e^u\lambda_{\psi BD}(1-\alpha_{\psi fD}\eta) \tag{2-23}$$

$$(1-w)\frac{\partial\xi}{\partial\tau}=-\lambda\left[\frac{1}{\alpha_{\psi fD}}\ln(1-\alpha_{\psi fD}\eta)+\xi\right] \tag{2-24}$$

内边界定产条件：

$$\left[\frac{\partial \eta}{\partial u}+\lambda_{\psi_{\mathrm{BD}}}(1-\alpha_{\psi_{\mathrm{fD}}}\eta)\right]\bigg|_{u=0}=-1 \tag{2-25}$$

外边界条件：

$$\lim_{u\to\infty}\eta=\lim_{u\to\infty}\xi=0 \tag{2-26}$$

初始条件：

$$\eta\big|_{\tau=0}=0,\ \xi\big|_{\tau=0}=0 \tag{2-27}$$

3. 模型求解

变换后的模型采用有限差分格式对方程进行离散求解。离散格式中 $n+1$ 时间层是未知的，方程组是线性的，且系数矩阵均为三对角形式，将初边值条件代入后可用追赶法求解。

求解以后，利用无量纲拟压力 ψ_{fD} 与 ψ_{mD} 与 η、ξ 及 t_{D} 与 u 之间的关系可获得无量纲拟压力随无量纲时间的变化关系，进而可绘制相关的分析曲线，如图 2-24 所示。

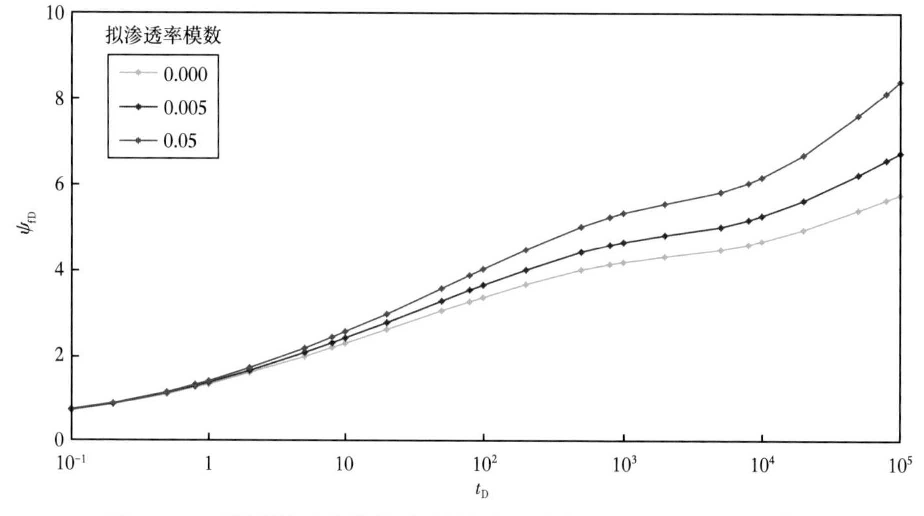

图 2-24　不同拟渗透率模数下无量纲拟压力与无量纲时间的关系曲线

根据数值求解的结果，双重介质系统的完整压降曲线由 3 个不同的流动阶段组成，在半对数曲线中分为：(1)早期阶段，此时只有裂缝中的流体发生流动，压力降落的速度相对较快；(2)过渡阶段，在早期阶段结束时出现，此时基质系统中的流体开始参与流动，由于基质及基质中的流体释放弹性能量，裂缝系统的能量得到一定程度的补给，导致过渡阶段的压降减缓；(3)晚期阶段，在裂缝和岩石之间的压力达到平衡时出现，压力降落速度高于过渡阶段。影响压力曲线形态的基本参数有变形介质拟渗透率模数 $\alpha_{\psi_{\mathrm{D}}}$、介质弹性储容比 ω、窜流系数 λ 和拟启动压力梯度 $\lambda_{\psi_{\mathrm{D}}}$。

二、气水两相非达西渗流模型

天然气与地层水的渗流规律存在许多共同点，但由于它们的物理性质存在差异，因此天然气渗流有其自身的特殊性。在气水两相渗流实验认识的基础上，针对低渗透渗流特征，在建立气水两相渗流预测模型时，假设如下：(1)储层流体为等温渗流；(2)气藏中只有气水两相，且忽略气水之间的相互传质；(3)忽略润湿性、重力和毛细管压力的影响。

在气水两相渗流过程中，气体流向井底，越接近井底，流速越高，越接近紊流流动状态，井底周围就越易出现高速非达西流动。因此，在建立气、水两相非达西渗流产能方程时，认为地层流体由自由气和地层水二部分组成，气相服从非达西渗流，水相服从达西渗流。

1. 气水两相运动方程

气相运动方程：

$$\frac{\mathrm{d}p}{\mathrm{d}r}=\frac{\mu_g}{KK_{rg}}v_g+\beta_g\rho_g v_g^2 \tag{2-28}$$

水相运动方程：

$$\frac{\mathrm{d}p}{\mathrm{d}r}=\frac{\mu_w}{KK_{rw}}v_w \tag{2-29}$$

式中 v_g、v_w——分别为气相、水相渗流速度，m/s；

μ_g、μ_w——分别为气相、水相黏度，Pa·s；

K_{rg}、K_{rw}——分别为气相相对渗透率、水相相对渗透率，D；

K——绝对渗透率，D；

β_g——速度系数，m^{-1}。

2. 气水两相连续性方程

在渗流过程中，不考虑气水相互溶解，由油气渗流力学可知，通过先建立一个平行六面微元体，再根据质量守恒原理建立连续性方程，可获得在 dt 时间内流入流出微元体的质量：

$$-\left(\frac{\partial\rho_i v_x}{\partial x}+\frac{\partial\rho_i v_y}{\partial y}+\frac{\partial\rho_i v_z}{\partial z}\right)=\frac{\partial\phi\rho_i}{\partial t}\quad(i=\mathrm{g},\ \mathrm{w}) \tag{2-30}$$

式中 ρ_i——气相或水相的密度，kg/m^3；

ϕ——岩石的孔隙度，%。

3. 气水两相状态方程

气相状态方程为：

$$\rho_g=pM_g/(ZRT)=\gamma_g M_{air}p/(ZRT) \tag{2-31}$$

式中 ρ_g——气相的密度，kg/m^3；

M_g、M_{air}——分别为空气摩尔质量和气体摩尔质量，无量纲；

Z——气体压缩系数；

T——气层温度，K；

γ_g——气相相对密度，无量纲；

R——气体常数，8.314J/(mol·K)。

水相的状态方程为：

$$\rho_w=\rho_{wo}e^{C_\rho(p-p_o)} \tag{2-32}$$

4. 辅助方程

描述气水两相渗流过程的辅助方程：

饱和度约束方程为：

$$S_g+S_w=1 \tag{2-33}$$

式中 S_g、S_w——分别为含气饱和度、含水饱和度。

毛细管压力方程为：

$$p_{cgw}=p_w-p_g=p_{cgw}(S_w, S_g) \tag{2-34}$$

式中 p_{cgw}——气水两相毛细管压力，MPa；

p_g、p_w——分别为气相和水相的压力，MPa。

定义 $\Delta m(p)_g=\int_{p_{wf}}^{p_r}\frac{K_{rg}}{B_g\mu_g}dp$ 为气相拟压力函数，定义 $F=\beta_g\frac{\gamma_g M_{air}p_{sc}}{4\pi^2h^2KRT_{sc}r_w}$为非达西流动系数，产能系数 $C=0.00708Kh/[\ln(r_e/r_w)-0.75+S]$。联立推导出气相方程：

$$\Delta m(p)_g=\frac{q_g}{C}+\frac{F\bar{\mu}_g}{K_{rg}}q_g^2 \tag{2-35}$$

式中 q_g——气相产量，m^3/d；

K_{rg}——气相相对渗透率，无量纲；

$\bar{\mu}_g$——气相黏度，Pa·s；

F——非达西流动系数，$MPa^2/(Pa\cdot s)\cdot(m^3/d)^2$。

考虑气水两相达西渗流，气相产能方程为：

$$q_g=C\int_{p_{wf}}^{p_r}\frac{K_{rg}}{B_g\mu_g}dp \tag{2-36}$$

式中 B_g——气相体积系数，无量纲；

p_r——地层压力，MPa；

p_{wf}——气井井底压力，MPa。

式(2-35) 为考虑垂直井情况的气水两相达西渗流方程。若已知气相相对渗透率和产能系数，即可确定气液两相产能方程。

第三章　地层压力评价

地层压力指作用在地层孔隙中流体的压力（即孔隙压力）。地层压力是油气田开发的灵魂，是描述油气藏类型、计算地质储量、了解油气藏目前动态及预测未来动态的一项必不可少的基础数据，直接反映地层能量的大小，决定了油气田开发效果的好坏以及开发寿命的长短，如何科学合理地求取准确的地层压力成为广大气田开发工作者必须解决的问题。

目前求取地层压力的方法较多，其中最准确的方法是全气藏关井测压，通过面积加权法求取平均地层压力。由于低渗透气田非均质的特点及生产的需要，根本不可能实现全气藏关井测压，同时，在紧张的生产形势下，动态监测数据远未达到规范的要求，如何在有限的条件下，开展地层压力评价显得极为重要。因此，需要充分利用生产动态资料，结合动态监测测压资料，采用关井和不关井的方法来评价气井地层压力。

第一节　单井地层压力评价方法

通过地层压力评价方法调研，结合低渗透岩性气藏气井生产动态特征，主要有关井和不关井条件下地层压力评价两种方法。关井条件下地层压力评价方法主要是利用关井进行压力恢复，测试或井口折算获取地层压力，目前常规的评价方法主要有三种：压力恢复试井法、点测法和井口压力折算法。不关井条件下地层压力评价方法主要是利用常规生产录取的资料，通过气藏工程方法计算地层压力，目前常规的评价方法主要有压降曲线法、流动物质平衡法、拟稳态数学模型法和产量不稳定分析法。

一、关井评价方法

关井评价单井地层压力有点测法、压力恢复试井法、井口压力折算法。

1. 点测法

点测法即为实测地层压力，这是一种切实可行又在现场应用较广的方法。具体就是关闭生产井，同时下入井底压力计，用点测或连续监测压力恢复曲线的方法，取得关井后的井底静压，从而得到地层压力。该方法的缺点是低渗透气藏气井压力恢复速度慢，常因关井时间不够导致单井地层压力计算误差较大；另外，由于生产的需要，不可能实现全气藏关井测压。点测法的数据来源于动态监测资料，关井一段时间后，下入压力计直接读取压力值。为了通过动态监测得到较为准确的地层压力，有必要对测试压力开展修正分析。修正过程中先明确测压达到稳定的时间，再根据以上关系利用不同方法修正。

1）关井时间确定

关井测压时间的长短直接决定了地层压力评价的准确程度，下面介绍了三种确定关井时间的方法。

（1）利用压力恢复速度确定地层压力达到稳定所需关井时间。

利用压力恢复资料统计榆 X 井关井天数与压力恢复速度可以得到拟合曲线，如图 3-1 所示，可得恢复天数与恢复速度关系式，根据预期设定的压力恢复速度，即可得到压力稳定所需要的恢复天数。由拟合关系式计算可知，当压力恢复时间大于 233 天时，压力恢复速度才会小于 0.005MPa/d。榆 X 井只关井 91 天，所以要得到准确的目前地层压力，还需要关井 142 天。

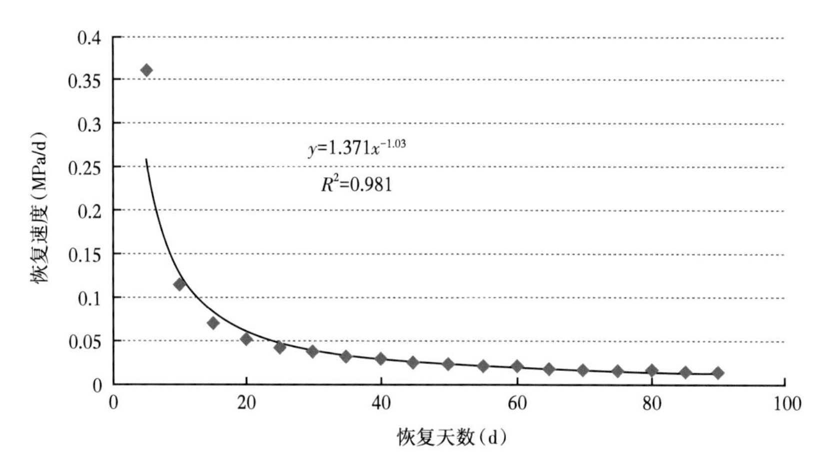

图 3-1　榆 X 井关井天数与压力恢复速度关系图

（2）利用气藏工程方法确定地层压力达到稳定所需关井时间。

压力影响半径为：

$$r=0.12\sqrt{\frac{Kt}{\mu\phi C_t}} \tag{3-1}$$

当压力传播到供气边界半径 r_e 时，所需时间 t_s 为：

$$t_s=69.4\frac{\phi\mu_g r_e^2 C_t}{K} \tag{3-2}$$

式中　t_s——气井压力稳定所需时间，h；

ϕ——孔隙度；

r_e——气井的供气边界半径，m；

C_t——综合压缩系数；

K——渗透率，mD；

μ_g——气体黏度，mPa · s。

分别设渗透率为 0.5mD、1mD、2mD、4mD、6mD，代入压力影响半径公式，可得到一簇关系曲线，如图 3-2 所示。当渗透率为 1.64mD 时，压力传播 1500m 需要 137 天。

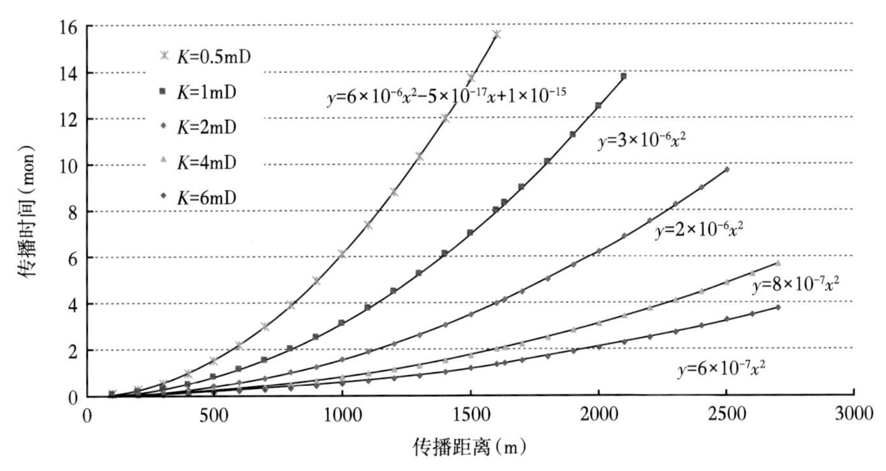

图 3-2　榆 X 井压力传播时间与传播距离关系图

(3)利用渗流力学原理确定地层压力达到稳定所需关井时间。

渗流力学给出了计算压力稳定所需时间，其公式为：

$$T_{s2} \approx 74.2\frac{\phi S_g \mu_g r_e^2}{K\bar{p}_R} \tag{3-3}$$

式中　$\bar{p}_R$——气层平均压力，MPa；

　　S_g——含气饱和度，%。

根据式(3-3)，计算榆 X 井在不同渗透率下，压力恢复至稳定需要的时间。

2)压力修正方法

(1)压力恢复速度拟合法。

由实际压力恢复速度与压力恢复天数拟合得到的关系式如下：

$$y = 1.37x^{-1.03} \tag{3-4}$$

式中　x——压力恢复天数；

　　y——压力恢复速度。

对于进行压力恢复测试的井，当关井天数未达到压力稳定所需时间时，用上述方法对恢复末期井底压力进行修正。

(2)图版法。

①图版建立：利用压力恢复试井资料来求取目前地层压力，主要是依据外推压力与压力恢复试井测试压力之差除以外推压力(这个比值简称为压力修正百分数)，同时考虑气井的储层情况，如导压系数、渗透率等，按照类比法对测试压力进行修正，以求取真实地层压力。选取了 7 口井的压力恢复资料，其导压系数范围为 38~1986cm²/s，渗透率范围为 0.1~6.7mD，表 3-1 列出了建立压力修正图版的基本数据，在不同渗透率或导压系数下，关井天数与压力修正百分数的数据关系。由表 3-1 的数据可以建立压力修正图(图 3-3 至图 3-5)。

表 3-1　压力修正与导压系数和关井时间的数据关系统计表

井号	K（mD）	导压系数 η（K/ϕ_{uct}）（cm^2/s）	不同关井天数对应的压力修正百分数（修正压力/恢复末期压力）（%）								
			5 天	10 天	15 天	20 天	25 天	30 天	35 天	40 天	45 天
y1-1	0. 11	38	29. 75	23. 69	20. 16	18. 51	17. 07	15. 85	14. 85	13. 94	13. 27
y1-2	0. 40	148	22. 13	14. 38	10. 78	8. 62	7. 16	6. 09	5. 26	4. 60	4. 07
y1-3	0. 96	297	11. 42	7. 72	5. 94	4. 82	4. 04	3. 46	3. 03	2. 67	2. 37
y1-4	1. 46	472	8. 46	5. 94	4. 68	3. 85	3. 21	2. 75	2. 42	2. 05	1. 79
y1-5	2. 75	828	5. 25	3. 75	2. 96	2. 37	2. 02	1. 75	1. 55	1. 34	1. 22
y1-6	3. 37	1050	4. 23	3. 25	2. 62	2. 16	1. 84	1. 58	1. 38	1. 16	1. 03
y1-7	6. 69	1986	3. 14	2. 43	1. 98	1. 65	1. 35	1. 09	0. 92	0. 73	0. 58
井号	K（mD）	导压系数 η（K/ϕ_{uct}）（cm^2/s）	不同关井天数对应的压力修正百分数（修正压力/恢复末期压力）（%）								
			50 天	55 天	60 天	65 天	70 天	75 天	80 天	85 天	90 天
y1-1	0. 11	38	12. 64	12. 07	11. 53	10. 99	10. 58	10. 12	9. 68	9. 29	8. 93
y1-2	0. 40	148	3. 63	3. 26	2. 97	2. 73	2. 56	2. 43	2. 34	2. 29	2. 27
y1-3	0. 96	297	2. 13	1. 93	1. 71	1. 57	1. 46	1. 38	1. 32	1. 27	1. 18
y1-4	1. 46	472	1. 58	1. 42	1. 27	1. 18	1. 10	1. 05	1. 01	0. 97	0. 91
y1-5	2. 75	828	1. 12	1. 04	0. 95	0. 88	0. 82	0. 75	0. 71	0. 67	0. 63
y1-6	3. 37	1050	0. 93	0. 84	0. 78	0. 73	0. 68	0. 63	0. 58	0. 55	0. 51
y1-7	6. 69	1986	0. 46	0. 37	0. 31	0. 26	0. 20	0. 16	0. 13	0. 11	0. 09

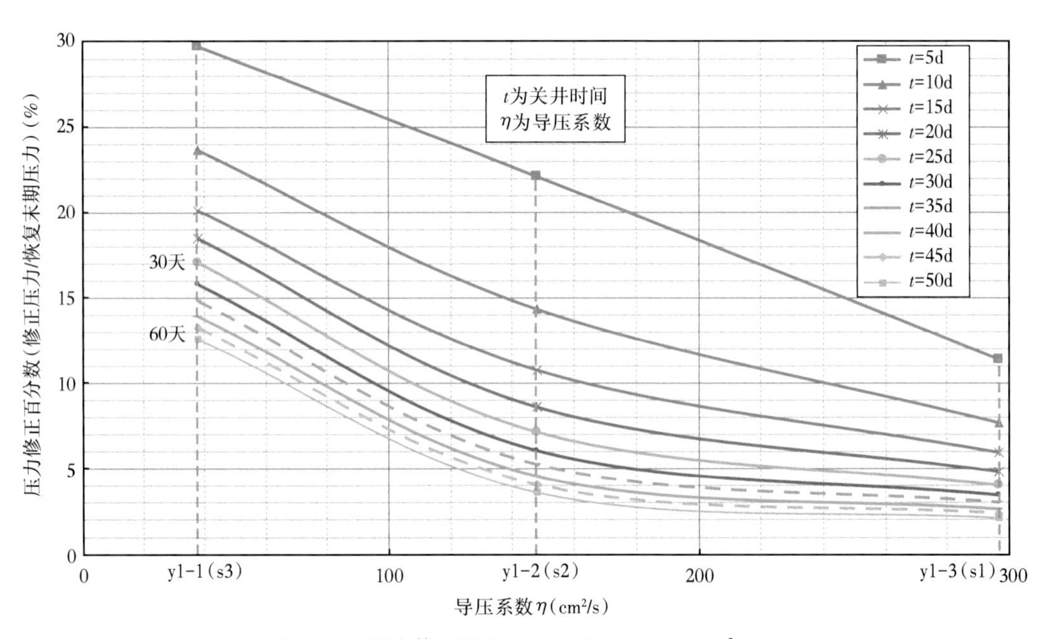

图 3-3　压力修正图（$5d \leqslant t \leqslant 60d$，$\eta<300cm^2/s$）

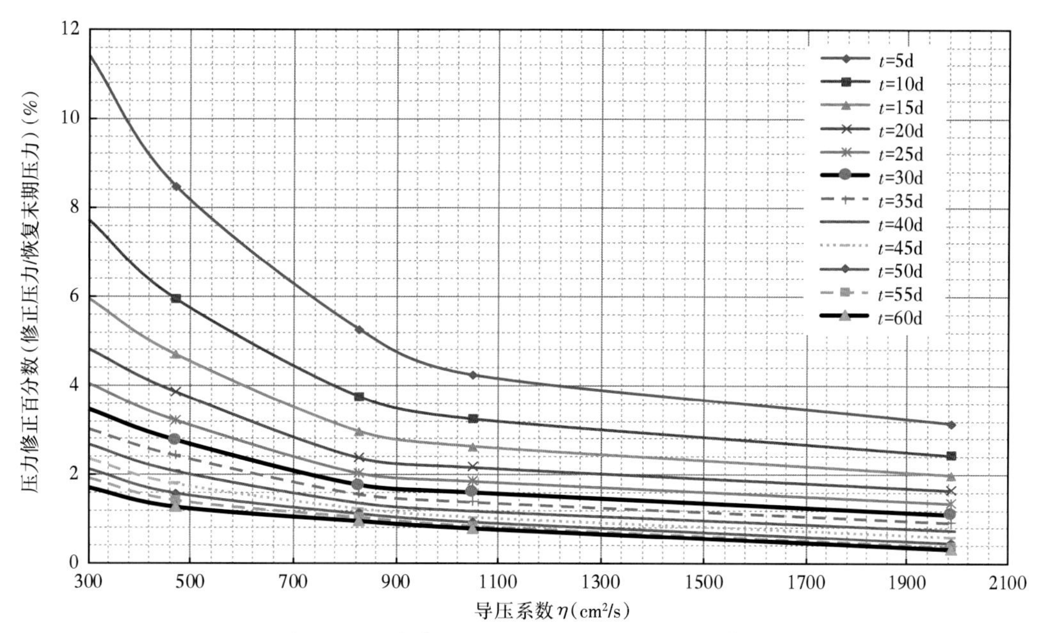

图 3-4 压力修正图(5d≤t≤60d, η>300cm^2/s)

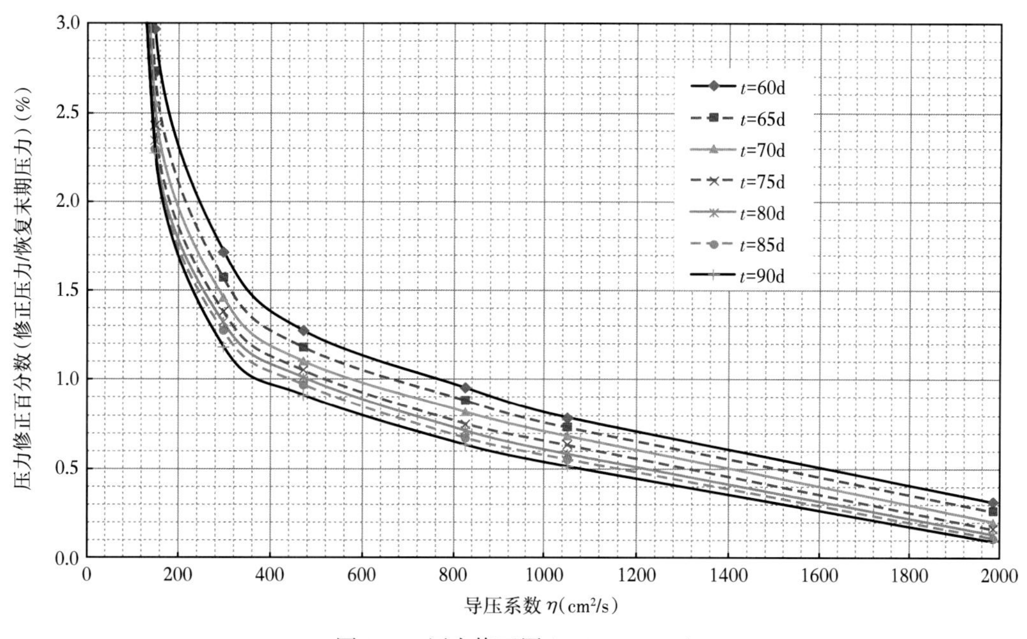

图 3-5 压力修正图(60d≤t≤90d)

②图版使用步骤。

首先确定关井天数，当 5 天≤t≤60 天时，用图 3-6 和图 3-7 修正，当 60 天≤t≤90 天时，用图 3-8 修正；然后计算修正井的导压系数 η，确定需要使用的图版；再对应图版读出压力修正百分数，再乘以对应关井天数的井底静压，即可得到压力修正值；最后当导压系数不易获取时，可用 K 代替 η 来进行压力修正，如图 3-6 至图 3-7 所示，修正方法与上述步骤相同。

该方法的使用相对较简便，且适用范围广，可对关井天数小于 1 个月的进行压力修正。在已知导压系数或渗透率的条件下，根据关井天数选用相应图版，即可得到压力修正值。为了完成生产任务，气田关井时间一般小于 2 个月，尤其是中高产气井，关井时间更短。利用该图版可以在缩短关井时间的同时，求得准确的地层压力，为后期开展各项工作奠定了基础。

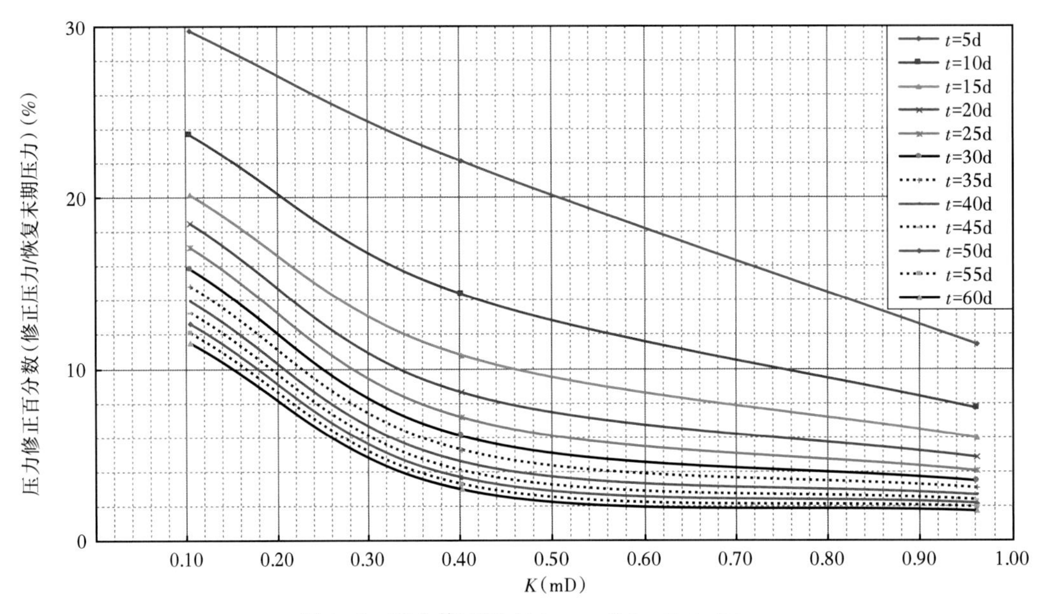

图 3-6 压力修正图(5d≤t≤60d，K<1mD)

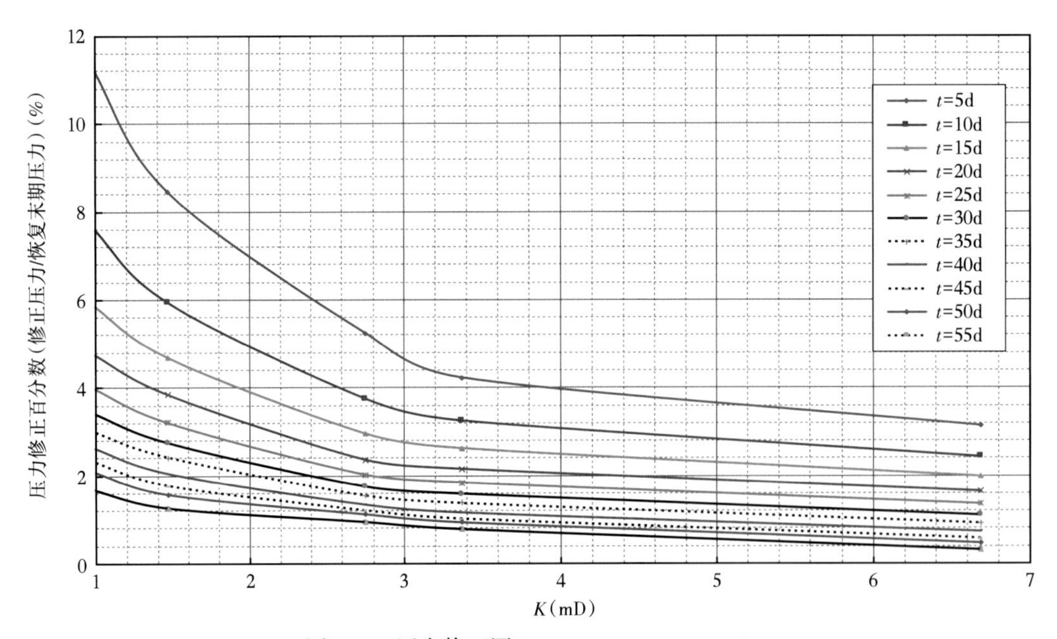

图 3-7 压力修正图(5d≤t≤60d，K>1mD)

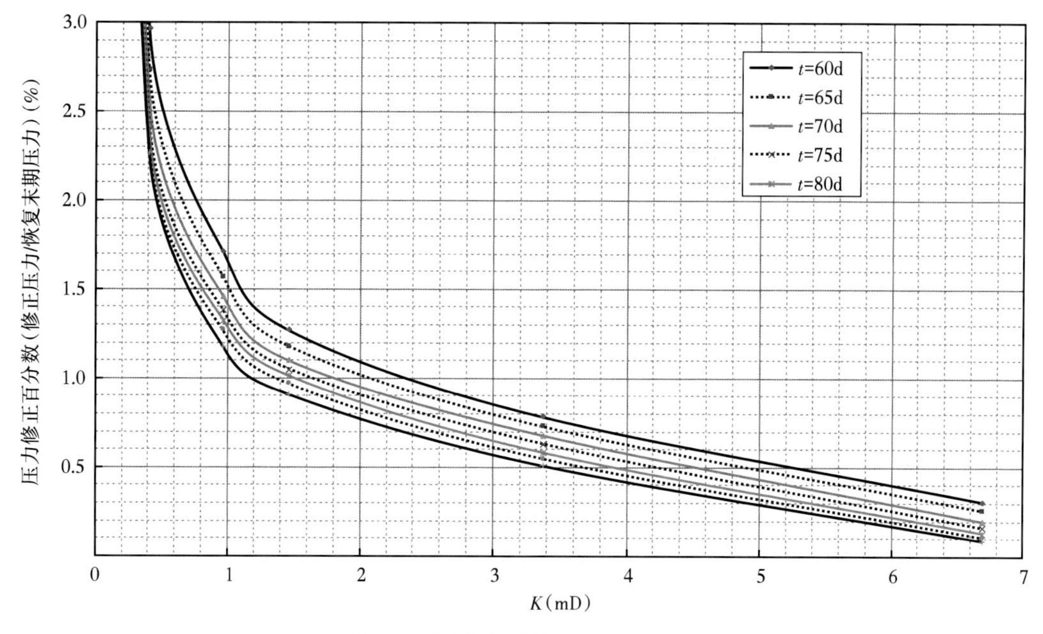

图 3-8　压力修正图(60d≤t≤90d)

③适用性评价。

对压力修正图版的适用性进行验证，表 3-2 是用简易图版修正的 5 口井，这 5 口井都有压力恢复试井数据，通过比较修正后的压力与试井外推压力的大小，进而判断该方法的适用性。

压力恢复试井关井天数在 50 天左右，将修正后的压力与试井外推压力比较，误差在 2%以内，平均误差为 0.66%。

表 3-2　压力修正图适应性评价(有试井数据的井)

井号	渗透率 K (mD)	导压系数 η (cm^2/s)	关井天数 (d)	修正百分数 (%)	恢复末期压力 (MPa)	修正后压力 (MPa)	试井外推压力 (MPa)	误差 (%)
y42-3	2.79	736	51	0.85	26.26	26.48	26.37	0.43
y46-5	5.69	1720	52	0.28	22.14	22.20	22.16	0.19
y43-12	1.34	531	50	1.72	23.51	23.91	24.32	1.67
Y45-10	2.04	712	49	1.02	21.26	21.47	21.42	0.23
Y44-06	0.15	72	52	8.1	19.51	21.09	20.93	0.77

随着关井时间的延长，修正压力与稳定压力之间的误差减小。同时储层物性越好，关井恢复越快，达到压力稳定需要的时间越短，通过修正，误差在 2%以内。

2. 压力恢复试井法

压力恢复试井指气井以稳定产量 q_{sc} 生产一段时间 t_p 后，在 $\Delta t=0$ 时刻关井，测试关井后随着时间 Δt 的增大，井底压力上升的一种试井方法。通常先测量关井前瞬时井底压力，然后连续地记录关井期间井底压力随时间的变化。分析所得到的压力恢复曲线，外推地层压力，过程如下：

(1)在半对数坐标系中作图，绘制 p_{ws}—lg［$\Delta t/(t_p+\Delta t)$］的关系曲线；

(2)确定 Homer 直线段的开始时间；

(3)将 Horner 直线段外推至 $\Delta t/(t_p+\Delta t)=1$ 处，该时刻点对应的压力为外推压力 p^*，即为所求目前地层压力。

压力恢复试井外推压力反映压力已经达到稳定，可作为单井目前地层压力，以榆林气田榆 42-A 井为例开展压力恢复数据进行试井解释。图 3-9、图 3-10 和图 3-11 分别为榆 42-A 井的双对数曲线拟合图、压力历史拟合图和 Horner 曲线。如图 3-9 所示，水平径向流动段结束后曲线下掉，说明已经受到了邻井影响，通过拟合，解释地层参数，外推地层压力 25. 56MPa。

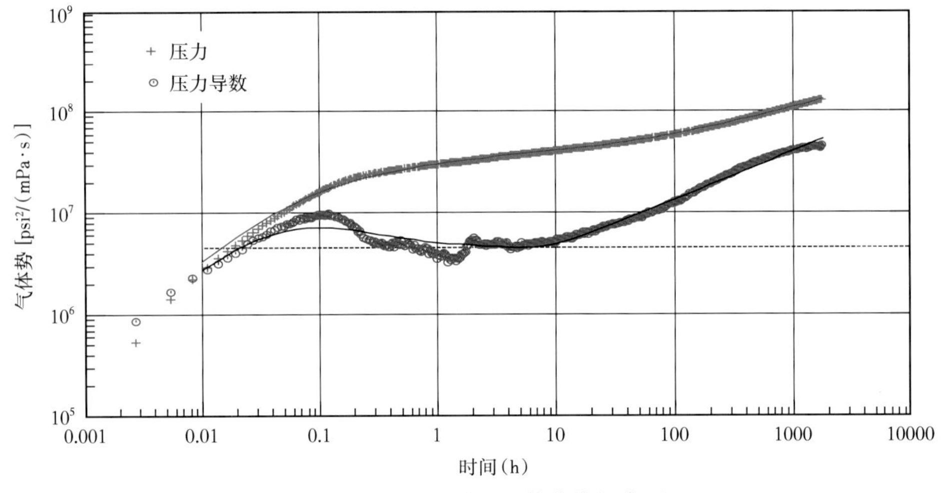

图 3-9　榆 42-A 井双对数曲线拟合图

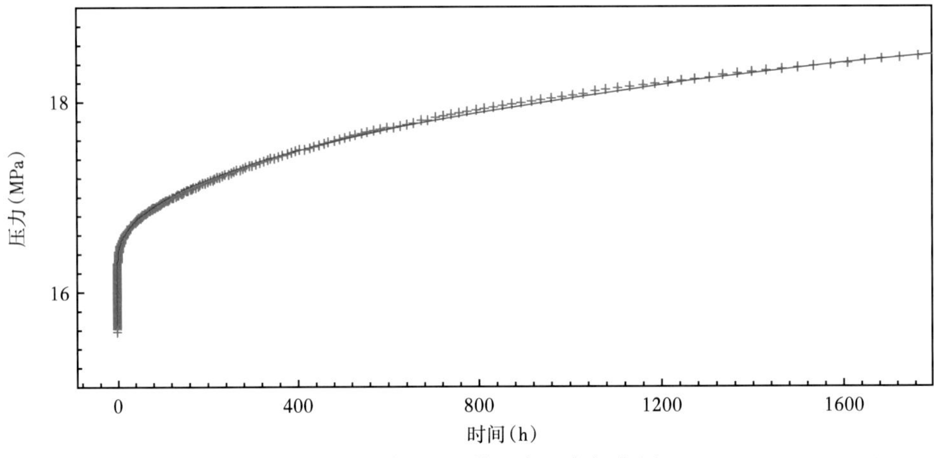

图 3-10　榆 42-A 井压力历史拟合图

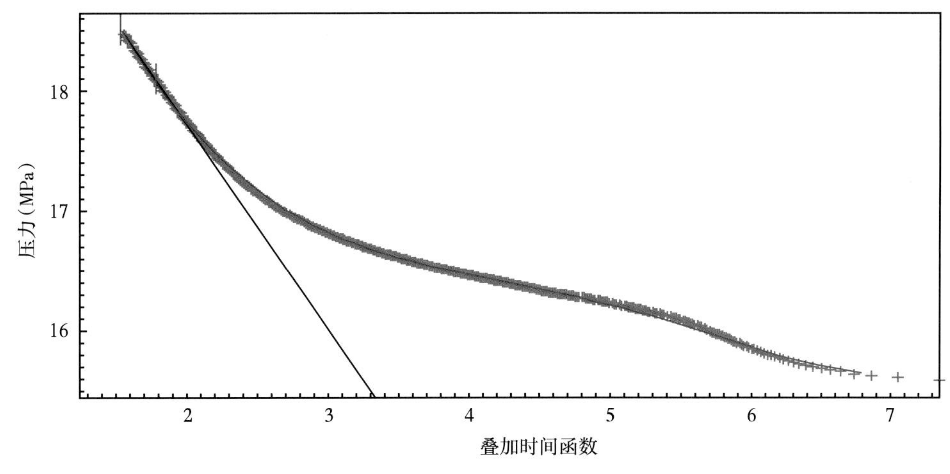

图 3-11　榆 42-A 井 Horner 曲线

3. 井口压力折算法

气井在开采过程中，往往由于测试、供需关系、井下作业等各种原因，不可避免地会出现一段时间的关井情况。在这段时间内井底流压逐渐恢复，直至恢复稳定，此时通过井口油套压及井筒气柱的静压方程就可计算气井的地层压力，目前有垂直管流法与井筒压力梯度法。

1）垂直管流法

垂直管流法有平均温度平均偏差系数法和 Cullender-Smith 法。前者是采用平均温度和平均偏差系数，后者是通过梯形积分，分段计算不同深度的温度 T 和偏差因子 Z。

井筒气体稳定流动能量方程：

$$\frac{\mathrm{d}p}{\rho}+u\mathrm{d}u+g\mathrm{d}L\sin\theta+\mathrm{d}\omega+\mathrm{d}L_{\mathrm{w}}=0 \tag{3-5}$$

式中　p——压力，MPa；

ρ——气体密度，$\mathrm{kg/m^3}$；

u——速度，m/s；

g——重力加速度，$\mathrm{m/s^2}$；

$\mathrm{d}L$——表示点长；

θ——井筒与水平方向的夹角，(°)；

ω——流动中流体所做的功，J/kg；

L_{w}——不可逆能量损失，J/kg。

达西阻力公式：

$$L_{\mathrm{w}}=\frac{fu^2L}{2d} \text{ 或 } \mathrm{d}L_{\mathrm{w}}=\frac{fu^2}{2d}\mathrm{d}L$$

式中　f——摩阻系数；

d——管径，m；

L——长度，m。

气体从井底沿油管流到井口具有以下特点：(1)从管鞋到井口没有功的输出，也没有功的输入，即 $d\omega=0$；(2)对于气体流动，动能损失相对于总的能量损失可以忽略不计，即 $udu=0$；对于垂直管流，$\theta=90°$，$\sin\theta=1$，$dL\cdot\sin\theta=dh$。

则式(3-5)则可简化为：

$$\frac{dp}{\rho}+gdh+\frac{fu^2dh}{2d}=0 \tag{3-6}$$

在任意流动状态下 p、T 下的气体流速 u 可以用流量和油管截面积表示为：

$$u=B_gu_{sc}=B_g\frac{4q_{sc}}{\pi d^2}=\frac{q_{sc}}{864000}\frac{T}{239}\frac{0.101325}{p}\frac{Z}{1}\frac{4}{\pi}\frac{1}{d^2} \tag{3-7}$$

在同一状态 p、T 条件下的气体密度为：

$$\rho=\frac{M_gp}{ZRT}=\frac{28.97\gamma_gp}{0.008314ZT} \tag{3-8}$$

式中 Z——气体偏差系数；

γ_g——天然气的相对密度。

将式(3-7)和式(3-8)代入式(3-6)，并用重力加速度 $g=9.81m/s^2$ 除以全式，整理后有：

$$\frac{1}{0.03415\gamma_g}\frac{ZT}{p}dp+dh+1.324\times10^{-18}\frac{f(q_{sc}TZ)}{p^2d^5}dh=0 \tag{3-9}$$

分离变量积分，可得：

$$\int_{p_1}^{p_2}\frac{\dfrac{ZT}{p}}{1+\dfrac{1.324\times10^{-18}f(q_{sc}TZ)^2}{p^2d^5}}dp=\int_{h_1}^{h_2}0.03415\gamma_gdh \tag{3-10}$$

式中 q_{sc}——标准状态下气体的流量，m^3/d。

已知井口条件下的参数，要计算井底压力，实质就是对式(3-10)进行积分。目前国内公认较好的方法有平均温度平均偏差系数法、Cullender-Smith 法。下面给出了流动气柱的推导过程，对于静止气柱，只要将产量变为零即可。

(1)平均温度平均偏差系数法：对于流动气柱，稳定流动能量方程式见式(3-10)。

井筒平均温度 $\overline{T}$、偏差系数 $\overline{Z}$ 的确定。

当 $T=\overline{T}=$常数，$Z=\overline{Z}=$常数，由式(3-10)可得：

$$\int_{p_{tf}}^{p_{wf}}\frac{p}{p^2+\dfrac{1.324\times10^{-8}f(q_{sc}\overline{T}\,\overline{Z})^2}{d^2}}dp=\frac{0.03415\gamma_gh}{\overline{T}\,\overline{Z}} \tag{3-11}$$

令 $C^2=\dfrac{1.324\times10^{-8}f\ (q_{sc}\overline{T}\,\overline{Z})^2}{d^5}$，则式(3-11)可写为：

$$\int_{p_{tf}}^{p_{wf}} \frac{p\mathrm{d}p}{p^2 + C^2} = \frac{0.03415\gamma_g h}{\overline{T}\,\overline{Z}} \tag{3-12}$$

式中　$\overline{Z}$——在 $\bar{p}$、$\overline{T}$ 条件下的天然气偏差系数；

　　p_{wf}，p_{tf}——分别为气井井底、井口压力，MPa；

　　$\overline{T}$——流动管柱内气体平均温度，K。

式(3-12)积分得：

$$\int \frac{p\mathrm{d}p}{p^2 + C^2} = \int \frac{\mathrm{d}p}{p + \dfrac{C^2}{p}} = \frac{1}{2}\ln(C^2 + p^2) \tag{3-13}$$

式(3-13)可积分得：

$$\ln \frac{C^2 + p_{wf}^2}{C^2 + p_{tf}^2} = \frac{2 \times 0.03415\gamma_g h}{\overline{T}\,\overline{Z}} \tag{3-14}$$

$$\frac{C^2 + p_{wf}^2}{C^2 + p_{wf}^2} = \exp\left(\frac{2 \times 0.03415\gamma_g h}{\overline{T}\,\overline{Z}}\right) \tag{3-15}$$

令：

$$S = \frac{0.03415\gamma_g h}{\overline{T}\,\overline{Z}} \tag{3-16}$$

将式(3-16)和 C^2 公式代入式(3-15)可得：

$$p_{wf} = \sqrt{p_{tf}^2 e^{2S} + 1.324 \times 10^{-18} f(q_{sc}\,\overline{T}\,\overline{Z})^2(e^{2S} - 1)/d^5} \tag{3-17}$$

$$\bar{p} = \frac{2}{3}\left(p_{wf} + \frac{p_{tf}^2}{p_{tf} + p_{wf}}\right) \tag{3-18}$$

$$\overline{T} = \frac{T_{tf} + T_{wf}}{2} \tag{3-19}$$

式中　$\bar{p}$——气井平均流动压力，MPa；

　　T_{wf}，T_{tf}——分别为流动管柱内气体井底、井口温度，K。

对于式(3-17)计算流动气柱井底流压，要采用迭代法求解，直到满足精度要求，得到井底流压。计算井底压力时不同温度和压力条件下的 Z 由 Dranchuk Purvis 牛顿迭代法计算得到。

对于静止气柱，采用计算流动气柱井底流压的方法同样适用，只要将产量变为零($q=0$)即可，通过编写的计算程序对比发现，计算结果完全一致，即动静气柱可以使用同一个计算程序。

(2) Cullender-Smith 方法：对于流动气柱，式(3-10)等式左边分子分母同乘以 $\left(\dfrac{p}{ZT}\right)^2$ 得：

$$\int_{p_{tf}}^{p_{wf}} \frac{\frac{p}{ZT}}{\left(\frac{p}{ZT}\right)^2 + \frac{1.324 \times 10^{-18} f q_{sc}^2}{d^2}} dp = \int_0^h 0.03415\gamma_g dh \tag{3-20}$$

分别令：

$$F_1 = \frac{p}{TZ} \tag{3-21}$$

$$F_2^2 = \frac{1.324\times10^{-18} f q_{sc}^2}{d^2} \tag{3-22}$$

$$I = \frac{F_1}{F_1^2+F_2^2} \tag{3-23}$$

$$\int_{p_{tf}}^{p_{wf}} I dp = 0.03415\gamma_g h = \frac{1}{2}[(p_2-p_1)(I_2+I_1)+\cdots+(p_n-p_{n-1})(I_n+I_{n-1})] \tag{3-24}$$

式中　I_1，I_2，…，I_n——各压力值相对应的梯形法则分段值。

将井深分为两段，即井口至中点、中点至井底，可得：

$$2\times0.03415\gamma_g h = (p_{mf}-p_{tf})(I_{mf}+I_{tf})+(p_{wf}-p_{mf})(I_{wf}+I_{mf}) \tag{3-25}$$

对于上段油管：

$$(p_{wf}-p_{tf})(I_{mf}+I_{tf}) = 0.03415\gamma_g h \tag{3-26}$$

对于下段油管：

$$(p_{wf}-p_{mf})(I_{wf}+I_{mf}) = 0.03415\gamma_g h \tag{3-27}$$

由式(3-26)和式(3-27)可得：

$$p_{mf} = p_{tf} + \frac{0.03415\gamma_g h}{I_{mf}+I_{tf}} \tag{3-28}$$

$$p_{wf} = p_{mf} + \frac{0.03415\gamma_g h}{I_{mf}+I_{tf}} \tag{3-29}$$

式中　p_{mf}——井中点压力，MPa；

I_{tf}，I_{mf}，I_{wf}——分别为在(p_{tf}，T_{tf})、(p_{mf}，T_{mf})、(p_{wf}，T_{wf})条件下的 I，K/MPa。

对于 p_{mf} 和 p_{wf} 的计算，分别采用迭代法，直到满足精度要求。

Cullender-Smith 法步骤简单，结果精度高，根据 Cullender-Smith 理论迭代计算井筒压降，获得井底压力。计算井底压力时不同温度和压力条件下的 Z 由 Dranchuk Purvis 牛顿迭代法计算得到。

对于静止气柱，采用计算流动气柱井底流压的方法同样适用，该方法适用条件为井底无积液或测试时积液已完全退回地层的气井。利用 10 口气井分析 Cullender-Smith 法可靠程度，见表 3-3。

表 3-3　Cullender-Smith 法计算气井地层压力

井号	Cullender-Smith 法（MPa）	实测压力（MPa）	绝对误差（MPa）	相对误差（%）
y2-1	13.29	13.43	0.14	1.02
y2-2	16.52	16.60	0.08	0.46
y2-3	15.14	15.36	0.22	1.45
y2-4	14.03	14.27	0.24	1.67
y2-5	17.65	17.63	-0.02	0.11
y2-6	16.17	16.18	0.01	0.07
y2-7	18.73	18.74	0.01	0.06
y2-8	15.06	15.11	0.05	0.31
y2-9	15.68	15.79	0.11	0.68
y2-10	19.56	19.60	0.04	0.21

计算结果表明，当气井不产水时，计算误差小于 2%，说明该方法评价地层压力是可靠的。其准确性依赖于气井必须有较长时间的关井期和有相对较准确的井口压力数据。同时，用 Cullender-Smith 法计算结果大部分比实测值小，这与井筒的摩阻取值不准有较大关系。最大相对误差为 2.37%，平均相对误差为 0.53%。

2）井筒压力梯度法

利用已知关井恢复的井口压力来计算井底压力的理论公式中，部分相关参数的获取和确定有一定的难度，γ_g、T 和 Z 均为未知量，不易确定，并且随着气层深度 h 的变化，p、γ_g、T 和 Z 也会发生变化。因此通过大量的气井生产资料计算单井压力测试资料，建立井筒压力梯度与井口压力变化关系，获取了更简便、快捷的关井条件下求地层压力的方法。

静液柱中任意一点的压力服从如下规律：

$$p=p_0+\rho gh \tag{3-30}$$

对于井底压力使用下式确定：

$$p_{ws}=p_{ts}+Dh \tag{3-31}$$

式中　p_{ws}，p_{ts}——分别为井底压力、井口压力，MPa；

D——井筒压力梯度，MPa/100m；

h——气层深度，m；

ρ——井筒中任意一点的流体密度，g/cm³。

对于气柱来说，气体密度随压力变化差别相对较大，即井筒压力梯度随井口压力而变化。榆林气田气体组成差异不大，只要把握对应井口压力下的井筒压力梯度的变化规律就容易确定气井井底压力。

分析步骤：关井恢复时，下压力计测试，得到井筒压力梯度；回归不同井口压力下的井筒压力梯度；再用该回归公式，计算对应恢复井口压力下的井筒压力梯度，并结合气井井口压力、井深折算评价地层压力。

生产数据中有大量关井恢复的井口压力数据，可通过建立井筒压力梯度与井口压力的经验关系式（图 3-12），利用井口压力折算法评价地层压力。

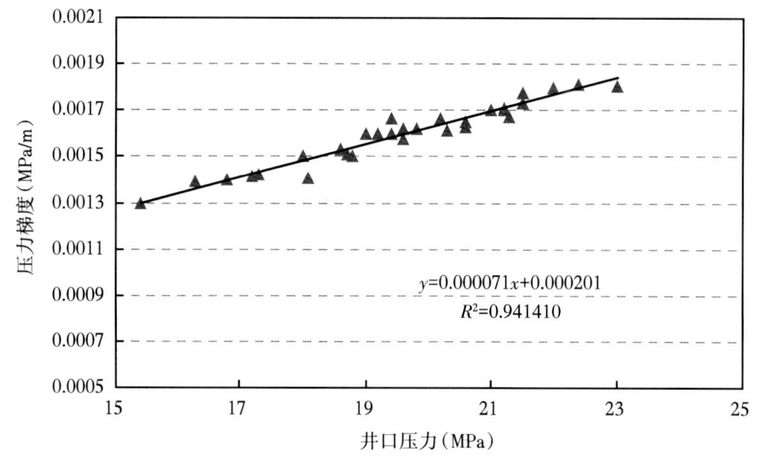

图 3-12　关井条件下井筒压力梯度与井口压力关系图

井筒压力梯度法计算结果与实测值相差不大，且普遍小于实测值，原因是低渗透气田气井关井压力恢复速度很慢，关井时间较短，导致计算的结果往往偏低。

图 3-13 为 Cullender-Smith 法、井筒压力梯度法与实测压力的柱状对比图。由图可知，对于干气井，即井底无积液的气井，Cullender-Smith 法、井筒压力梯度法与实测压力都比较接近，误差较小，两种方法计算出的目前地层压力准确度均较高。Cullender-Smith 法与井筒压力梯度法相比，前者计算结果更精确。

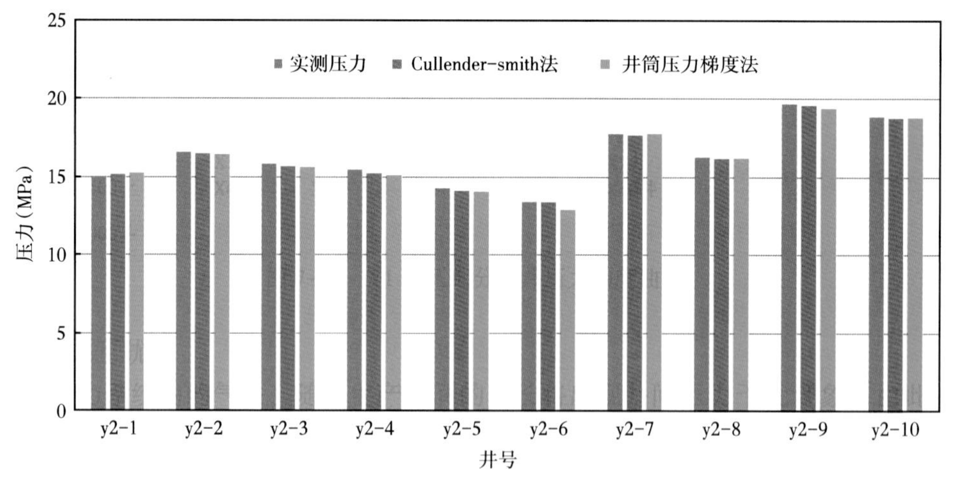

图 3-13　三种关井测压结果对比

对于井筒有积液的井，井口压力折算法和井筒压力梯度法的误差很大；需要将压力计下入目的层深度进行直接测压。

二、不关井评价方法

不关井条件下地层压力评价方法主要是利用生产数据，通过各种方法得到不同时期的地层压力，是目前低渗透气藏最适用的地层压力评价方法，对气井生产影响小，且节省测试费用。目前常规的评价方法主要有压降曲线法、流动物质平衡法、拟稳态数学模型法和产量不稳定分析法。

1. 压降曲线法

1) 定容封闭气藏

根据定容封闭气藏物质平衡理论，随着气体源源不断的采出，必然造成地层压力的下降，因此压降法计算地层压力实质就是物质平衡方程式。压降曲线法是根据建立的单井稳定压降法曲线，计算给定累计采出气量下地层的平均压力，若要评价目前地层压力只需知道目前累计产气量即可。该方法的局限性是没有考虑气井产水情况。实践证明，该方法的精确度依赖于关井资料，关井资料越丰富，精确度越高。

当气藏没有水驱作用，即 $W_e=0$、$W_p=0$ 时，根据气藏的物质平衡通式，无水气藏的物质平衡方程式：

$$G_pB_g=G(B_g-B_{gi})+GB_{gi}\frac{C_wS_{wi}+C_p}{1-S_{wi}}\Delta p \tag{3-32}$$

式中　G_p——目前累计产气量，10^4m^3；

B_{gi}，B_g——分别为气体在原始地层压力和目前地层压力条件下的体积系数；

S_{wi}——初期含水饱和度，%；

C_p，C_w——分别为岩石和地层水压缩系数；

Δp——原始地层压力与目前地层压力差值，MPa。

如果式(3-32)等号右侧第二项与第一项相比不可忽略时，则为异常高压无水驱气藏的物质平衡方程式；如果式(3-28)等号右侧第二项和第一项比数值很小可忽略不计时，可认为开采过程中含气的孔隙体积保持不变，则转化为定容封闭气藏的物质平衡方程式：

$$G_pB_g=G(B_g-B_{gi}) \tag{3-33}$$

已知天然气原始的和目前的体积系数分别为：

$$B_{gi}=\frac{p_{sc}Z_iT}{p_iT_{sc}} \tag{3-34}$$

$$B_g=\frac{p_{sc}ZT}{pT_{sc}} \tag{3-35}$$

式中　Z_i——原始地层压力条件下天然气偏差系数；

p_i——原始地层压力，MPa。

将式(3-34)和式(3-35)代入式(3-33)得：

$$\frac{p}{Z}=\frac{p_i}{Z_i}\left(1-\frac{G_p}{G}\right) \tag{3-36}$$

由式(3-36)可看出：定容气藏的视地层压力(p/Z)与累计产气量呈直线下降关系，如图3-14所示，视地层压力与单井累计产气量存在很好的相关性，因此，在无法开展大规模关井恢复测试地层压力的情况下，可以利用单井累计产气量，对地层压力进行反算。

以G-M井为例，该井投产于2000年11月15日，原始地层压力为28.3MPa，对应偏差系数为0.9434(图3-15、表3-2)，中深为3157m。

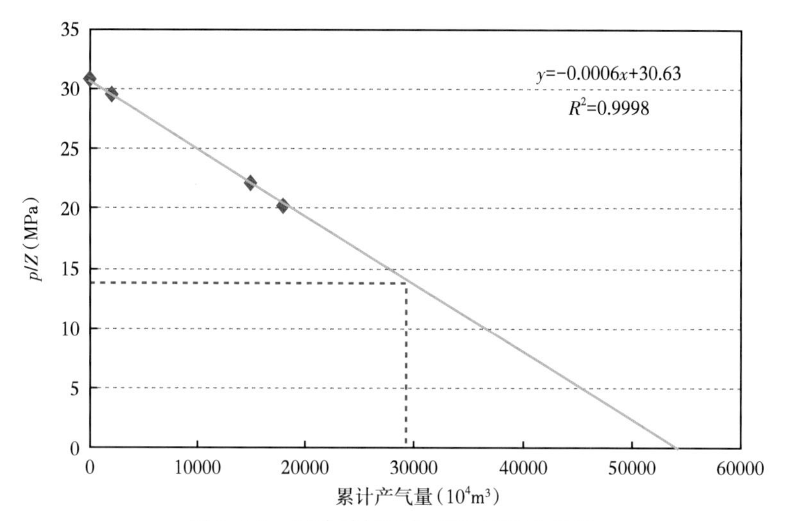

图3-14　累计采气量与视地层压力关系

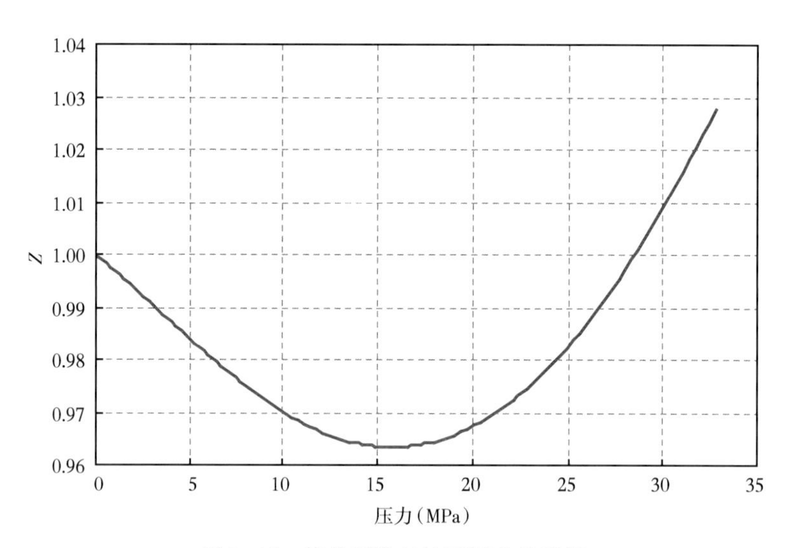

图3-15　偏差系数与地层压力关系图

表3-4　G-M井的数据表

日期	Z	G_p (10^4m^3)	p/Z (MPa)
2000-11-15	0.943	1.1	28.31
2001-11-15	0.943	2720.8	24.85
2002-11-15	0.943	6213.5	21.01

续表

日期	Z	G_p（10^4m^3）	p/Z（MPa）
2003-11-15	0.944	10977.3	20.09
2004-11-15	0.943	14387.9	14.68
2005-11-15	0.943	17851.9	14.67
2006-11-15	0.943	20797.6	13.62
2007-11-15	0.943	23578.3	13.61
2008-11-15	0.943	26267.4	11.28
2009-11-15	0.943	29034.9	9.72

2）封闭产水气藏

部分低渗透气藏只含有局部层间水，但在生产过程中都不同程度产水，尽管水量不大，却给气藏的开发与生产带来了较大影响。物质平衡方程通常忽略了气藏产水的实际情况，但水的产出却改变了地下储集天然气的空间体积，造成了储量计算失真，因此建立产水的封闭气藏的物质平衡方程，对于指导同类气田开发具有重要的现实意义。

对于封闭产水气藏，其物质平衡方程：

$$GB_{gi}+WB_{wi}=(G-G_p)B_g+(W-W_p)B_w \tag{3-37}$$

忽略 B_w 的变化，则：

$$GB_{gi}=(G-G_p)B_g+W_p \tag{3-38}$$

将式（3-34）和式（3-35）代入式（3-38）中，得到：

$$G\left(\frac{Z}{p}-\frac{Z_i}{p_i}\right)=(G_p+W_pB_g)\ \frac{Z}{p} \tag{3-39}$$

整理得：

$$p=Z\frac{p_i}{Z_i}\left(1-\frac{G_p+\frac{W_p}{B_g}}{G}\right) \tag{3-40}$$

式中 B_{wi}，B_w——分别为原始地层压力和目前地层压力条件下水的体积系数；

W——气藏外部水体水侵量，10^8m^3；

W_p——气藏累计产水量，10^8m^3。

以 S-N 井为例，该井投产于 2001 年 12 月 13 日，原始地层压力为 29.88MPa，对应偏差系数为 0.9398、原始地质储量为 $17500\times10^4m^3$。根据压降法（封闭产水气藏）的物质平衡方程计算得到的不同时间下地层压力的计算结果见表 3-5，2004 年 7 月 19 日压降法（封闭产水气藏）计算的地层压力为 28.06MPa，实际关井测压的地层压力为 28.35MPa。该井生产时间 2 年 7 个月，测试期间关井 491 天，以实际关井测压的地层压力为真值，不考虑关井恢复压降法（封闭产水气藏）计算得到的地层压力与实际关井测压值误差为 0.29MPa。

因此，该方法在气井生产初期更适合于产水气井的地层压力的计算。

表 3-5　S-N 井应用压降法(封闭产水气藏)计算地层压力结果

时间	Z	$G_p(10^4m^3)$	$W_p(10^4m^3)$	B_g	p(MPa)
2001 年 12 月	0.9398	0.7	0.00002	0.004079778	29.88
2002 年 12 月	0.9327	520.9	0.007976	0.00414366	28.77
2003 年 12 月	0.9266	729.9	0.011727	0.004196217	28.23
2004 年 7 月	0.9210	729.9	0.011727	0.004266761	28.06
2004 年 12 月	0.9164	1045.1	0.015367	0.004289348	27.39
2005 年 12 月	0.9110	1137.1	0.016879	0.004341601	27.08
2006 年 12 月	0.9057	1795.6	0.025686	0.004396275	25.83
2007 年 12 月	0.8949	2532.9	0.038249	0.004510922	24.32
2008 年 12 月	0.9365	2957.9	0.04359	0.00490944	24.73
2009 年 12 月	0.9346	3664.28	0.051345	0.005103625	23.48
2010 年 12 月	0.9328	4194.3	0.057113	0.005315265	22.53
2011 年 12 月	0.9309	4619.9	0.059024	0.005545549	21.77
2012 年 12 月	0.9285	4799.2	0.06212	0.005878625	21.41
2013 年 12 月	0.9278	4884.6	0.064086	0.005984045	21.25

2. 流动物质平衡法

从渗流力学的角度来分析，对于一个有限外边界封闭的油气藏，当地层压力波达到地层外边界一定时间后，地层中的渗流将进入拟稳定流状态，在任意一点处有：

$$p = p_i - \frac{4.242 \times 10^{-3} q_{sc} \bar{\mu} B_g}{Kh}\left(\lg \frac{r_e}{r} - 0.326\right) - \frac{1.327 \times 10^{-2} q_{sc} B_g t}{\phi h C_t r_e^2} \tag{3-41}$$

若不考虑流体物性随时间 t 的变化，则式(3-41)对 t 求导可得：

$$\frac{dp}{dt} = -\frac{1.327 \times 10^{-2} q_{sc} B_g}{\phi h C_t r_e^2} = \text{cons tan } t \tag{3-42}$$

式中　q——气井标准产量，$10^4m^3/d$；

μ_g——地层气体黏度，mPa·s；

B_g——天然气体积系数；

K——地层有效渗透率，mD；

h——地层有效厚度，m；

r_e——供给半径，m；

t——气井生产时间，h；

ϕ——孔隙度，%；

C_t——综合压缩系数，MPa^{-1}。

地层中各点压降速度相等并等于一常数，压降漏斗曲线将是一些平行的曲线(图 3-16)。

由此得到启示，对气藏物质平衡方程，若在同一坐标中作静止视地层压力 p/Z 与 G_p 曲线和流动压力 $p_{wf}/Z—G_p$ 曲线，它们也应该相互平行。类似地，井口套压所对应的视地层压力 $p_c/Z—G_p$ 曲线应和 $p/Z—G_p$ 曲线平行。

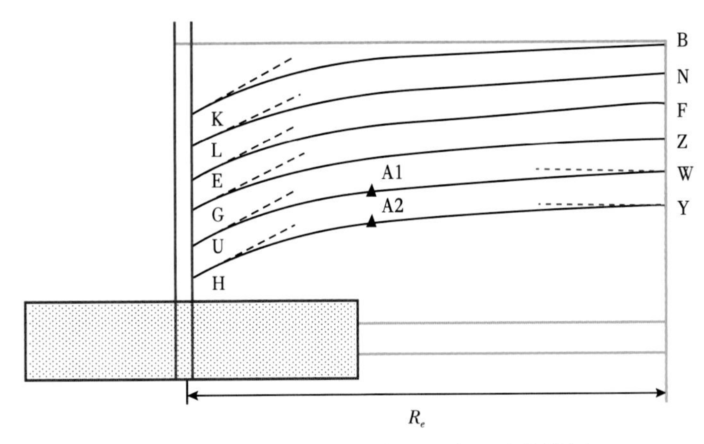

图 3-16　气井达到拟稳态后压力下降曲线图

用视井底流压或视井口套压代替视地层压力作与累计产气量的相关直线，然后通过视原始地层压力点作平行线，与横轴的交点为动态储量。根据目前的累计产量即可反推目前的地层压力。流动物质平衡法示意图如图 3-17 所示。

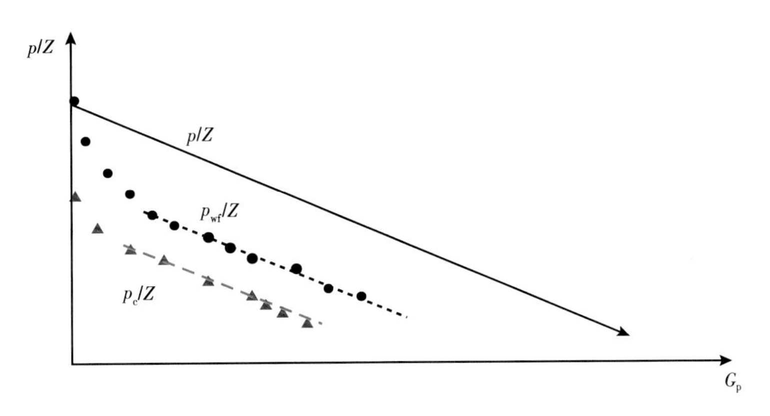

图 3-17　“流动物质平衡方程”求解地层压力示意图

适用条件：流动物质平衡法需要原始地层压力及连续的井口（底）压力；生产较为稳定（生产过程中长时间不关井，在生产过程中无重大调整措施或储层改造措施等）；采出程度要大于 10%。

3. 拟稳态数学模型法

当气井到达拟稳定状态，对于外边界封闭的气藏，此时地层中各点压降速度相同并等于一个常数，因此在此阶段可以通过分析井口油压或井底流压与累计产气量的变化关系，从而掌握地层压力与累计产气量变化规律，根据目前累计产气量评价气井泄流范围内的地层压力。

通过井口压力数据计算井底压力，将气井井底流压与累计产气量做成相关曲线，形式为：

$$p_{wf}=aG_p^2+bG_p+c \tag{3-43}$$

根据上述关系式，通过曲线整体平移得到气井泄流范围内地层压力与累计产气量的相关曲线，形式为：

$$p_R=aG_p^2+bG_p+c' \tag{3-44}$$

式中 p_R——气井的地层压力，MPa。

累计产气量 $G_p=0$ 时，c'为初始平均地层压力 p_i，式(3-43)变为：

$$p_R=aG_p^2+bG_p+p_i \tag{3-45}$$

因此，利用式(3-45)，可以根据不同的累计产气量反推得到不同时期气井泄流范围内的地层压力(图3-18)。

该方法适用于生产后期工作制度较稳定的气井，需要气井的生产动态数据(连续的井口压力测试数据和累计产气量)。

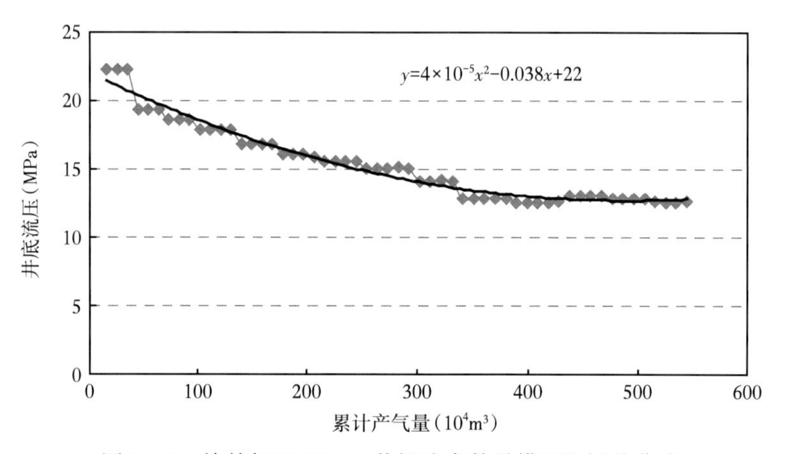

图3-18 榆林气田Y2-10井拟稳态数学模型法评价曲线

4. 产量不稳定分析法

产量不稳定分析法是在常规递减分析的基础上，引入拟等效时间处理变压力/变产量生产数据，将其等效为定流量生产数据。根据油气藏生产历史的产量和井口压力数据对油气藏进行递减分析和地层压力预测。

利用类似试井的典型曲线拟合方法进行诊断，根据图版诊断及生产史拟合确定气井泄流范围属性参数(K、r_e等)，评价气井地层压力及控制储量(图3-19)。对于低渗透气藏，当气井生产达到一定阶段后，利用产量不稳定分析法计算的结果是可靠的，即该时刻气井进入了拟稳定状态，压力波波及到了气井所能控制的全部范围。

气井井底压力与气藏地层压力下降遵循线性规律，其压降速率与气井储层物性有关，确定地层投产前地层压力、生产数据和气体物性参数，利用产量不稳定分析法图版对比拟

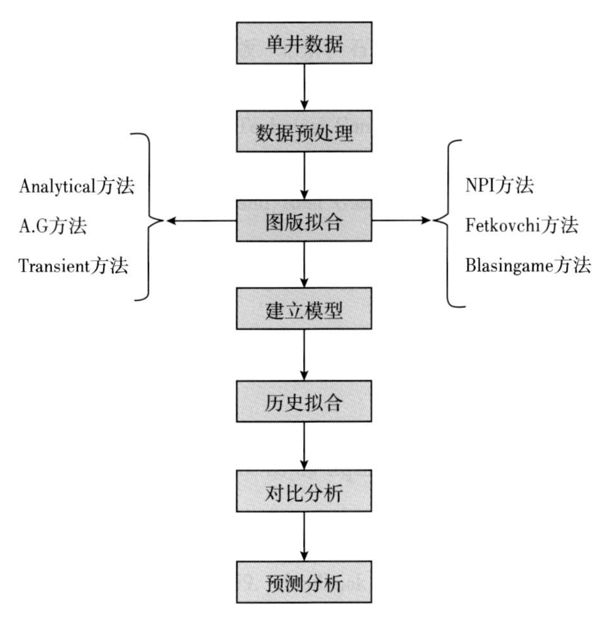

图 3-19　产量不稳定分析法计算地层压力思路图

合，将气井理论计算数据与实际生产数据进行拟合，该方法不必关井测压或定压定产生产，对产量和流压数据没有特殊要求，可动态跟踪评价气井的地层压力。

第二节　气藏平均地层压力评价

在气藏动态分析中，常常要用到气藏平均地层压力的概念，因为气藏平均地层压力标志着地层能量的大小，反映出气藏的生产能力，假如有 N 口气井在生产，每口井在生产过程中控制的面积为 A_i，每口气井的平均压力为 p_i，$i=1，2，3，\cdots，N$，整个气藏的平均压力为 $\bar{p}$，那么，目前计算气藏平均地层压力的方法主要有算术平均法、加权平均法和重积分法等三种。

一、气藏平均地层压力求取方法

1. 算术平均法

对于含气面积较小，储层孔隙度、有效厚度都比较均质，渗透率较大，储层横向连片性好的气藏，可以利用各气井同一时刻的折算到气层中部基准面的地层压力的算数平均值，作为气藏平均地层压力。换句话说，算术平均法在气藏地层压力比较均衡的情况下，计算误差小。对每口气井地层压力进行算术平均，整个气藏的平均压力为 $\bar{p}$：

$$\bar{p}=\frac{1}{N}\sum_{i=1}^{N}p_i \tag{3-46}$$

2. 加权平均法

对于含气面积较大，储层物性非均质性较强、连通性较差的储层，由于地层压降悬殊，算术平均法得到的结果误差较大，这时应该采用加权平均法计算气藏平均地层压力。对每口气井计算或测得的地层压力进行面积或厚度等加权平均（表3-6），整个气藏的平均地层压力为$\bar{p}$：

$$\bar{p}=\frac{\sum_{i=1}^{N}p_iA_i}{\sum_{i=1}^{N}A_i} \tag{3-47}$$

表3-6　加权平均法统计表

方法名称	公式	适用条件
厚度 加权平均法	$\bar{p}=\sum_{i=1}^{n}p_ih_i/\sum_{i=1}^{n}h_i$	气藏储层平面上连通性好、纵向上变化较大
面积 加权平均法	$\bar{p}=\sum_{i=1}^{n}p_iA_i/\sum_{i=1}^{n}A_i$	气藏储层平面上连通性好且气藏ϕ、h参数变化较小
有效孔隙体积 加权平均法	$\bar{p}=\sum_{i=1}^{n}p_ih_iA_i\phi_i/\sum_{i=1}^{n}h_iA_i\phi_i$	气藏参数变化较大
动储量 加权平均法	$\bar{p}=\sum_{i=1}^{n}p_iG_i/G_i$	动储量计算值较准确
累计产气量 加权平均法	$\bar{p}=\sum_{i=1}^{n}G_{pi}p_i/G_{pi}$	气藏动静态参数缺少、气藏处于视稳定生产阶段

3. 重积分法

在气井附近压力及整个地层不同的区域的压力变化是非线性的，加权平均法没有考虑这个变化，而看作在一定的面积上压力都是一样的。重积分法是针对加权平均法的不足，考虑每个细小的面积上压力都是不一致的，而采取积分的方法求取气藏平均压力的方法。

任取气藏储层中的微小面积$\mathrm{d}x\mathrm{d}y$，对应微小面积上的压力分布函数为$p(x, y)$，那么整个气藏的平均压力为：

$$\bar{p}=\frac{\int_{x=x_0}^{x_N}\int_{y=y_0}^{y_N}p(x, y)\mathrm{d}x\mathrm{d}y}{A} \tag{3-48}$$

二、气藏平均地层压力的评价与筛选

算术平均法、加权平均法和重积分法等三种方法都是计算气藏平均地层压力的方法，从计算的精度来说，重积分法最精确，加权平均法其次，算术平均法最差。重积分法和加权平均法都考虑了气井的影响半径，同时，重积分法是针对加权平均法的不足，考虑每个细小面积上压力分布差异性，来求取气藏平均压力的方法。

加权平均法在计算过程中每口气井的影响控制半径不好确定，且不同的气井影响半径在外围都是叠加的，利用加权平均法计算气藏平均地层压力存在一定的难度。同时，重积分法中的细小的面积上压力分布函数也无法确定，在矿场上无法应用。

从工程的角度来说，目前利用算术平均法计算气藏平均地层压力最为简单，同时也能满足工程精度的需要，因此，一般选取算术平均法计算气藏平均地层压力。

第三节 地层压力影响因素

气藏在投入开发前，储集岩内部流体势处于平衡状态，这时气层各处同一折算基准面的压力一致，无渗流运动发生。此时的地层压力称为原始地层压力，常常用气层中部深度的测试压力作为表征。地层压力对油气勘探与开发具有重要影响。地层压力的评价方法很多，以前人研究成果为基础，通过对地层压力评价影响因素的综合分析，开发井网、气井产水、关井恢复时间是影响地层压力评价的主要因素。

一、开发井网

气藏经过一段时间开采后，各点的地层压力不均衡下降，打破了流体势的平衡，储层内渗流运动发生。没有哪一处的地层压力能代表地层的平均压力，设想某一时刻全气藏统一关井，经过足够长的压力恢复后，气藏流体势重新达到平衡态，就可以在气藏中深部位测量新平衡态下的平均地层压力。气藏中地层压力的变化如图 3-20 所示。

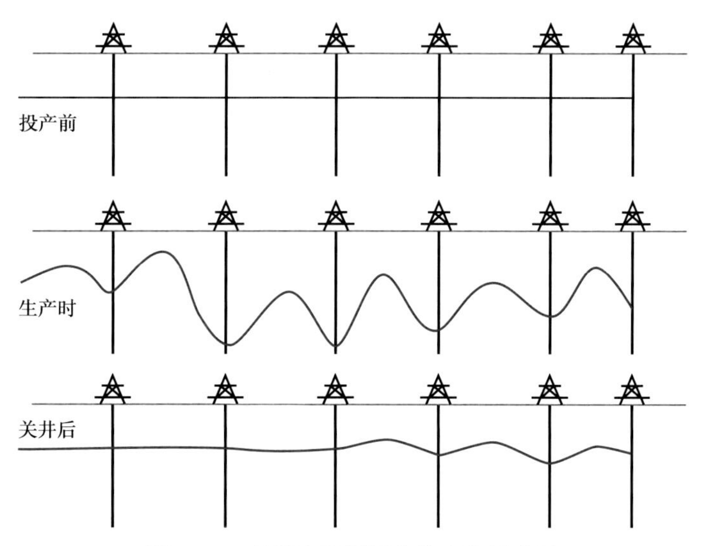

图 3-20 气藏中地层压力的变化示意图

生产过程中难以精确测到气藏在流体势平衡态下的中部深度压力，因此通常在流体势大体恢复平衡之后，测试气藏内多点压力，以气层中部深度为基准面，折算得到平均地层压力。

鉴于低渗透气藏压力恢复缓慢、采用单一方法很难准确获得地层压力这一现状。近年来主要以建立合理的井网等技术相互结合的方法确定气田目前地层压力。由于观察井井数少或观察井与监测开发单元内的气井井间连通关系不明确，而气田面积大，生产井井网的密度的不合理、不完善，导致井网对气田的整体控制程度低，地层压力的变化不能准确地监测到，气井不同开发阶段的地层压力的获取就会受到影响，见表3-7。

表3-7　49口井目前地层压力确定结果表

井数（口）	投产前地层压力（MPa）	井网测试压力（MPa）	比值法	
			压力（MPa）	恢复程度（%）
34	29.75	20.30	19.66	66.37
12	29.27	21.00	19.99	68.98
3	29.23	22.50	21.31	72.90
平均	目前地层压力	21.26	19.84	69.42

因此，必须确定开发单元内的气井井间连通关系。如果有观察井，一般要位于监测开发单元内部居中位置，压力要有代表性。观察井网力求控制气田主要开发区块，且要尽可能精简。还可以组建定点测压井网，以结合观察井网，增大静压的录取量。选择不同开发区块的重点生产气井，组成定点测压井网，定期开展关井测压，以确定气井不同开发阶段的地层压力。

二、气井产水

目前许多气井都面临着产水的问题，采用常规的监测技术难度高、风险大，出于工艺及安全的考虑，无法将压力计下入井底，精确探测出气水界面，从而无法准确测量气井的井底流压，最终导致无法准确评价目前地层压力。既使目前通用的地面计量获取气井资料，也常常需要将井口测得的压力折算至井底。但是相对于纯气井来说，产水气井井底压力折算的误差更大，导致地层压力无法准确评价。

气井生产过程中，地层压力降主要集中于气井附近一个很小的范围内。如果气层存在可动水，那么井周附近气相的相对渗透率会大幅度降低，严重时产生贾敏效应，甚至产生水锁现象。产水气藏地层渗透率伤害不容忽视，产水的大小直接影响到废弃地层压力，最终影响气藏采收率的高低。

如果假设井口油压不变情况下，以 Hagedorn-Brown 模型计算相同产气量时，不同产水量下的井底流压。在产气量与井口油压不变的情况下，随着产水量的增加，计算的井底流压几乎呈直线上升。在同样的地层压力下，气井生产压差减小，从而降低气井产气量。对于产水气井，井周围气层渗透率变差，产水气藏的废弃地层压力随伤害倍数的增加而上升。因此，一方面应合理控制生产压差，减少或阻止气井产水的发生。另一方面，若气井已经产水，应积极采取排水采气措施，尽量减少产出水对气井产量的影响，维持气井的稳定生产。

第四节　评价成果与应用

通过低渗透气藏单井地层压力的评价，明确气井产能变化规律，刻画全气藏的地层压力分布特征，指导了气藏井网加密部署、气藏均衡开采和生产动态指标评价为气田高效开发提供重要的支撑。

一、核实气井产能

综合利用关井测试和不关井条件下气藏工程计算地层压力方法，对靖边气田 900 余口投产气井地层压力进行评价，如图 3-21 所示，目前平均地层压力 13. 87MPa，为气井目前产能核实及冬季调峰保供井优选提供重要的依据。根据地层压力评价结果，结合油压折算井底流压和日产气量，利用一点法公式，核实 900 余口气井目前无阻流量，如图 3-22 所示，平均无阻流量 $10.52\times10^4m^3/d$。

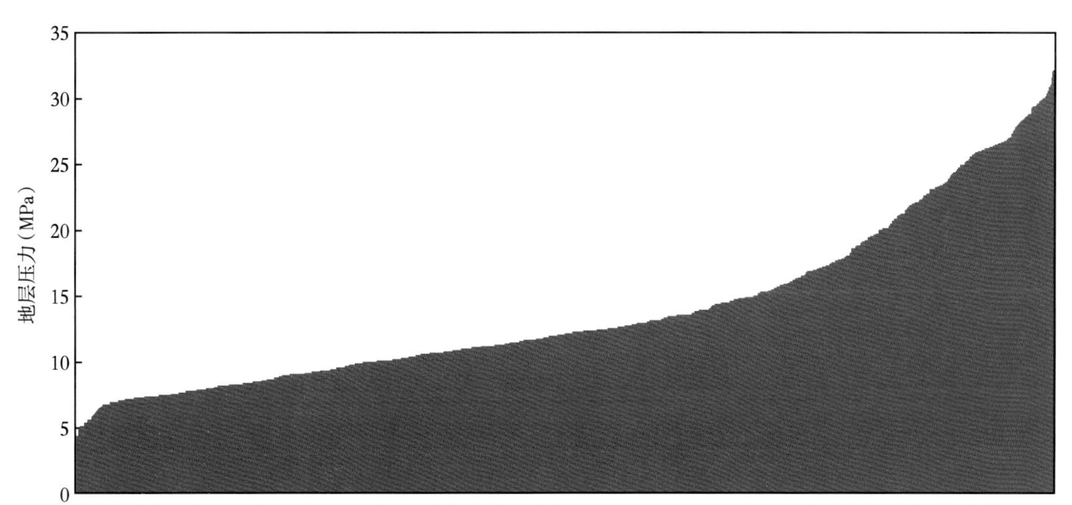

图 3-21　靖边气田单井评价结果柱状图

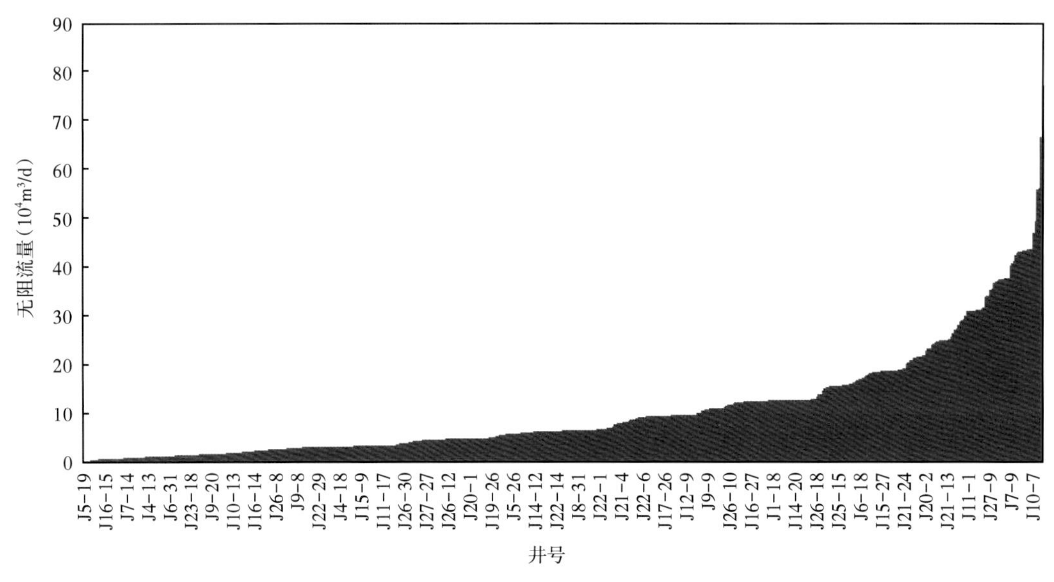

图 3-22　靖边气田单井核实目前无阻流量柱状图

二、精细刻画气藏地层压力分布特征

通过地层压力评价，精细刻画气藏历年地层压力平面分布图（图 3-23、图 3-24），由

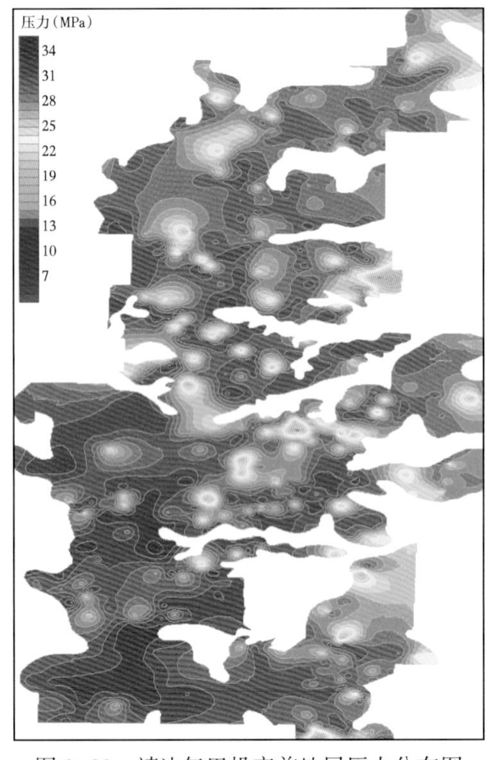

图 3-23　靖边气田投产前地层压力分布图

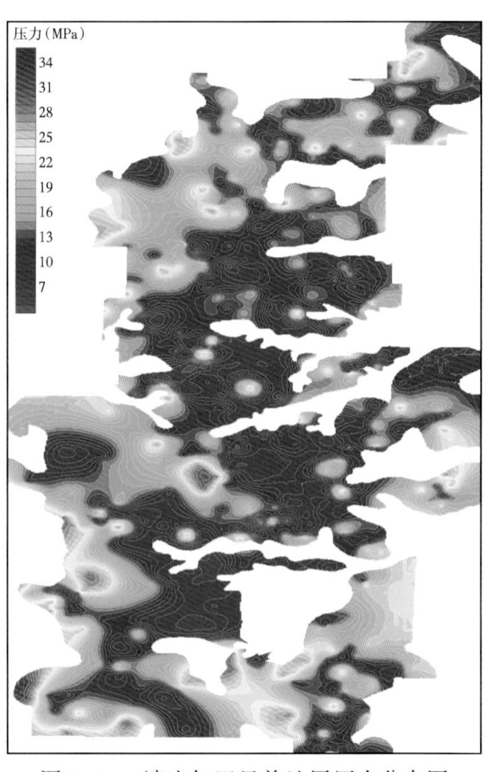

图 3-24　靖边气田目前地层压力分布图

压力分布特征可以看出，气田通过 20 年的开发，目前地层压力较原始地层压力下降 17. 13MPa，气藏本部井网完善，压力下降快，周边区域物性差，井网控制程度低，地层压力下降慢，目前压力普遍偏高，具有开发的潜力，为后期井位部署提供一定的指导。

三、指导气藏精细管理

利用地层压力评价技术，在对气田单井目前地层压力评价的基础上，精细分析气田各开发单元目前地层压力、各单元井均单位压降采气量特征，从而为开发单元分类，气藏精细管理提供参考依据(图 3-25、图 3-26)。

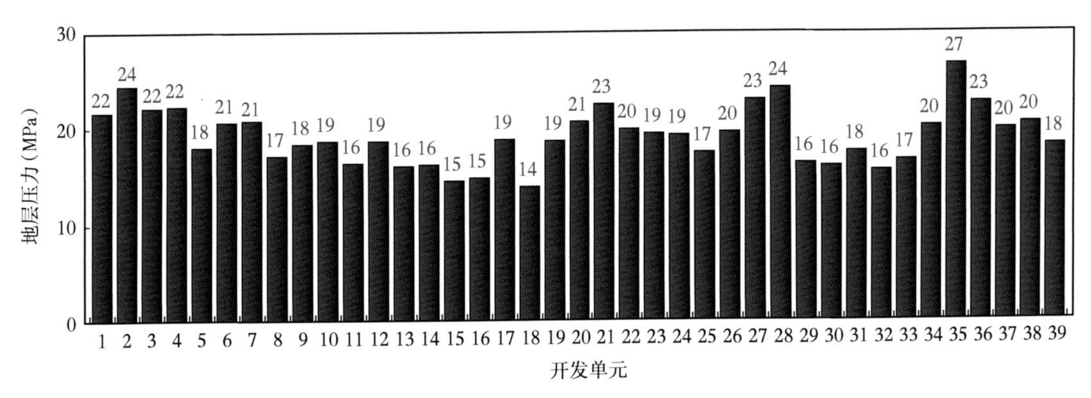

图 3-25　靖边气田各开发单元目前地层压力柱状图

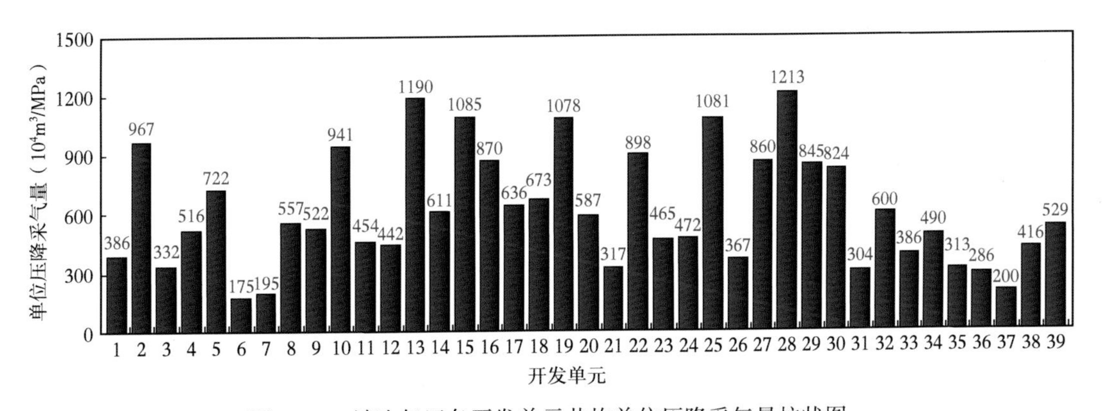

图 3-26　靖边气田各开发单元井均单位压降采气量柱状图

通过单井、井区和气田的地层压力精细评价，根据评价结果优化气井工作制度进行气井合理配产，实施气井分类管理等措施，靖边下古生界气藏压降速度逐渐变缓(图 3-27)，2003—2005 年平均年压降 1. 44MPa，2006—2007 年平均年压降减小到 1. 34MPa，2008 年以后平均年压降进一步减小到 0. 86MPa。与此同时，12 口观察井在 2003—2009 年平均年压降由 2. 02MPa 逐渐下降到 0. 83MPa，平均年压降趋势有所减缓。特别是相对高渗透高产区域，地层压力下降速度明显降低，缓解了高渗透高产区域长期以来地层压力下降快的矛盾，非均衡开采状况得到有效改善。

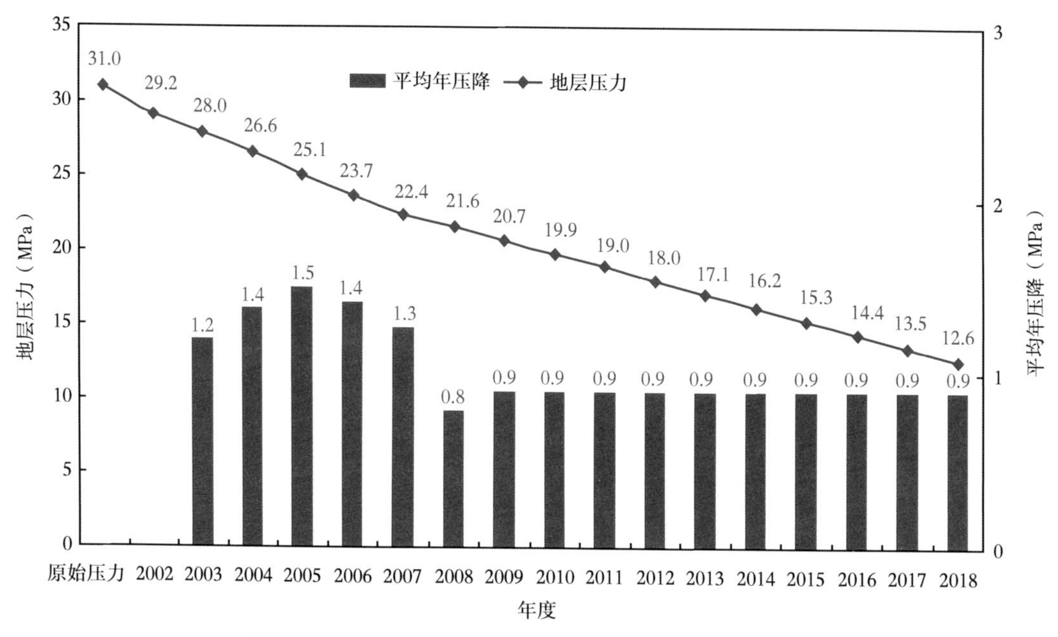

图 3-27　靖边气田地层压力及年压降历年变化柱状图

四、指导井网加密

由于低渗透气藏储层的非均质性，气藏开发井网不可能一次到位，为了提高低渗透气藏的储量动用程度，在动用程度低和采收率低的区域实施井网加密，提高这些储量动用程度和气田开发效益。在加密部署前，通过地层压力评价了解井间压力特征，指导了气田加密部署。

第四章　动态储量评价

天然气动态储量是气藏开发过程中参与渗流的地质储量。它既是气藏制定合理生产规模、井网井距等开发技术政策的重要依据，也是反映气井生产效果和措施潜力的关键指标。

本章根据低渗透岩性气藏不同生产阶段渗流特征和资料情况，开展动态储量评价方法适应性和影响因素分析，并举例说明了动态储量评价结果在气田开发中的应用。

第一节　动态储量评价方法

对于中、高渗气藏，动态储量主要通过压降法、不稳定试井法等方法实现，计算方法相对成熟。对于低渗透气藏，动态储量评价存在两方面难点，一是储层渗透率低、井数多，单井地层压力测试资料有限，压降法应用范围受限；二是由于渗流能力低，气井进入拟稳态所需时间长，难以满足不稳定试井法适应性需求，计算结果误差较大。

因此，基于低渗透岩性气藏渗流特征和资料情况，对现有动态储量评价方法原理和适应性进行分析，为全面、准确评价低渗透岩性气藏动储量提供依据。

一、评价方法及适应性

1. 压降法

压降法是建立在物质平衡方程基础之上的动态储量计算方法。对于一个正常压力系统的气藏，其物质平衡方程为：

$$G=\frac{G_pB_g-(W_e-W_pB_w)}{B_g-B_{gi}} \tag{4-1}$$

或表示为以视地层压力形式表示的压降方程：

$$\frac{p}{Z}=\frac{p_i}{Z_i}\frac{G-G_p}{G-(W_e-W_pB_w)\dfrac{p_iT_{sc}}{p_{sc}Z_iT}} \tag{4-2}$$

若不考虑边底水影响，可简化为定容封闭气藏物质平衡方程，即为：

$$GB_{gi}=(G-G_p)B_g \tag{4-3}$$

根据状态方程，B_g，B_{gi}可表述为：

$$B_g=\frac{p_{sc}ZT}{pT_{sc}}\qquad B_{gi}=\frac{p_{sc}Z_iT}{p_iT_{sc}}$$

将体积系数 B_g、B_{gi} 表达式代入式(4-3)，可得：

$$\frac{p}{Z}=\frac{p_i}{Z_i}\left(1-\frac{G_p}{G}\right) \tag{4-4}$$

令：

$$a=\frac{p_i}{Z_i} \quad b=\frac{p_i}{Z_iG}=\frac{a}{G}$$

则式(4-4)变为：

$$\frac{p}{Z}=a-bG_p \tag{4-5}$$

式中 p_i——原始地层压力，MPa；

p——气井生产到某一时刻时的压力，MPa；

Z_i——气体原始偏差系数；

Z——气体某一时刻时的偏差系数；

G——原始地质储量(标准状态下)，10^8m^3；

G_p——压力从 p_i 降到 p 过程中，累计采出气体的地面体积，10^8m^3；

B_g——压力 p 下天然气的体积系数；

B_{gi}——原始压力 p_i 下天然气的体积系数；

W_e——气藏累计水侵量，m^3；

W_p——累计采出水，m^3。

根据不同阶段地层压力与相应累计采气量，可进行回归求解气藏或气井控制动态储量(图4-1)：

$$G=\frac{(G_{p2}-G_{p1})\dfrac{p_1}{Z_1}}{\dfrac{p_1}{Z_1}-\dfrac{p_2}{Z_2}} \tag{4-6}$$

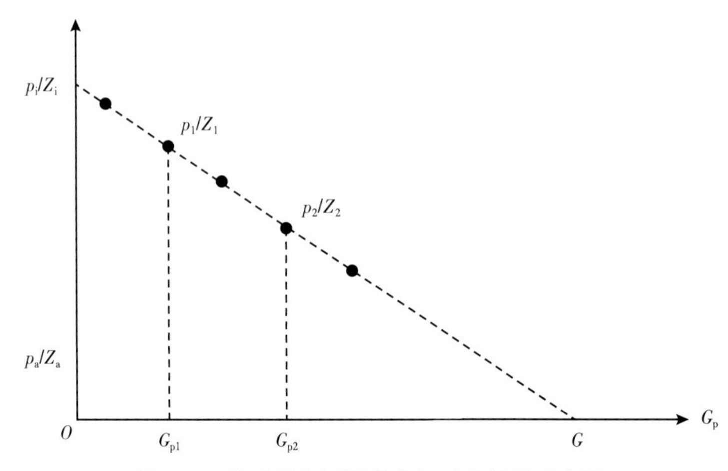

图4-1 物质平衡压降线求解动态储量示意图

压降法具体应用条件归纳为：(1)气藏边底水不活跃；(2)气藏采出程度达20%%以上；(3)气井具备2个以上静压测试资料。

低渗透气藏气井静压测试资料有限，通常难以满足压降法计算需求，可根据生产数据，选取关井时间较长的压力，利用Cullender-Smith法等井筒压力计算方法将井口油、套压折算到井底，以增加地层压力拟合点数，有效提高压降法应用范围和准确性。其中，对于有效渗透率大于5mD的气井，关井时间需大于15天；对于有效渗透率1~5mD的气井，关井时间通常为30天；对于有效渗透率0.1~1mD的气井，关井时间一般为60~90天。

以靖边气田下古生界G1-A井为例，该井开展投产前地层压力测试一次，投产后未进行静压测试。利用生产过程中修井、集气站检修等长关井(关井时间大于15天)结束前井口套压折算井底压力，获得7个地层静压计算点，结合相应累计产气量建立压降曲线，评价动态储量$5.26\times10^8m^3$，如图4-2所示。

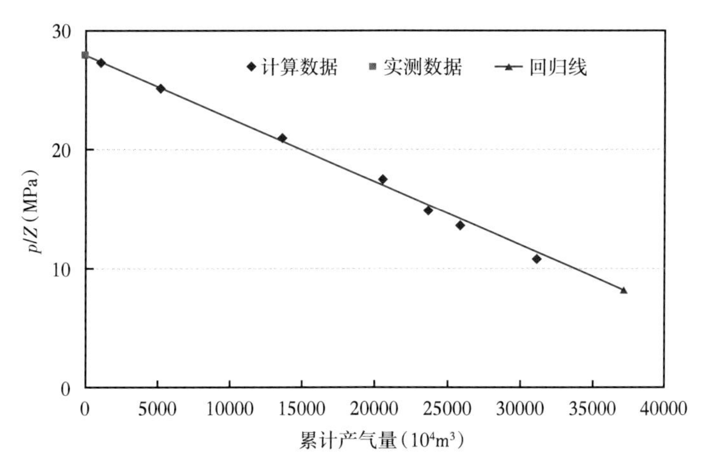

图4-2 G1-A井压降法计算动态储量曲线

根据靖边下古生界马五$_{1+2}$气藏和榆林山$_2$气藏压降法研究经验，低渗透岩性气藏压降曲线主要表现出直线形特征，但部分气井压降曲线后期表现出向下偏转或向上偏转特征。如靖边气田陕A井生产后期压降曲线出现明显向下偏转，分析为后期邻近新井投产影响所致(图4-3)；靖边气田陕G1-B井生产后期压降曲线出现明显向上偏转，分析为生产后期外围低渗透高压区储量流向该井，进行了能量补给(图4-4)。

2. 流动物质平衡法

根据渗流力学理论，对于封闭气藏中定产生产井，当地层压力波达到地层外边界一定时间后，地层中的渗流将进入拟稳定流状态，当气井进入拟稳定渗流状态时，地层各点压降速率相同(详见第三章第一节)。

流动物质平衡法最大的优点是不需要生产后期关井测压资料，但其难点是判断气井是否进入拟稳态及选择合适的平稳压力段。该方法适合生产时间较长且工作制度稳定的中高产井。

G1-C井为靖边下古生界气藏投产井，根据气井日产气量、套压等生产数据和气体高压物性参数，绘制视套压与累计产气量关系曲线，并将生产后期直线段平移至视原始地层

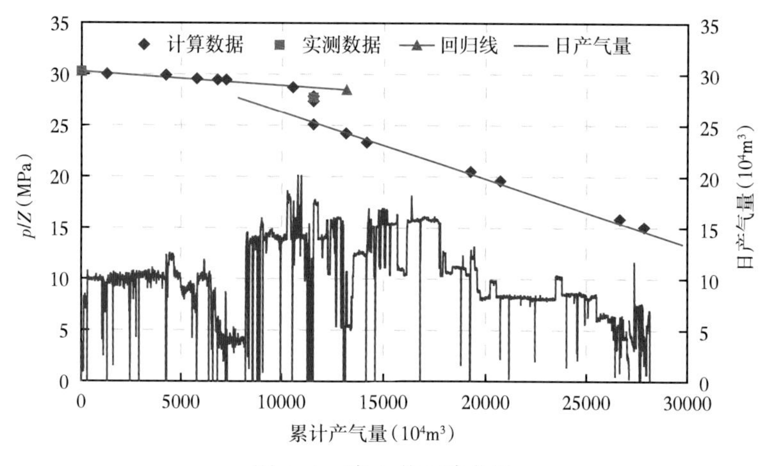

图 4-3　陕 A 井压降曲线

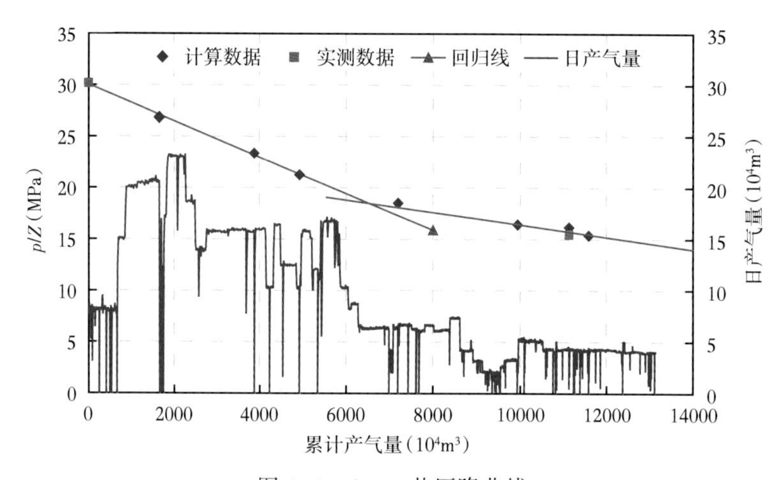

图 4-4　G1-B 井压降曲线

压力处，该直线与横轴交点 $14.3\times10^{8}\mathrm{m}^{3}$ 即为该井动储量，如图 4-5 所示。

在实际应用中，在井口压降曲线中加入采气曲线，辅助选取压力段，并选取多个不同工作制度下稳定流动段进行评价，以便减小误差。即便如此，气井工作制度的频繁改变对该方法评价结果准确性影响仍然较大。为此，将该方法用于区块整体动态储量评价，即将单井视井口压力按产量加权平均作为区块视井口压力，将单井累计产气量之和作为区块累计产气量，并按照单井流动物质平衡法思路评价区块动态储量，降低了单井制度不稳定对动态储量计算的影响，如图 4-6 所示。

3. 现代产量递减分析法

现代产量递减分析法引入拟等效时间将变压力（或变产量）生产数据等效为恒压力（或恒流量）数据，利用气井生产历史数据与典型图版进行拟合，进而计算动储量的方法。目前常用的现代产量递减分析法包括 Blasingame 方法、Agarwal-Gardner 方法、NPI 方法、Transient 方法等。其中 Blasingame 方法应用范围较广，适用于径向流、裂缝、水平井、拟稳态水驱和多井模型，可用于分析不稳定径向流变井底流压生产的情形。该方法原理如下。

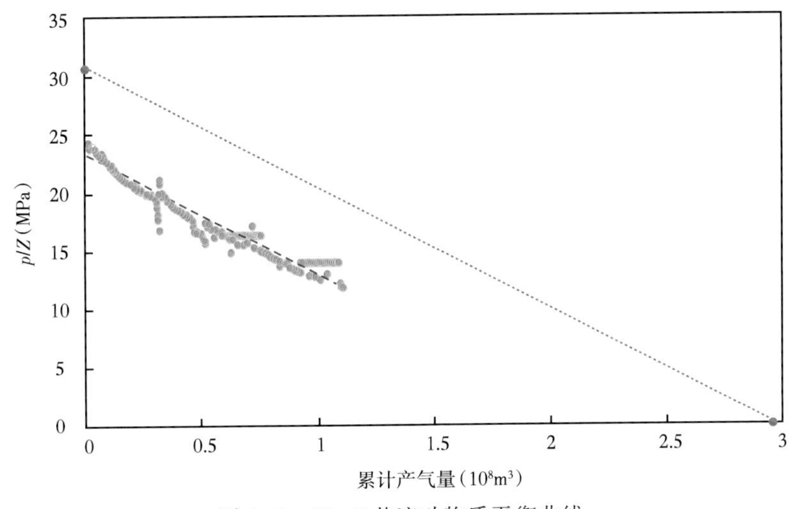

图 4-5　G1-C 井流动物质平衡曲线

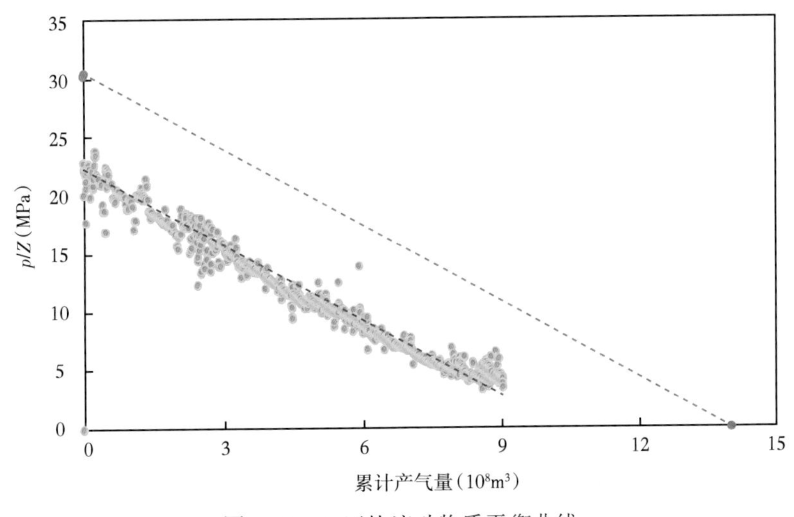

图 4-6　××区块流动物质平衡曲线

对于定容封闭气藏，其物质平衡压降方程为：

$$\frac{\bar{p}}{Z}=\frac{p_\mathrm{i}}{Z_\mathrm{i}}\left(1-\frac{G_\mathrm{p}}{G}\right) \tag{4-7}$$

对式（4-7）两边求导：

$$\frac{\mathrm{d}}{\mathrm{d}\bar{p}}\left(\frac{\bar{p}}{Z}\right)\frac{\mathrm{d}\bar{p}}{\mathrm{d}\bar{p}_\mathrm{p}}\frac{\mathrm{d}\bar{p}_\mathrm{p}}{\mathrm{d}t}=\frac{\mathrm{d}}{\mathrm{d}t}\left(\frac{\bar{p}}{Z}\right) \tag{4-8}$$

式中　p——气井生产到某一时刻时的压力，MPa；

G——原始地质储量（标准状态下），$10^8\mathrm{m}^3$；

G_p——压力从 p_i 降到 p 过程中，累计采出气体的地面体积，$10^8\mathrm{m}^3$。

将式(4-8)变形得：

$$\frac{d\bar{p}_p}{dt}=\frac{\frac{d}{dt}\left(\frac{\bar{p}}{Z}\right)\frac{d\bar{p}_p}{d\bar{p}}}{\frac{d}{d\bar{p}}\left(\frac{\bar{p}}{Z}\right)} \tag{4-9}$$

在式(4-7)中：

$$\frac{d}{dt}\left(\frac{\bar{p}}{Z}\right)=-\frac{p_i}{Z_i G}\frac{dG_p}{dt}=-\frac{p_i q}{Z_i G} \tag{4-10}$$

式中　q——气井标准产量，$10^4 m^3/d$。

引入气体拟压力：$p_p=\int_{p_p}^{\bar{p}}\frac{p}{\overline{\mu z}}dp$

则：

$$\frac{d\bar{p}_p}{d\bar{p}}=2\frac{d}{d\bar{p}}\int_{p_i}^{p}\frac{p dp}{\bar{\mu}\bar{Z}}=\frac{2\bar{p}}{\bar{\mu}\bar{Z}} \tag{4-11}$$

式中　$\bar{\mu}$——流体平均黏度，mPa·s；

$\bar{Z}$——气体某一时刻时的平均偏差系数。

等温条件时，天然气等温压缩率定义为单位压力改变所引起的单位体积相对变化率。并考虑实际气体体积计算：

$$c_g=-\frac{\partial V}{V\partial p}\quad V=\frac{ZmRT}{\bar{p}}$$

式中　c_g——天然气等温压缩率；

p——气体压力，MPa；

V——气体摩尔体积，$m^3/kmol$；

R——摩尔气体常数，J/(mol·K)；

T——气体绝对温度，K。

可得：

$$c_g=\frac{1}{\bar{p}}\left(1-\frac{d\bar{Z}}{d\bar{p}}\right) \tag{4-12}$$

从而：

$$\frac{d}{d\bar{p}}\left(\frac{\bar{p}}{Z}\right)=\frac{\bar{p}}{Z}c_g \tag{4-13}$$

将式(4-11)代入式(4-12)得：

$$\frac{d\bar{p}_p}{dt}=-\frac{\frac{p_i q}{Z_i G}\frac{2\bar{p}}{\bar{\mu}\bar{Z}}}{\frac{\bar{p}}{\bar{Z}}c_g}=-\frac{p_i q}{c_g\bar{\mu}Z_i G} \tag{4-14}$$

对式(4-14)进行分离变量，求积分得：

$$\frac{p_{\mathrm{pi}}-\bar{p}_{\mathrm{p}}}{q}=\frac{2p_{\mathrm{i}}}{(c_{\mathrm{g}}\bar{\mu}Z)_{\mathrm{i}}G}t_{\mathrm{ca}} \tag{4-15}$$

其中：

$$t_{\mathrm{ca}}=\frac{(c_{\mathrm{g}}\mu_{\mathrm{g}})_{\mathrm{i}}}{q_{\mathrm{g}}}\int_{0}^{t}\frac{q_{\mathrm{g}}}{c_{\mathrm{gav}}\mu_{\mathrm{gav}}}\mathrm{d}t$$

式中　t_{ca}——拟等效时间，h；

c_{g}——气体压缩系数，MPa^{-1}。

下角标 i 表示原始地层条件；下角标 g 表示气体；下角标 av 表示平均。

单相气体拟稳态时，有：

$$\frac{\bar{p}_{\mathrm{p}}-p_{\mathrm{pwf}}}{q}=\frac{1.417\times10^{6}t}{Kh}\frac{1}{2}\ln\left(\frac{1}{r_{\mathrm{e}}}\frac{A}{c_{\mathrm{A}}r_{\mathrm{wa}}^{2}}\right) \tag{4-16}$$

式中　A——气层截面积，km^2；

c_{A}——综合压缩系数，MPa^{-1}；

r_{e}——供给半径，m；

r_{wa}——井筒有效半径，m。

将式(4-15)与式(4-16)相加，可得

$$\frac{\Delta p_{\mathrm{p}}}{q}=m_{\mathrm{a}}t_{\mathrm{ca}}+b_{\mathrm{a,pss}} \tag{4-17}$$

其中：

$$m_{\mathrm{a}}=\frac{2p_{\mathrm{i}}}{(c_{\mathrm{g}}\mu z)_{\mathrm{i}}G}$$

$$b_{\mathrm{a,pss}}=\frac{1.417\times10^{6}t}{Kh}\frac{1}{2}\ln\left(\frac{1}{r_{\mathrm{e}}}\frac{A}{c_{\mathrm{A}}r_{\mathrm{wa}}^{2}}\right)$$

从式(4-17)可以得，$\frac{\Delta p_{\mathrm{p}}}{q}$与 t_{a} 呈线性关系，绘制对应的$\frac{\Delta p_{\mathrm{p}}}{q}$与 t_{ca}，在直角坐标图中可以求取直线的斜率 m_{a}，由下式可得气井动态储量：

$$G=\frac{2p_{\mathrm{i}}}{(c_{\mathrm{g}}\mu Z)_{\mathrm{i}}m_{\mathrm{a}}} \tag{4-18}$$

由于该方法建立在常规的生产动态资料之上（井口产量、压力），且在很大程度上能够适应气井工作制度的频繁改变，同时对地层压力测试点的依赖程度相对较低，因此对于低渗透非均质气藏该方法具有较大优势。

为了降低产量不稳定分析法的多解性，长庆气田在方法应用上进行了改进，提出了“分段导入，多点约束”的资料处理方法。即将气井的生产动态资料分段导入模型中，前部分资料作为求解，后部分资料作为结果检验，并要求在有实测压力数据点的位置重点约束，使不确定的属性参数趋于唯一，提高了拟合精度。

4. 采气曲线法

采气曲线法是根据产能方程和物质平衡方程描述单井动储量与不同时刻气井产量和井底流压的关系，通过对气井生产动态历史进行拟合来评价气井控制储量的一种方法。

假设稳定试井产能方程：

$$p_e^2 - p_{wf}^2 = Aq + Bq^2 \tag{4-19}$$

结合气藏物质平衡方程：

$$\frac{\bar{p}}{Z} = \frac{p_i}{Z_i}\left(1 - \frac{G_p}{G}\right) \tag{4-20}$$

可以导出有限封闭气藏的储量计算方程：

$$\left[p_i\left(1 - \frac{G_p}{G}\right)\right]^2 - p_{wf}^2 = Aq + Bq^2 \tag{4-21}$$

同样，对含水饱和度较高的低渗透含水气藏，结合上述气井产能方程：

$$p_e^2 - p_{wf}^2 = Aq + Bq^2 + C \tag{4-22}$$

可以导出：

$$\left[p_i\left(1 - \frac{G_p}{G}\right)\right]^2 - p_{wf}^2 = Aq + Bq^2 + C \tag{4-23}$$

式中　C——渗流系数，气藏和气体性质的函数。

该方法的基本思路是：假设在某一控制储量条件下，联立求解气井物质平衡方程式和二项式产能方程，进而计算气井采气生产曲线，拟合实际采气曲线，最后确定产能参数。

具体求解步骤如下：(1)先假定一个 G。(2)从采气曲线上读出不同时间的 q 和 G_p。(3)将 G 和不同时间的 q 和 G_p 代入式(4-25)，计算相应时间的井底流压 p_{wf}，并与测试 p_{wf} 对比，如果计算的 p_{wf} 与实际值很接近，说明 G 是正确的，该值即为所求的气井控制储量，如果计算的高于实际值，说明 G 偏大，反之则说明偏小。(4)如果用 G 和不同时间的 p_{wf} 和 G_p 计算相对应的 q，来拟合产量曲线，会得到同样的效果。

根据以上的过程编写程序进行计算求解，图 4-7 和图 4-8 是程序的计算流程示意图和拟合过程示意图。

该方法要求气井具有准确的二项式产能方程，适用于具有稳定试井和长期生产资料的气井。针对靖边气田低渗透气井，不断调整气井动态储量，利用采气曲线法计算气井底流压，直至计算的井底流压等于实测的井底流压。利用该方法计算靖边气井 G1-D 井、G1-F 井的动态储量分别为 $9.2\times10^8 m^3$、$9.9\times10^8 m^3$（图 4-9、图 4-10）。

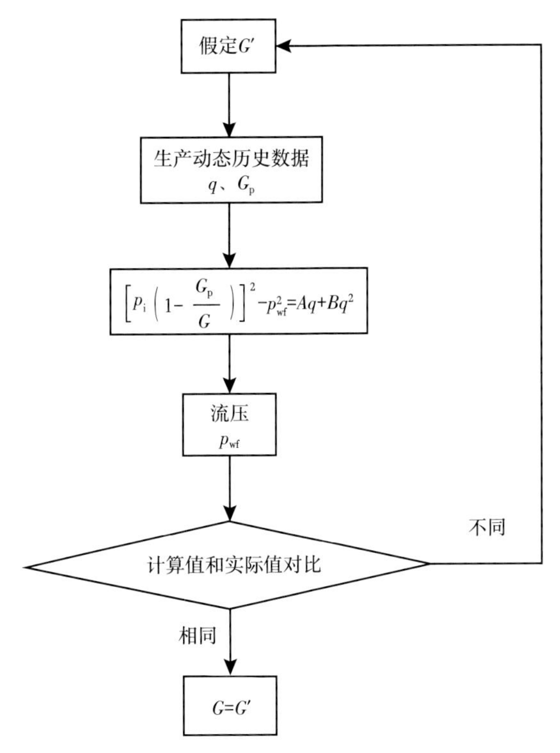

图 4-7　优化拟合流程图

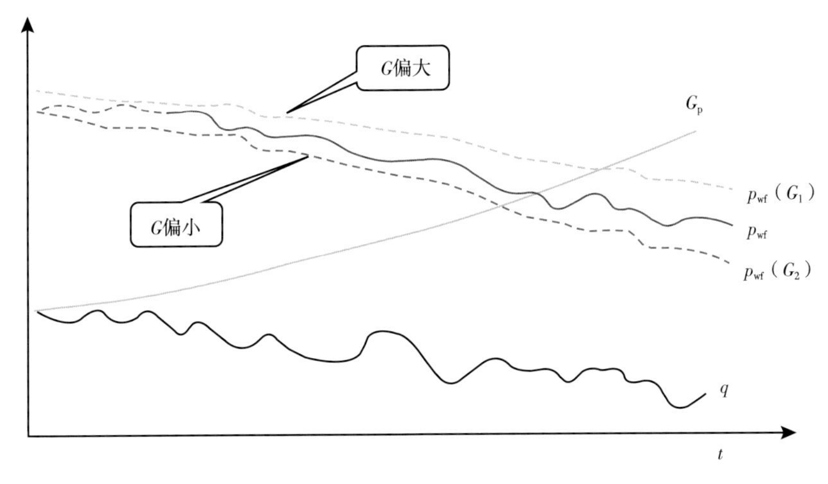

图 4-8　拟合过程图

5. 气藏影响函数法

1964 年，K H Coats 等首次提出了用于估算水侵动态的水体影响函数(AIF)。2000 年，黄全华在此基础上提出和建立了适用于油藏的油藏影响函数，用于裂缝系统储量的早期预测，2003 年又将其推广应用到了气藏中，建立了气藏影响函数(RIF)数学模型，可以用于气井动态储量的评价研究：

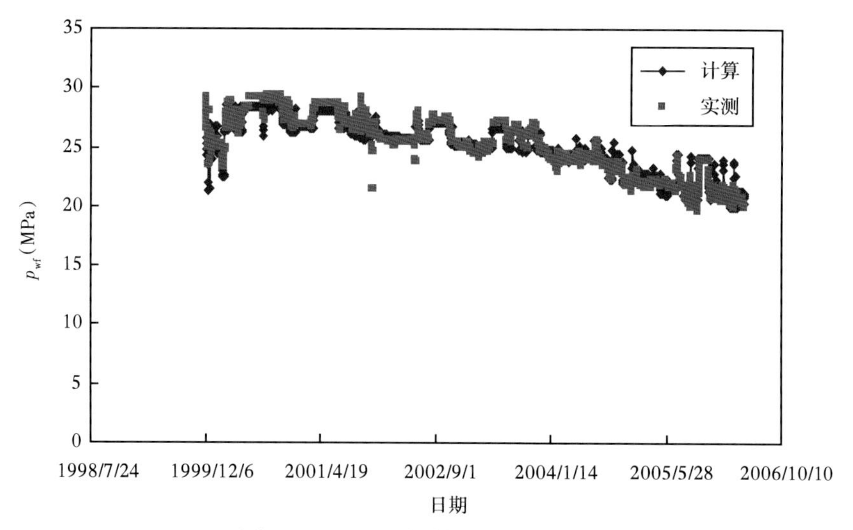

图 4-9　G1-D 井采气流压拟合曲线

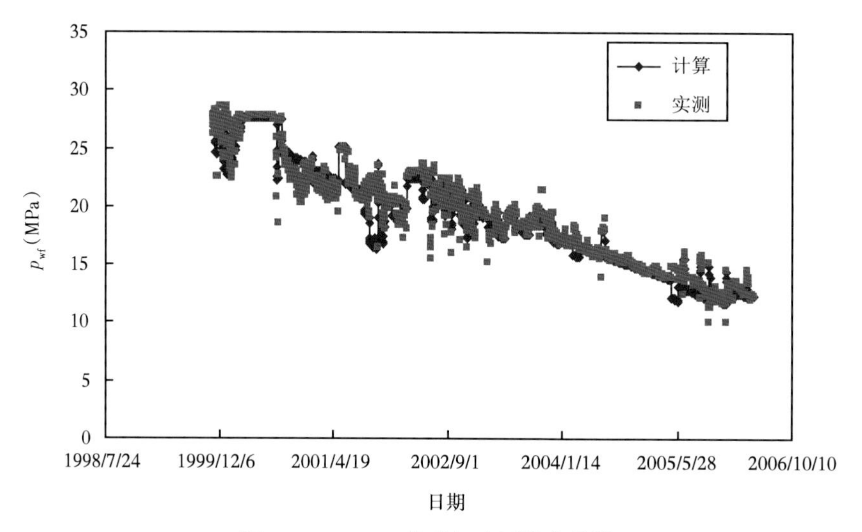

图 4-10　G1-F 井采气流压拟合曲线

$$p_i - p(t) = \int_0^t q(\tau)\frac{\partial F(t-\tau)}{\partial \tau}d\tau = \int_0^t q(t-\tau)\frac{\partial F(\tau)}{\partial t}d\tau \tag{4-24}$$

式中　q_i——流体速度；

F——油藏影响函数。

经过数学推导，可以建立油藏影响函数在气藏中应用的数学模型：

$$\begin{cases} \min E_a = \min \sum_{k=1}^{n} \left| (p_i - p_k)_{obs} - \sum_{j=1}^{n} (q_{k-j+1} - q_{k-j}) F_j \right| \\ F(t) \geqslant 0 \\ F^{2k-1}(t) \geqslant 0 \quad (k = 1, 2, \cdots, n-1) \\ F^{2k}(t) \leqslant 0 \end{cases} \tag{4-25}$$

式中 p——气井生产到某一时刻时的流压，MPa；

obs——矿场实际观测的意思。

气藏开始进入拟稳定流，则影响函数曲线 $F(t)$ 开始出现直线段。利用直线段的斜率 F'，即可确定气藏(气井)控制动态储量：

$$G=\frac{V_{\mathrm{p}}}{B_{\mathrm{gi}}}S_{\mathrm{gi}} \tag{4-26}$$

式中 V_{p}——地下孔隙体积，m^3。

该方法适用于气藏开发各阶段，但需可靠的生产动态资料。在实际应用过程中，可根据建立的模型进行编程计算动储量，图 4-11 至图 4-14 是气藏影响函数法的应用示意图。

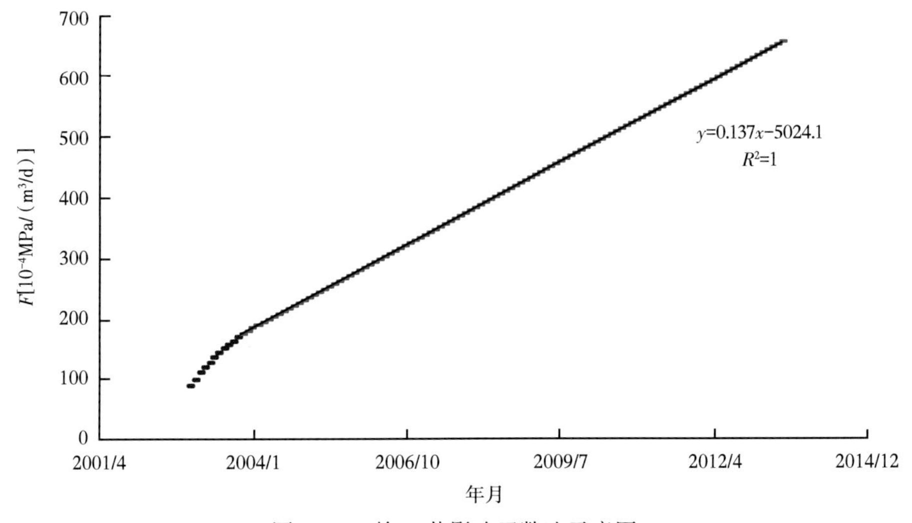

图 4-11 榆 A 井影响函数法示意图

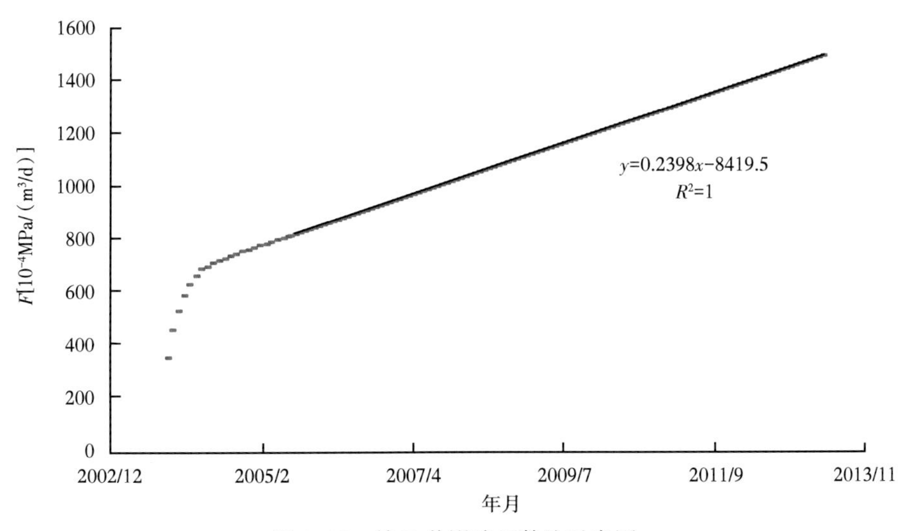

图 4-12 榆 B 井影响函数法示意图

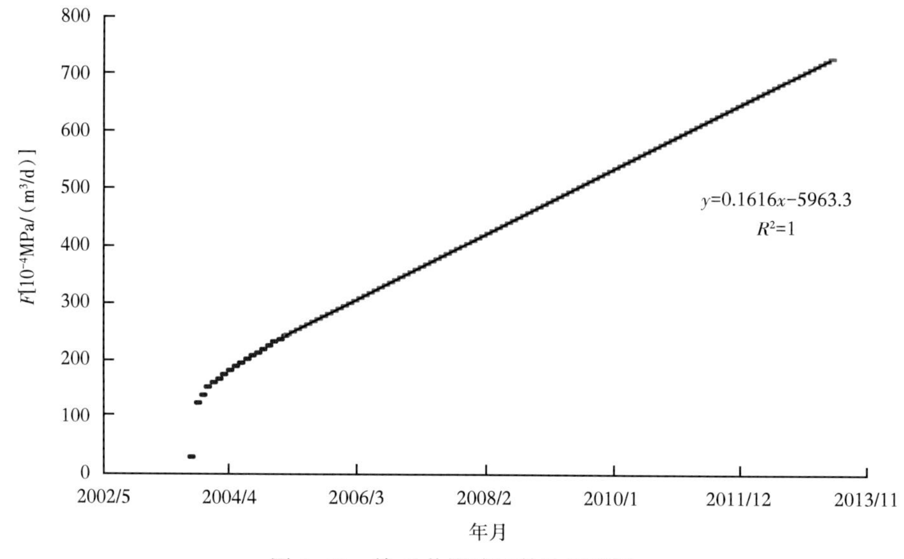

图 4-13 榆 C 井影响函数法示意图

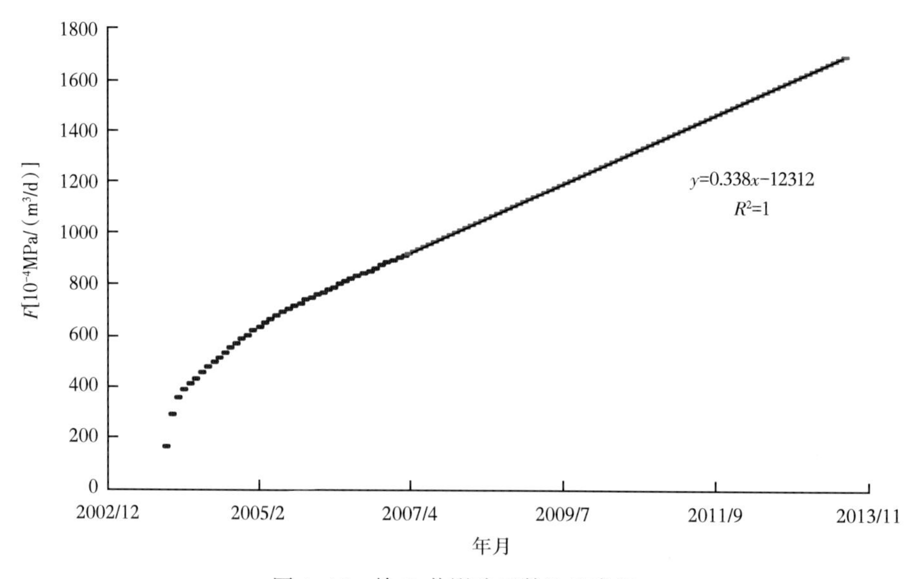

图 4-14 榆 D 井影响函数法示意图

从图 4-11 至图 4-14 看出，气井经过不稳定流动曲线段，在拐点处进入拟稳态流动阶段，选取直线段进行线性分析，得出直线段斜率，代入式(4-26)即可得出动储量。

6. 产量累计法

根据气井实际生产数据，累产气量 G_p 与 t 的变化关系：

$$G_p = a - \frac{b}{t} \tag{4-27}$$

变形可得：

$$G_p t = at - b \tag{4-28}$$

当 $t \to \infty$ 时，此时 $b/t \to 0$，则 G_p 与时间 t 关系曲线趋近于它的水平渐近线，a 即为储量。变换此式显然，$G_p t$ 与 t 呈直线关系，直线斜率 a 即为动态储量。

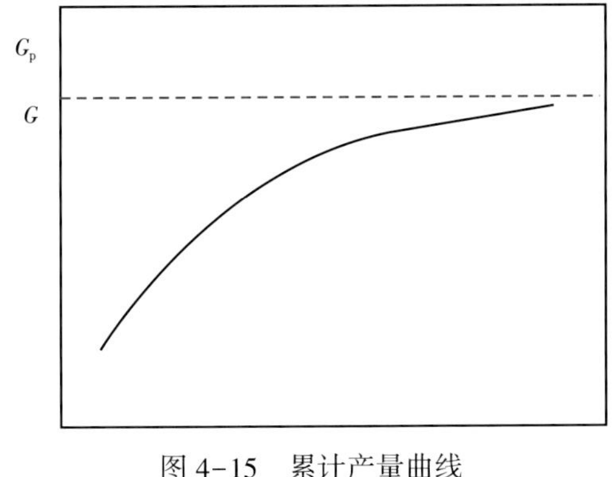

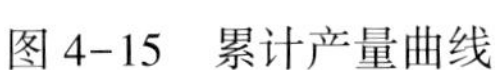
图 4-15　累计产量曲线

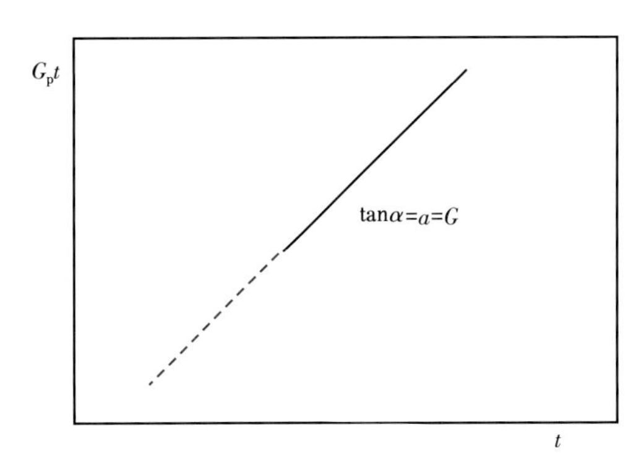

图 4-16　$G_p t$—t 关系曲线

产量累计法在产量递减时才能应用，一般在采出程度达到 40%%以上的气藏，结果与压降储量很接近，最大差值不超过 10%，此法简便，易于掌握，不需关井求压，是一种实用方法。

在多数情况下，使用更为精确的带有修正的经验公式：

$$G_p = a - \frac{b}{t+c} \tag{4-29}$$

可线性化得：

$$G_p(t+c) = a(t+c) - b \tag{4-30}$$

c 的取法：累计产量与时间曲线上取两点 1 和 3，坐标值分别为 (G_{p1}, t_1)、(G_{p3}, t_3)，在其间取第 2 点为：

$$G_{p2} = (G_{p1} + G_{p3})/2 \tag{4-31}$$

可在曲线上求出相对应的 t_2，则：

$$c = \frac{t_2(t_1 + t_3) - 2t_1 t_3}{t_1 + t_3 - 2t_2} \tag{4-32}$$

以 G1-H 井为例，根据 G1-H 气井绘制 G_p 与 t 关系曲线、$G_p t$ 与 t 关系曲线（图 4-17 至图 4-20），气井累计产量随时间依然逐步上升，累计产气量与时间的乘积—时间曲线并非直线关系，无法计算气井动态储量。

采用带有修正的经验公式，取气井累计产量与时间曲线两点，求取 c 为 4705，绘制 G_p 与 $1/(t+c)$ 的关系曲线、$G_p(t+c)$ 与 $(t+c)$ 的关系曲线，求得气井动态储量 $14.55 \times 10^8 m^3$，目前累计产量 $9.03 \times 10^8 m^3$，采出程度为 62.27%。

7. 压力—产量递减法

对生产处于递减期的定容封闭气藏，在衰竭开发方式下，视地层压力和气藏产量均不断衰减（图 4-21、图 4-22），根据物质平衡原理，具有如下关系：

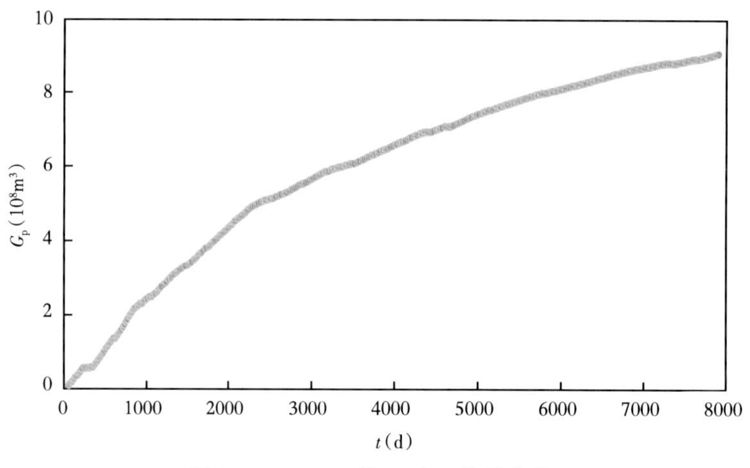

图 4-17　G1-H 井 G_p 与 t 关系曲线

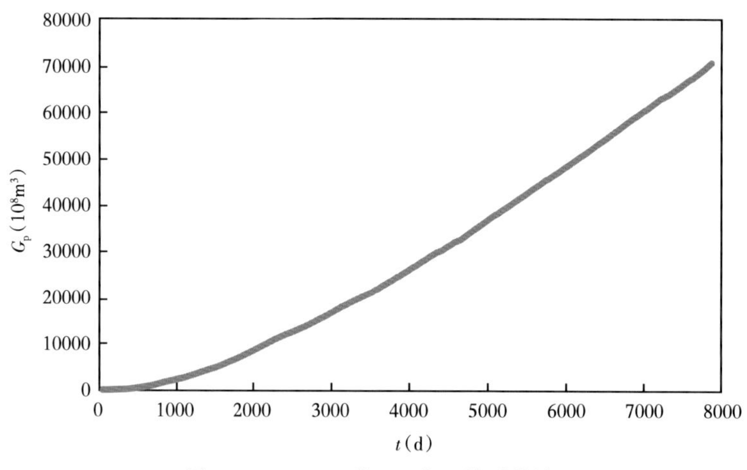

图 4-18　G1-H 井 G_pt 与 t 关系曲线

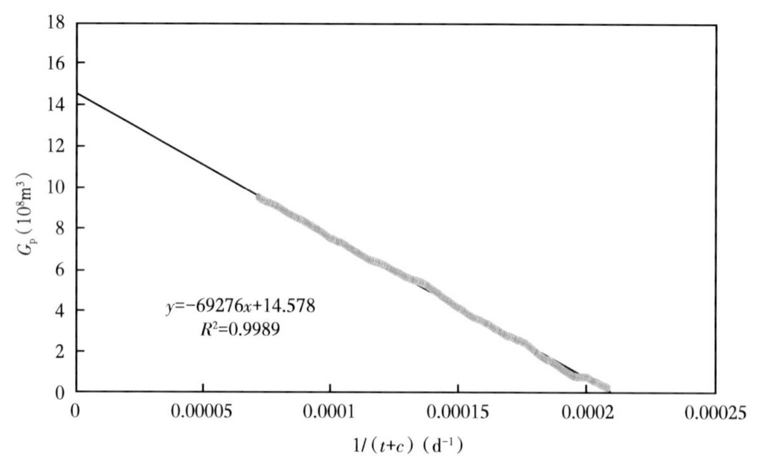

图 4-19　G1-H 井 G_p 与 1/（t+c）关系曲线

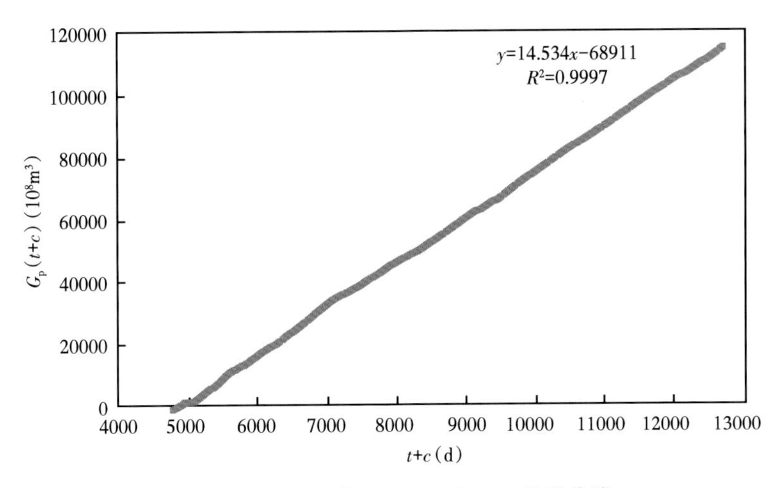

图 4-20　G1-H 井 G_p（$t+c$）与 $t+c$ 关系曲线

$$\frac{\bar{p}}{Z}=\alpha+\beta Q_g \tag{4-33}$$

式中　D_a——递减率。

$$a=\frac{p_i}{Z_i}\left(1-\frac{Q_{gi}}{GD_a}\right)\quad \beta=\frac{p_i}{Z_iGD_a}$$

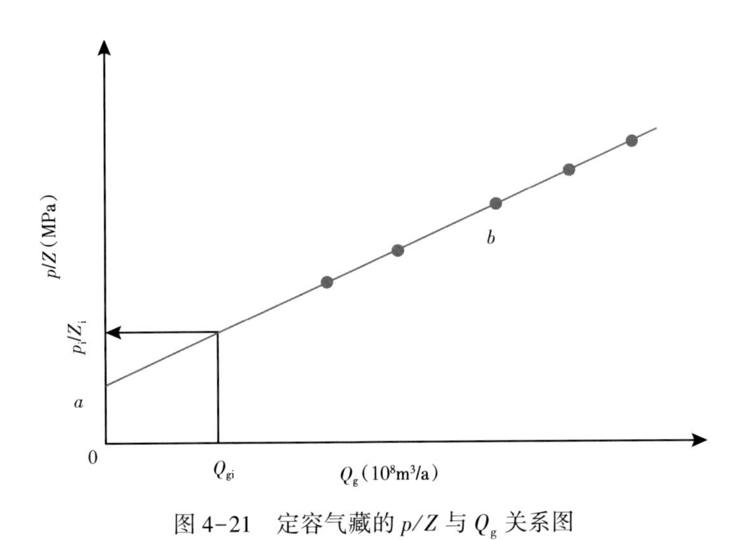

图 4-21　定容气藏的 p/Z 与 Q_g 关系图

任取两时刻的视地层压力和产量用下式计算气藏的原始储量：

$$G=\frac{E\left[(Q_{gi}-Q_{g2})\frac{p_1}{Z_1}-(Q_{gi}-Q_{g1})\frac{p_2}{Z_2}\right]}{D_a\left(\frac{p_1}{Z_1}-\frac{p_2}{Z_2}\right)} \tag{4-34}$$

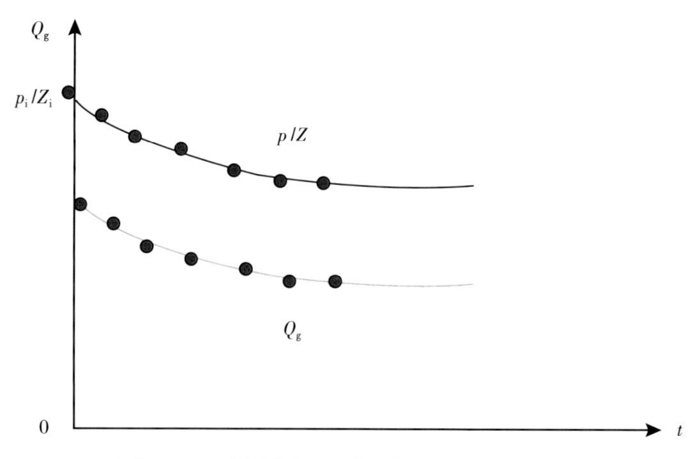

图 4-22　产量与视地层压力随时间变化曲线

式中　E——递减率的时间单位换算系数，$E=360$；

Q_{gi}——气藏递减时的初始气产量。

8. ARPS 产量递减分析法

1945 年，J J Arps 根据产量—时间衰减经验公式将产量递减归纳为指数递减、双曲递减及调和递减三种基本类型，由此形成了产量递减预测的经典方法。该方法要求井底流压、表皮系数和渗透率恒定，适用于气藏边界确定，并且已达到拟稳定流动状态的生产井。利用 Arps 产量递减分析法，可计算不同生产时刻气井产量和累计产气量。

9. 数学模型法

在油气田开发过程中，许多专家学者对油气藏的可采储量计算方法都有系统研究，迄今为止，计算油气藏可采储量的方法有数十种，最常用的有压降法、Arps 产量递减分析法、衰减曲线法、数学模型法、数值模拟方法等。根据气藏的开采特征，选取适当的计算方法，可以得出气藏较准确的可采储量指标。本次分析数学模型—翁氏理论模型、对数正态分布模型和罗杰斯蒂（Logistic）函数模型评价气井动态储量。

1）翁氏理论模型

对油气藏来说，翁氏产量预测模型的表达式如下：

$$Q=at^{b}\mathrm{e}^{-ct} \tag{4-35}$$

式中　Q——油气藏产量，$10^4\mathrm{m}^3/\mathrm{a}$；

t——时间，a。

对式（4-37）积分可以得出气藏的可采储量：

$$G_{\mathrm{R}}=\int_0^t Q\mathrm{d}t=\int_0^t at^{b}\mathrm{e}^{-ct}\mathrm{d}t \tag{4-36}$$

对式（4-38）两端取对数有：

$$\ln Q=\ln a+b\ln t-ct \tag{4-37}$$

式（4-39）中，可将 t 和 $\ln t$ 当作自变量 X_1 和 X_2，即变为二元一次方程。这样，利用生产数据进行二元线性回归，可以拟合出常数 a、b、c，代入式(4-51)即可求出气藏的可采储量。

2)对数正态模型

属于连续型分布的对数正态分布，它的分布密度为：

$$f(x)=\frac{1}{\sqrt{2\pi}x\beta}e^{-(\ln x-\alpha)^2/(2\beta^2)} \tag{4-38}$$

式中　$f(x)$——对数正态分布的分布密度；

x——分布变量，区间限于 $0\sim+\infty$；

α，β——控制分布形态的参数。

当设：$t=x$ 和 $Q=f(t)$，并引入模型转换常数 G_R 时，由式(4-38)得预测气藏产量的数学模型为：

$$Q=\frac{G_R}{\sqrt{2\pi}\beta t}e^{-(\ln t-\alpha)^2/(2\beta^2)} \tag{4-39}$$

式中　Q——气藏的产量，$10^4m^3/a$；

G_R——气藏的可采储量，$10^4m^3/a$；

t——气田的开发时间，a。

将式(4-39)改写并取对数：

$$\begin{aligned}\lg(Qt)&=\lg\frac{G_R}{\sqrt{2\pi}\beta}-\frac{1}{4.606\beta^2}(\ln t-\alpha)^2\\&=A-B(\ln t-\alpha)^2\end{aligned} \tag{4-40}$$

其中：$A=\lg\frac{G_R}{\sqrt{2\pi}\beta}$　$B=\frac{1}{4.606\beta^2}$

若给定不同的 α，利用式(4-40)进行线性试差求解，对于能够得到最大相关系数的直线的 β，即为欲求的正确 α。此时，当线性回归求得直线的截距 A 和斜率 B 的数值后，即可得出 G_R。

采用数学模型方法，评价靖边气田 G1-Z、G1-X 气井动态储量，绘制 $\lg(Qt)$ 与 $(\ln t-a)^2$ 的关系曲线，求取 α，根据公式可计算气井 G1-Z 井、G1-X 井可采储量分别为 $1.68\times10^8m^3$、$0.83\times10^8m^3$(图 4-23、图 4-24)。

3)罗杰斯蒂模型

当气藏开采至一定程度，一般是稳产或递减期以后，气藏的储量全部开始动用，则日产量 q_g 与相应累计产量 G_p 的比值和 G_p 可能满足以下关系：

$$\frac{q_g}{G_p}=A-BG_p \tag{4-41}$$

式中　A——待定参数，为回归直线的截距；

B——待定参数，为回归直线的斜率。

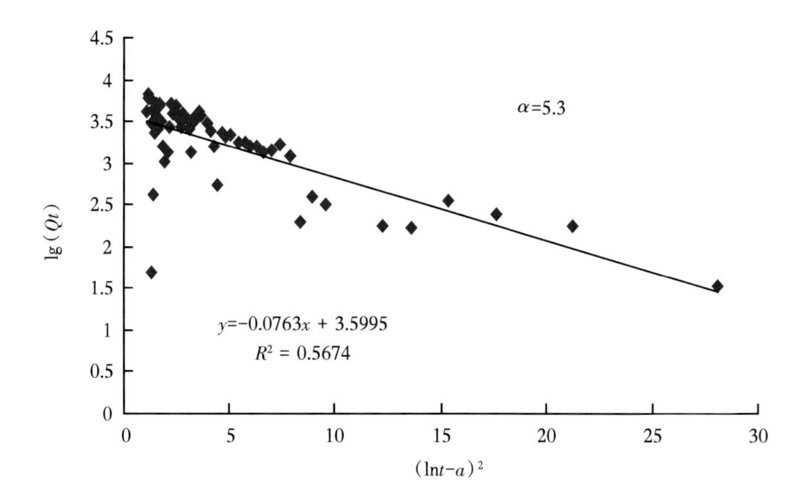

图 4-23 G1-Z 井对数正态模型分析曲线

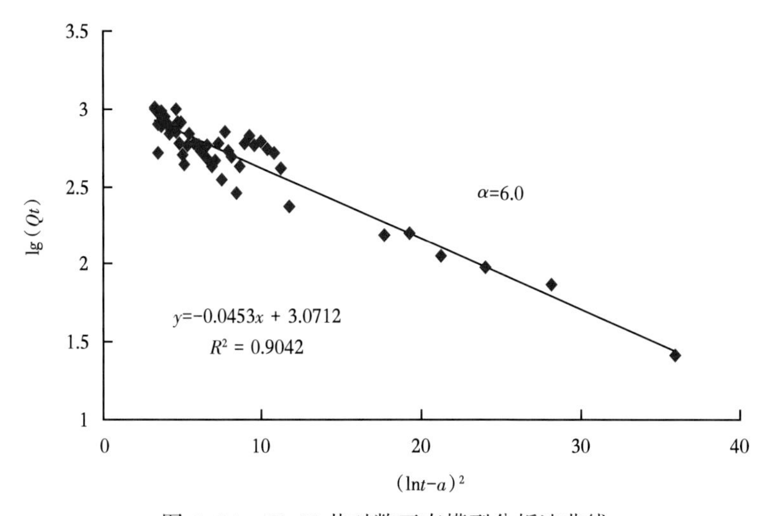

图 4-24 G1-X 井对数正态模型分析法曲线

在给定废弃产量 q_{ga}时，可求得可采储量：

$$G_R = \frac{A+\sqrt{A^2-4Bq_{ga}}}{2B} \tag{4-42}$$

当废弃产量为 $q_{ga}=0$ 时，计算的 G_p 为气井动态储量：

$$G_p = \frac{A}{B} \tag{4-43}$$

采用 Logistic 函数法评价，评价靖边气田 G1-V、G1-N、G1-S、G1-K 气井动态储量，绘制 q_g/G_p 与 G_p 的关系曲线，求取 A、B，根据公式可计算气井动态储量(表 5-1)。

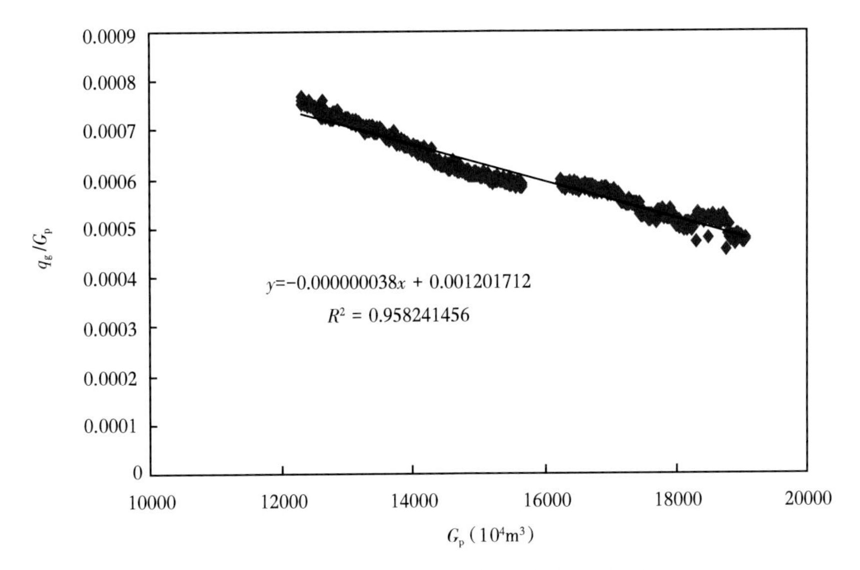

图 4-25　G1-V 井 q_g/G_p 与 G_p 的关系曲线

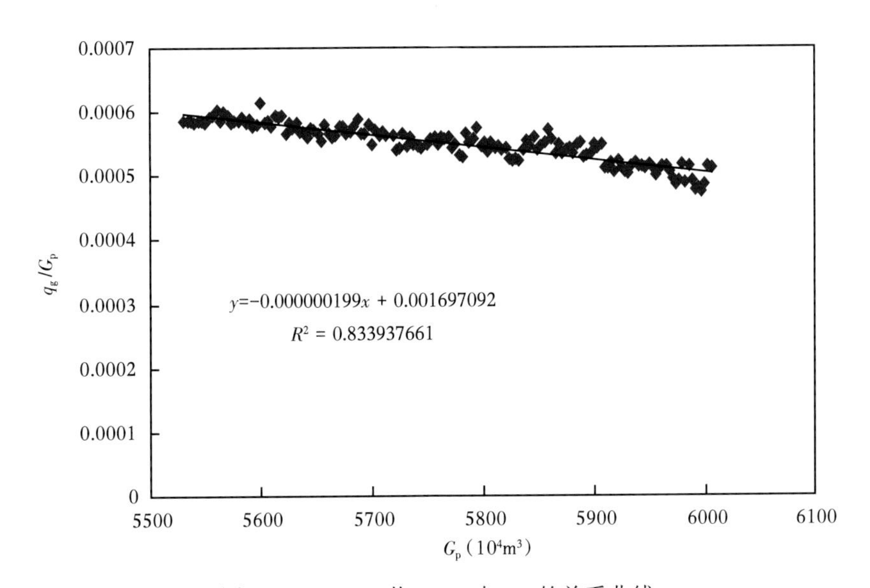

图 4-26　G1-N 井 q_g/G_p 与 G_p 的关系曲线

表 4-1　Logistic 函数法计算气井动态储量表

井号	A	B	动态储量（10^8m^3）
G1-V	0. 001201712	0. 000000038	3. 16
G1-N	0. 001697092	0. 000000199	0. 85
G1-S	0. 00153925	0. 0000001	1. 54
G1-K	0. 001858552	0. 000000038	4. 89

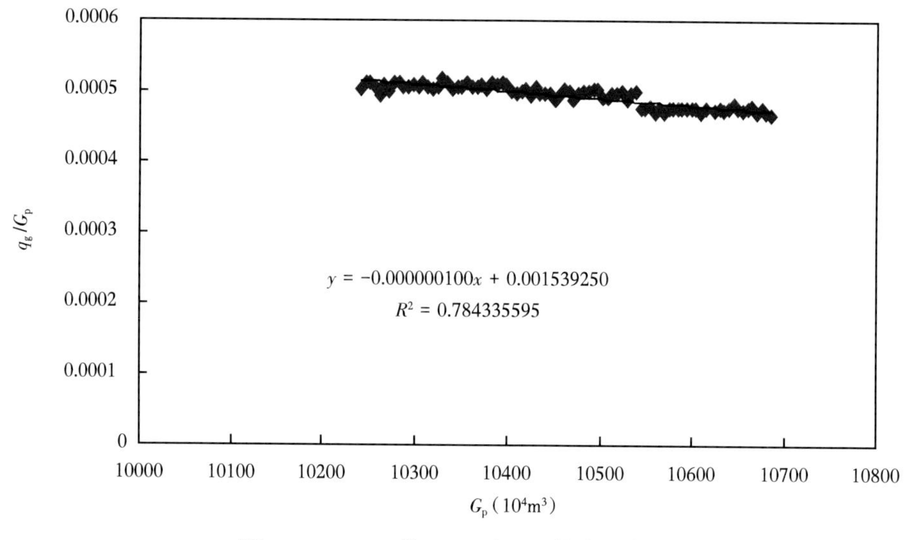

图 4-27　G1-S 井 q_g/G_p 与 G_p 的关系曲线

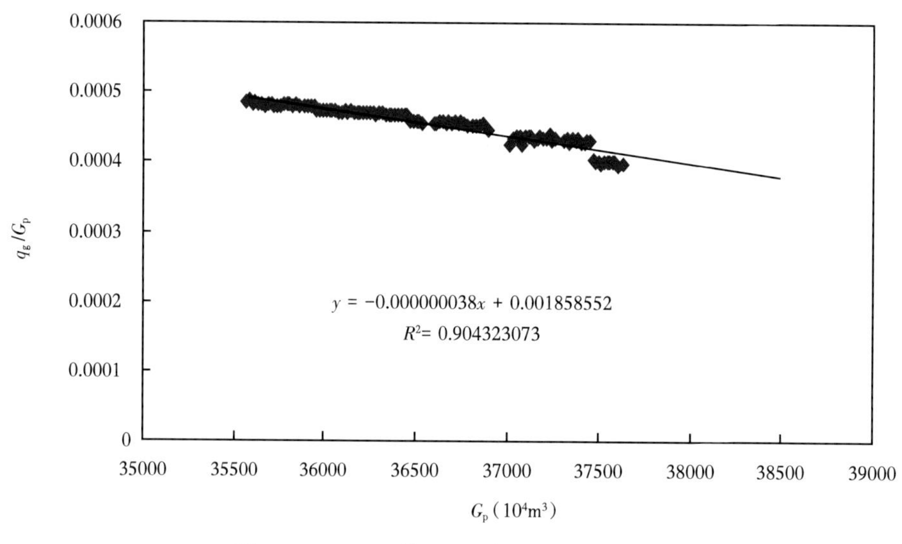

图 4-28　G1-K 井 q_g/G_p 与 G_p 的关系曲线

二、多种评价方法对比分析

通过气井动态储量评价方法原理及应用条件，总结各方法优缺点：(1)压降法为气藏动态储量计算最准确的方法，主要适用条件是能正确计算气藏平均地层压力，且要求气藏具有一定的开采量，对于低渗透特别是非均质极强的低渗透气藏，在开采早期无法准确确定气藏及单井控制储量。(2)流动物质平衡法的建立基础仍然是物质平衡法，它要求渗流力学中所讲述到的压力波要达到地层边界，气藏或气井有相当高的采出程度，地层压力有一定程度的降低以后，应用效果较好。(3)现代产量递减分析方法主要拟合单井产量和流压动态数据，进行物质平衡分析，进而计算单井动态储量。该方法不用关井测压，也不需要定产或定压生产，是低渗透气藏最常见评价动态储量的方法。(4)采气曲线法除了需满足物质平衡方法的适用条件外，还要求需要有相对准确的气井产能方程，因此采气曲线法对靖边低渗透气藏的部分井适应性相对较差。(5)气藏影响函数法适用与气藏开发各阶段，但需可靠的生产动态资料。(6)产量递减法、产量累计法是基于产量、累计产量随时间变化的统计规律而建立的，数学模型法亦相类似，它们主要适用于气藏开发中后期，在控制单井稳产、陆续补充开发井而使气藏产量上升的开发早期阶段不适用。具体各种计算方法详细的适用开发阶段见表4-2。

表4-2　各种计算方法适用范围及条件汇总表

适用条件 计算方法	气藏类型	开发阶段	资料要求
压降法	各类溶解气、气层气藏	采出程度大于10%，稳产期、递减期	具备2次及以上关井地层压力资料及原始油、气、水、岩石物性参数及地层压力和温度等(对非均质较强，面积较大的气藏，难于获得具有代表性的地层压力等，适应性较差)
流动物质平衡法	定容封闭气藏	采出程度大于10%，稳产期、递减期	具有套压、产量、原始地层压力、温度等常规生产资料，生产较稳定
现代产量递减分析法	各类气藏	采出程度大于10%，稳产期、递减期	具有井身结构、测井、生产及原始地层压力、温度等资料
采气曲线法	定容封闭气藏	定容封闭气藏	具有产能方程和较长生产历史
气藏影响函数法	各类气藏	适用于气藏开发各阶段	需可靠的生产动态资料
产量累计法	各类气藏	进入产量递减期，采出程度大于40%	较可靠的生产历史资料
压力—产量递减法	各类溶解气、气层气藏	进入产量递减期	地层压力p、温度、q_g、G_p、t、p_i
Arps产量递减分析法	各类溶解气、气层气藏	进入产量递减期	q_g、Q_g、Q_{ga}、G_p、t
数学模型法	各类溶解气、气层气藏	递减期	q_g、Q_g、Q_{ga}、G_p、t

第二节　动态储量评价结果影响因素

不同动态储量评价方法适用条件和资料需求不同。为提高低渗透岩性气藏动态储量评价的准确性，从储层物性、地层压力、采出程度、产水情况、井网井距等五个方面分析了各类因素对动态储量评价结果的影响。

一、储层物性

储层物性主要影响采气曲线法和现代产量递减分析法计算结果。在拟稳定流动状态下，气井产能方程为：

$$\overline{p}_{R}^{2}-p_{wf}^{2}=Aq_{sc}+Bq_{sc}^{2}+C \tag{4-44}$$

其中：$A=\dfrac{1.291\times10^{-3}T\overline{\mu}\overline{Z}}{Kh}\left(\ln\dfrac{0.472r_e}{r_w}+S\right)$

$$B=\frac{1.291\times10^{3}T\overline{\mu}\overline{Z}}{Kh}\quad D=\frac{2.828\times10^{-21}\beta\gamma_g T\overline{Z}}{r_w h^2}=\frac{2.828\times10^{-21}\gamma_g T\overline{Z}}{r_w h^2}\frac{7.644\times10^{10}}{K^{1.5}}$$

式中 p_R——地层压力，MPa；

p_{wf}——井底流压，MPa；

q_{sc}——标准状态下的产气量，m^3/d；

T——气层温度，K；

$\overline{\mu}$——气体平均黏度，mPa·s；

$\overline{Z}$——气体平均偏差系数；

K——气层有效渗透率，mD；

h——气层有效厚度，m；

r_e——供气半径，m；

r_w——井底半径，m；

S——表皮系数；

A、B——达西流动（或层流）和非达西流动（或紊流）系数；

D——惯性或紊流系数，$(m^3/d)^{-1}$。

设储层渗透率为 K_1，厚度为 h_1，产能方程一次项和二次项系数分别为 A_1 和 B_1，若渗透率与有效厚度取值存在一定偏差，分别为 K_2 与 h_2，对应产能方程一次项和二次项系数分别为 A_2 和 B_2，则有：

$$A_2=\frac{K_1h_1}{K_2h_2}A_1$$

$$B_2=\left(\frac{K_1}{K_2}\right)^{1.5}\left(\frac{h_1}{h_2}\right)^{2}B_1$$

根据采气曲线法，有：

$$\left[p_i\left(1-\frac{G_p}{G}\right)\right]^2-p_{wf}^2=Aq+Bq^2 \tag{4-45}$$

由式（4-45）可知，若渗透率和有效厚度取值偏低，则 A、B 增大，计算气井动储量偏高；若渗透率和有效厚度取值偏高，则 A、B 减小，计算气井动储量偏高降低。

二、地层压力

地层压力主要影响气藏影响函数法、压降法和流动物质平衡法计算结果。采用气藏影响函数法分析不同地层压力下单井动态储量，结果如图 4-29 所示。分析表明，若地层压力取值偏高，则单井动态储量计算结果将偏大；若地层压力取值偏低，则单井动态储量计算结果将偏小。

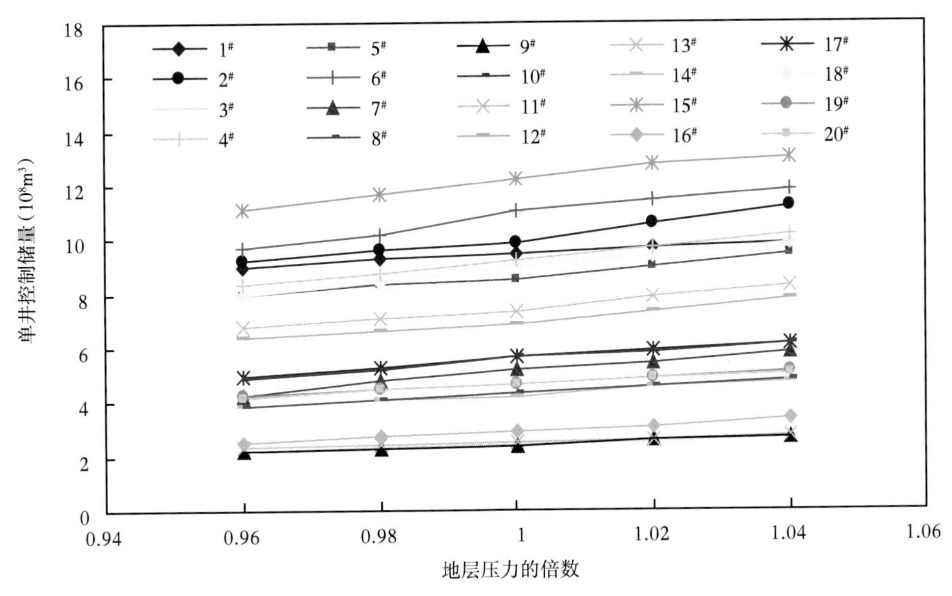

图 4-29　初始地层压力对单井控制储量的影响图

三、采出程度或生产时间

气井采出程度或生产时间主要影响流动物质平衡法、采气曲线法和气藏影响函数法计算结果，且不同的动态储量计算方法对于时间的敏感程度不同。

对于流动物质平衡法，相对稳定生产采出程度在 40%以后，可较为准确（>90%）地计算出动态控制地质储量（图 4-30）。

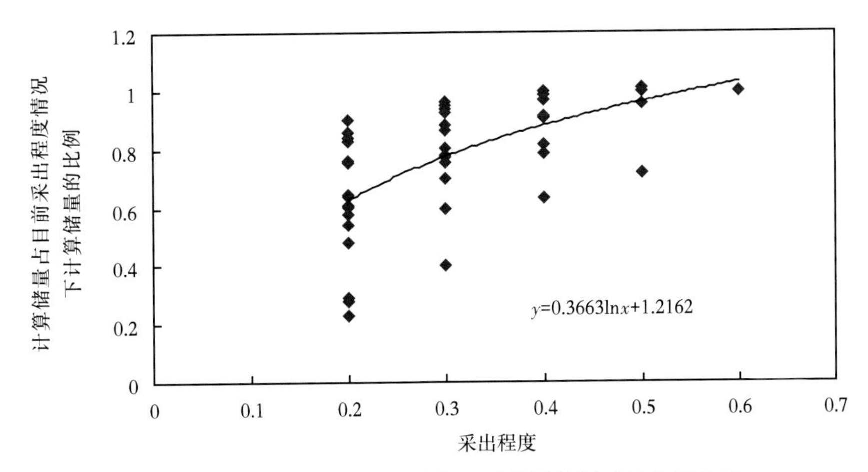

图 4-30　流动物质平衡法计算地质储量的敏感性分析曲线

对于采气曲线平衡法，相对稳定生产采出程度 15%以后，可较为准确（>90%）地计算出动态控制地质储量（图 4-31）。

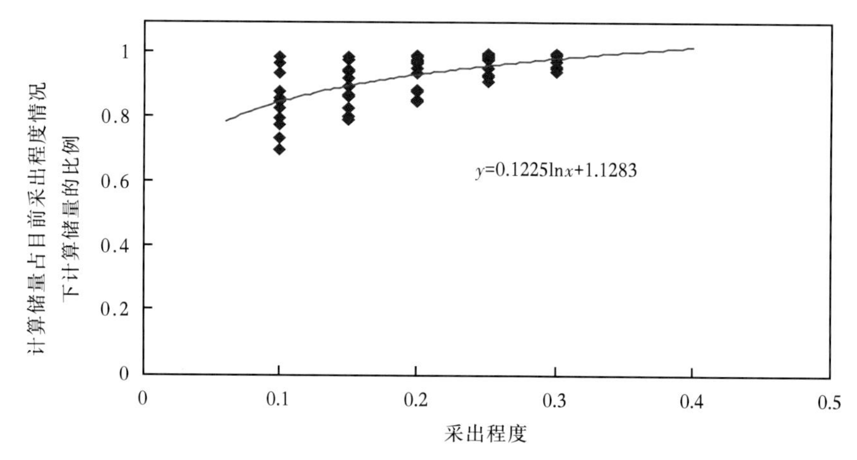

图 4-31　采气曲线法计算地质储量的敏感性分析曲线

对于气藏影响函数法，当相对稳定生产 3. 5~4 年，即可较为准确（>90%）地计算出动态控制地质储量（图 4-32）。

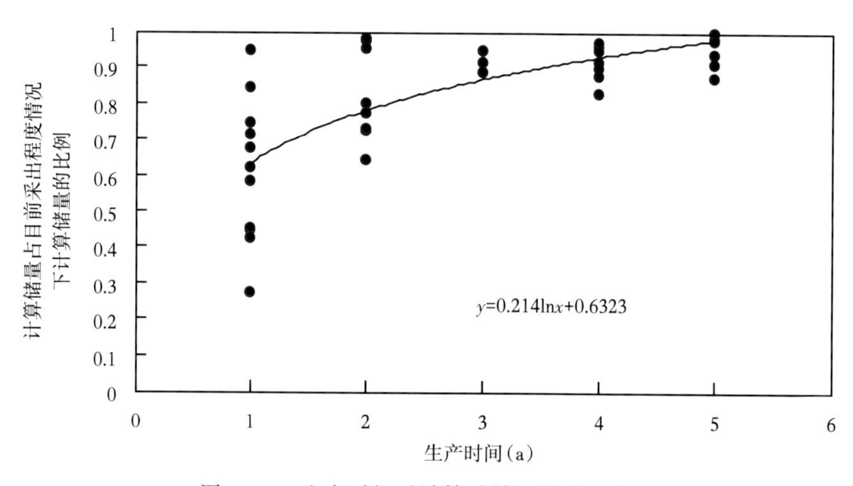

图 4-32　生产时间对计算动储量敏感性分析

四、气井产水

由于气井产水以后，地层中的渗流条件将发生变化，以及在井筒中的流动也会有一定的变化，从前述章节中有关产水气井拟稳定流动产能方程［式(4-24)］可以分析看出，当气井产水增强时，由于水与气的性质的不同，必然导致气井产能方程系数发生相应的一定改变，以及在井筒中流动时，由于水比气的密度大，在相应井口压力与产气量情况下，当气井产水增强时，在气井井底产生的回压会增大，即导致气井产能方程的变化，也就必然会导致气井储量计算结果的改变（图 4-33）。

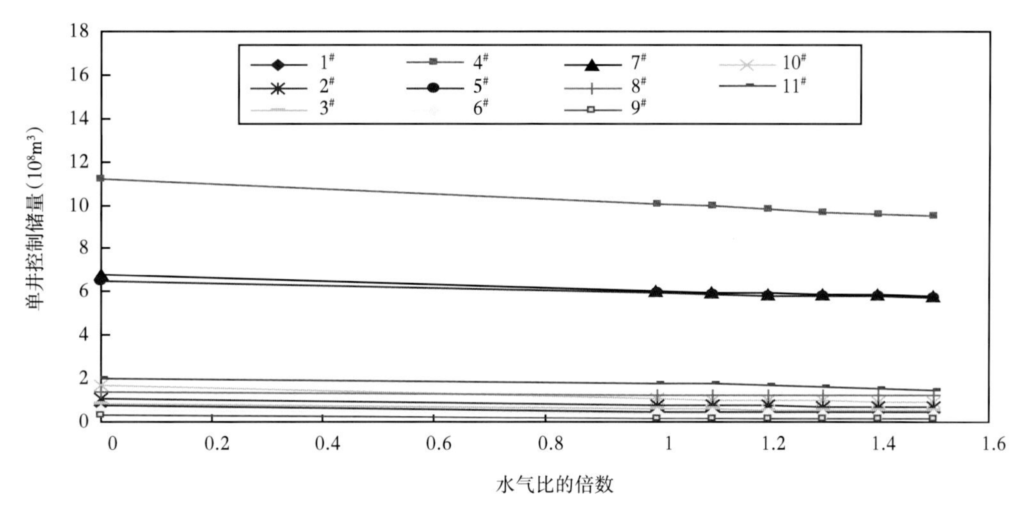

图 4-33　气井产水对评价地质储量敏感性分析曲线

五、井网井距

与地层物性对控制储量的计算影响分析相类似，根据低渗透气藏的拟稳定流动产能方程［式(4-21)］可以得出：

气藏井网井距将直接影响到低渗透气藏气井产能方程，假设气井控制半径按井距之半折算或按控制面积折算，同时认为气藏中压力波已波及到供给边界。如果设某口气井在原井网下供给半径为 r_{e1}，产能方程系数分别为 A_1、B_1，在其他条件相同情况下，当供给半径变化为 r_{e2}后，产能方程系数应改变为 A_2、B_2，则有：

$$A_2=\frac{\ln\frac{r_{e2}}{r_w}}{\ln\frac{r_{e1}}{r_w}}A_1 \quad B_2=\frac{\frac{1}{r_w}-\frac{1}{r_{e2}}}{\frac{1}{r_w}-\frac{1}{r_{e1}}}B_1$$

当井网加密，井距减小时，气井产能方程系数将减小，反之增大。

再根据采气曲线法计算动态控制地质储量公式：

$$\left[p_i\left(1-\frac{G_p}{G}\right)\right]^2-p_{wf}^2=Aq+Bq^2 \tag{4-46}$$

当气藏井网加密，引起产能方程系数减小时，计算出的控制储量 G 将减小。从渗流力学角度分析得到论证，当气藏井网加密、井距减小时，气井供给半径将减小，单井控制的面积自然减少，因而单井控制储量也就会减少。

第三节　评价成果与应用

长庆气区低渗透气藏动态分析工作通过多年的探索、继承、研究、创新和发展，建立了“储量是基础”的动态分析思路，并形成了动态储量评价系列配套技术，为气田实现高效开发做出了积极的贡献。根据气井具体资料情况及生产特征，综合应用压降法、现代产量递减分析法等方法，开展可动储量评价，为气田加密井部署、工作制度优化、储层二次改造井优选等提供了重要依据，进一步提高了气田储量动用程度。

一、标定可采储量

现行可采储量评价行业标准主要是针对构造气藏制定的，对于大规模低渗透岩性气藏，可采储量评价工作缺少系统的理论支撑。低渗透气藏单井动态储量评价技术系列为可采储量的标定提供了技术支持。

在不考虑经济因素的条件下，气藏中存在的单井动态储量可全部采出，即 $p_R \to 0$ 时的累计产气量，为动态法单井动态储量，即技术可采储量。

经济可采储量与技术可采储量的比例，由下式计算：

$$G_{经济}/G_{技术}=1-\frac{p_a/Z_a}{p_i/Z_i} \tag{4-47}$$

二、评价气井及气藏动态储量

通过对气藏单井控制储量的评价，落实气藏目前井网下的物质基础，从而为评价气藏稳产潜力及开发效果奠定了物质基础(图4-34)。

三、分析各开发单元储采比

储采比是气田能力保障的一项关键指标，反映了气田在较长时期内以一定产量持续生产的能力大小，一般要达到20~30的水平。靖边气田目前储采比为24，处于合理范围，但各单元储采比差异较大，分布在16~32之间。因此通过各开发单元储采比分析，为气田内部产量调整提供了参考依据(图4-35)。

四、优化气田生产制度

一是指导高产井和中产井关井恢复。根据单井动态储量评价结果及原始地层压力，评价靖边气田高中低产不同类型气井单位压降采气量，其中评价高产井259口，井均单位压降采气量$2300\times10^4m^3/MPa$；中产井390口，单位压降采气量$1200\times10^4m^3/MPa$；低产井450口，单位压降采气量$500\times10^4m^3/MPa$。不同类型井单位压降采气量差异较大，一定程度上说明流体渗流过程中在高渗透区压力损失较小。因此对于同一压力系统内的气井，保证高中产井以较高产量生产，并进行不定期的关井恢复，使外围低渗透区储量向高产低压区补给，更多的气体从高渗透区流出，从而优化气田生产制度。

二是优化低产井开关井策略和观察井设置。靖边气田×井区，2004年根据单井控制储量评价结果计算泄流半径，井区基本连通，其中×-2井和×-3井控制范围覆盖了储层物性较差的×-4井(图4-36)，因此2005年5月将×-4井关闭，设为观察井(图4-37)，对区块生产制度进行了优化，在不影响产气量的情况下，减少了操作成本。

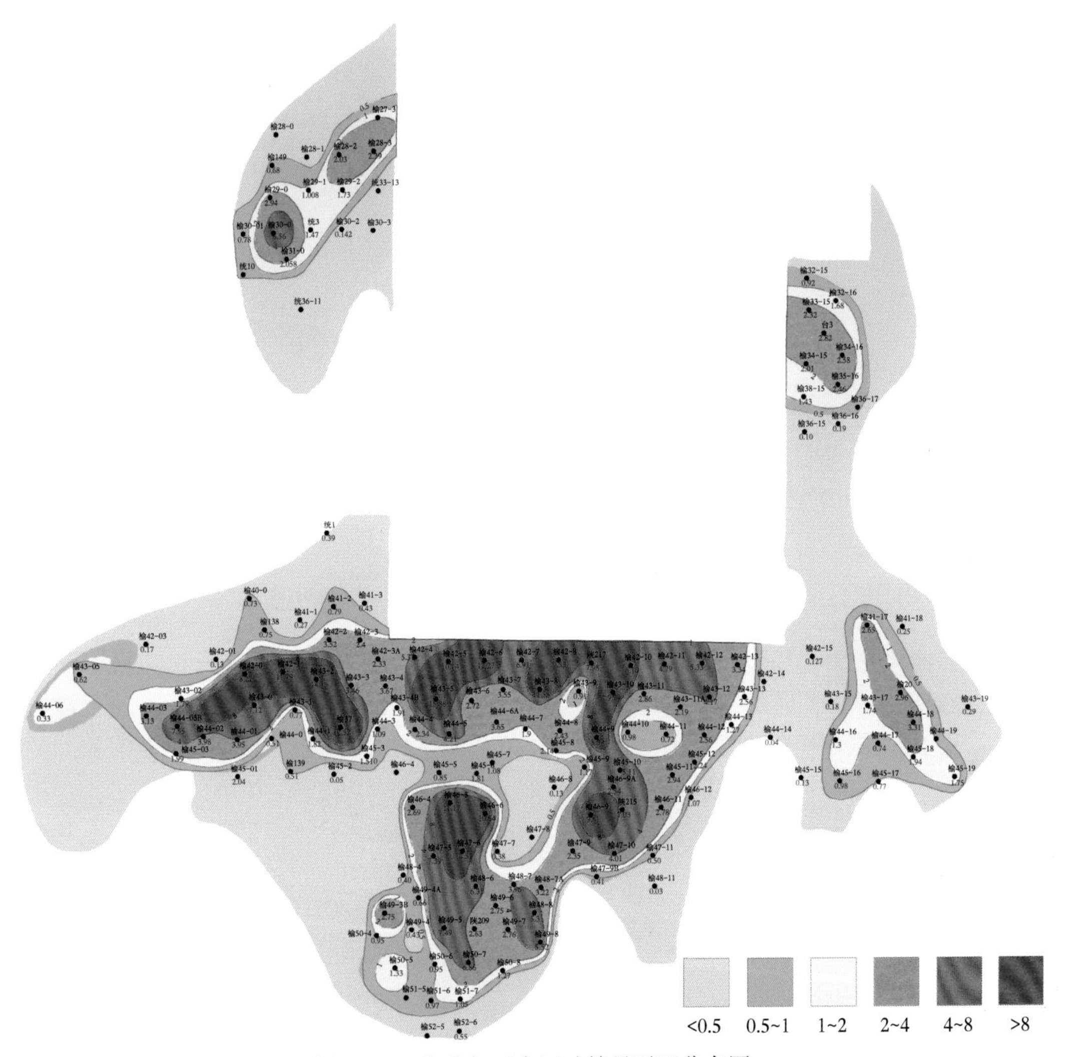

图 4-34　榆林气田南区动储量平面分布图

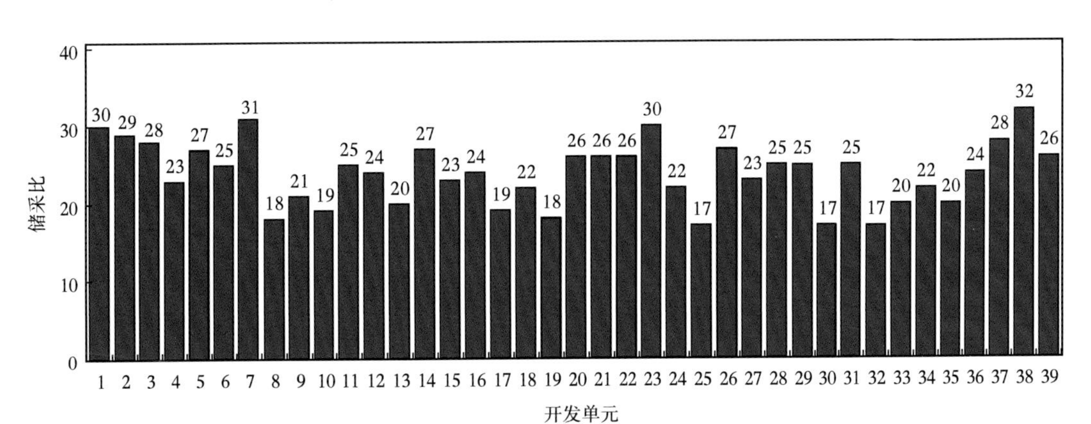

图 4-35　靖边气田开发单元储采比分析图

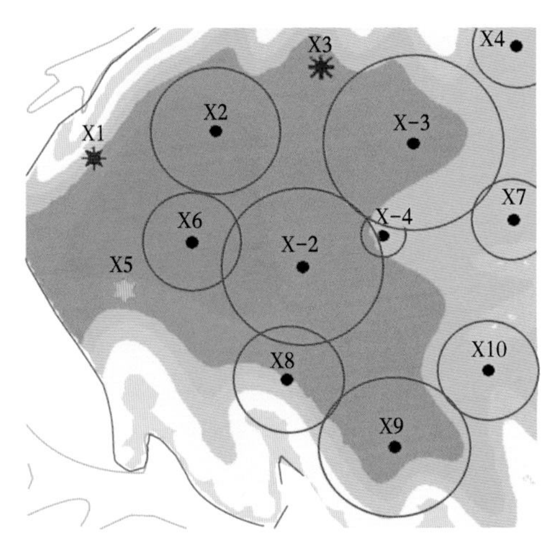

图 4-36　×井区控制半径示意图(2013 年)

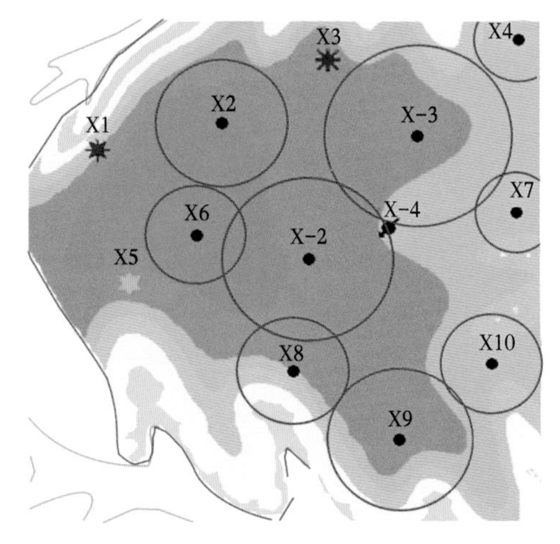

图 4-37　×井区控制半径示意图(2020 年底)

五、指导气田加密井部署

受储层非均质性和气田非均衡开采影响，低渗透气藏通常存在一定死气区(图 4-38)。在开发中后期，需通过加密井部署进一步提高气藏采收率。因此，在单井动态储量评价基础上，采用容积法反算单井控制半径，并与气藏开发实际井距进行对比，从而落实井网不完善区域，为加密井部署提供依据。

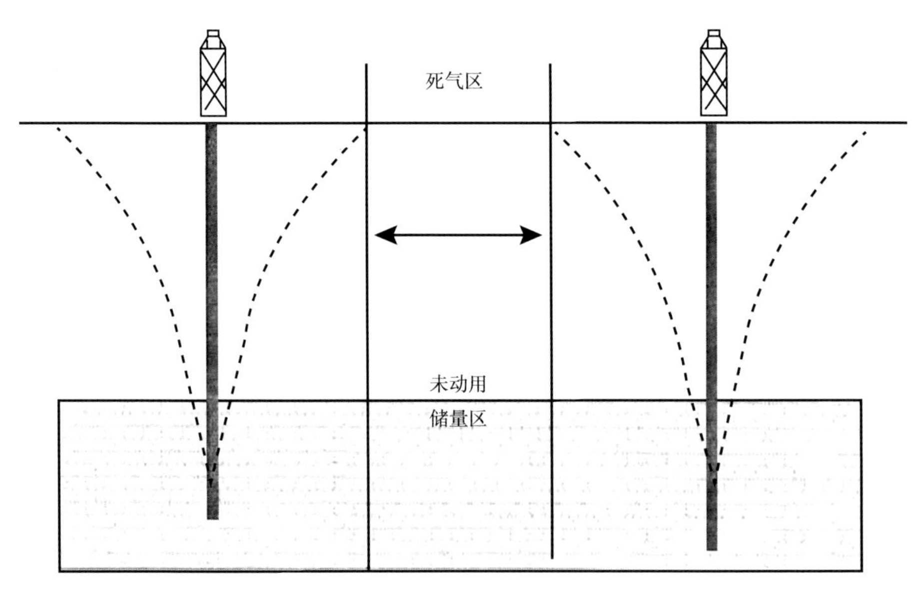

图 4-38　井间死气区示意图

根据由容积法，气井泄流半径计算公式为：

$$r=\sqrt{NB_g/(\pi h\phi S_g)} \tag{4-48}$$

式中　N——单井控制储量，10^8m^3；

r——气井泄流半径，m；

ϕ——平均孔隙度；

S_g——平均含气饱和度；

B_g——天然气体积系数。

采用以上方法，对靖边气田泄流半径进行评价。结果表明，靖边气田单井平均单井控制半径为 1.3km，与目前平均井距 2~3km 基本吻合，说明靖边气田整体井网较完善；部分区域渗透率较低，存在加密潜力。如 x 井区，初期井网部署选取正南正北向不规则面积井网，井距 1.5~2.5km，平均 2.0km。2018 年对该井区进行单井控制储量评价，井均控制储量为 $1.83\times10^8m^3$，控制半径 0.76km，远小于目前井距。因此根据评价结果对该区进行加密，获得较好效果。

截至 2020 年底，靖边气田完钻加密井 89 口，建产能 $7.3\times10^8m^3/a$，有效提高了气田储量动用程度和采收率。

六、指导气井储层重复改造

气井动态储量是评价气井开发潜力的重要指标。通过动态储量与静态参数和生产特征的对比分析，落实气井生产矛盾，为气井后期治理提供依据。

一是对比动态储量与静态参数优选储层二次改造潜力井。选取储层物性好，单井控制储量偏低的气井重复改造，提高储量动用程度。如×-6 井，测井解释储层物性相对较好（有效厚度 7m，渗透率 0.33mD，孔隙度 5.8%），但该井初期产气仅以 $1.0\times10^4m^3/d$ 间歇生产，评价单井控制储量 $1.13\times10^8m^3$，低于预期；2004 年 10 月对该井进行二次酸化改造，产气量提高到 $2.0\times10^4m^3/d$，评价该井控制储量为 $2.34\times10^8m^3$。

二是对比动态储量与生产特征优选储层二次改造潜力井。选取单井控制储量较大，产气量偏低的气井重复改造。如×-5 井，通过评价单井控制储量为 $1.8\times10^8m^3$，但产气量仅 $1.1\times10^4m^3/d$，2004 年 11 月对该井进行二次酸化改造，气井产量提高到 $2.3\times10^4m^3/d$。

第五章　气井产能评价

气井产能是气田开发的核心，是储层物性改造效果的综合体现，是衡量气田能否经济有效开发的主要指标，贯穿于气田开发的始终。因此，气井产能的准确评价，直接关系到气井生产制度的制定、全气田的产能部署，以保证向下游正常而稳定地供气。

评价气井产能主要有解析法和矿场试验方法。对于低渗透岩性气藏，不压裂无产能，大多数气井需经加砂压裂和酸化才能获得较高的产量或接近工业气井的标准，由于裂缝的存在，渗流场复杂，解析法通过建立渗流模型推导产能公式，精度有限，可作为理论研究；而矿场试验法是气田开发中通过产能试井测试，获取不同生产制度下的压力数据，经过解释确定气井产能方程及无阻流量的方法，在低渗透岩性气藏应用广泛。

第一节　气井产能试井分析理论

气井产能方程是描述气井产量与生产压差之间的关系方程。Forchheimer 和 Houpeurt 从渗流力学角度，提出 LIT（层流—惯性—湍流）二项式流动方程，严格推导出气井产能方程解析公式，综合反映了地层特性（如孔隙度、渗透率）、流体特性（如黏度、密度）及渗流过程中的运动要素（时间、距离和压力等）对渗流规律的影响。

一、常规气井产能试井分析方法

假设气藏均质且各向同性，气体服从非达西渗流时，圆形封闭边界中心一口气井的渗流特征并建立相应渗流模型，求解确定二项式产能方程中系数 A、B 的表达式。

气体平面径向非达西稳定渗流的数学模型如下。

（1）渗流控制方程：

$$\delta \frac{1}{r}\frac{\mathrm{d}}{\mathrm{d}r}\left(r\frac{\mathrm{d}\psi}{\mathrm{d}r}\right)+\frac{1}{r}\frac{\mathrm{d}\psi}{\mathrm{d}r}\frac{1}{r}\frac{\mathrm{d}\delta}{\mathrm{d}r}=0 \tag{5-1}$$

（2）初始条件：

$$\psi(t=0)=\psi_{\mathrm{i}} \tag{5-2}$$

（3）内边界条件：

$$\psi\big|_{r=r_{\mathrm{w}}}=\psi_{\mathrm{wf}} \tag{5-3}$$

（4）外边界条件：

$$\lim_{r\to\infty}\psi=\psi_{\mathrm{i}}$$

式中　ψ，ψ_{i}，ψ_{wf}——分别为拟压力、原始拟压力、井底流动拟压力，$\mathrm{MPa^2/(mPa\cdot s)}$；

r——距离，m；

t——时间，h；

δ——紊流流动的修正系数，非常数，与渗流速度有关。

由于气体膨胀作用使得气体在井底附近的渗流速度非常高，紊流造成的附加压降不可忽略，此时达西定律已经失效，渗流更符合“Forchheimer”二项式定律，即：

$$\frac{\mathrm{d}p}{\mathrm{d}r}=\frac{\mu}{K}v+\beta\rho v^2 \tag{5-4}$$

式中 p——压力，MPa；

μ——流体黏度，mPa·s；

K——地层有效渗透率，mD；

v——流体的渗流速度，m^3/d；

β——描述孔隙介质紊流影响系数，称为湍流系数，m^{-1}；

ρ——流体密度，kg/m^3。

渗流速度 v 表示为：

$$v=\frac{q}{2\pi rh}=\frac{1}{2\pi rh}\frac{p_{sc}\overline{Z}T}{T_{sc}p}q_{sc} \tag{5-5}$$

将式(5-5)代入式(5-4)中得到：

$$\frac{\mathrm{d}p}{\mathrm{d}r}=\frac{\bar{\mu}}{K}\frac{p_{sc}\overline{Z}T}{T_{sc}p}\frac{q_{sc}}{2\pi h}\frac{1}{r}+\frac{28.97\beta\gamma_g}{R}\frac{p_{sc}^2\overline{Z}T}{T_{sc}^2p}\frac{q_{sc}^2}{4\pi^2h^2}\frac{1}{r^2} \tag{5-6}$$

对式(5-6)积分得到以压力平方形式表示的气体平面径向渗透的二项式方程：

$$p_i^2-p_{wf}^2=\left(\frac{\bar{\mu}}{\pi Kh}\frac{p_{sc}\overline{Z}T}{T_{sc}}\ln\frac{r_e}{r_w}\right)q_{sc}+\left[\frac{28.97\beta\gamma_g}{2\pi^2h^2}\frac{p_{sc}^2\overline{Z}T}{T_{sc}^2p}\left(\frac{1}{r_w}-\frac{1}{r_e}\right)\right]q_{sc}^2 \tag{5-7}$$

考虑到 $1/r_w \gg 1/r_e$，式(5-7)可简化为：

$$p_i^2-p_{wf}^2=\left(\frac{\bar{\mu}\overline{Z}}{\pi Kh}\frac{p_{sc}T}{T_{sc}}\ln\frac{r_e}{r_w}\right)q_{sc}+\left(\frac{28.97\beta\gamma_g}{2\pi^2r_wh^2}\frac{p_{sc}^2\overline{Z}T}{T_{sc}^2R}\right)q_{sc}^2 \tag{5-8}$$

式(5-8)可以简写成：

$$p_i^2-p_{wf}^2=Aq_{sc}+Bq_{sc}^2 \tag{5-9}$$

其中：

$$A=\frac{\bar{\mu}\overline{Z}}{\pi Kh}\frac{p_{sc}T}{T_{sc}}\ln\frac{r_e}{r_w} \tag{5-10}$$

$$B=\frac{28.97\beta\gamma_g}{2\pi^2r_wh^2}\frac{p_{sc}^2\overline{Z}T}{T_{sc}^2R} \tag{5-11}$$

引入气藏拟压力的定义式如下所示：

$$\psi = \int_0^p \frac{2p}{\mu_g(p)Z(p)}\mathrm{d}p \tag{5-12}$$

利用压力平方与拟压力之间的关系，得到以拟压力形式表示的气体平面径向渗流的二项式方程：

$$\psi_i - \psi_{wf} = \left(\frac{p_{sc}T}{\pi KhT_{sc}}\ln\frac{r_e}{r_w}\right)q_{sc} + \left(\frac{28.97\beta\gamma_g p_{sc}^2 T}{2\pi^2 r_w h^2 T_{sc}^2 \mu R}\right)q_{sc}^2 \tag{5-13}$$

式(5-13)可以简写成：

$$\psi_i - \psi_{wf} = Aq_{sc} + Bq_{sc}^2 \tag{5-14}$$

其中：

$$A = \frac{p_{sc}T}{\pi KhT_{sc}}\ln\frac{r_e}{r_w} \tag{5-15}$$

$$B = \frac{28.97\beta\gamma_g p_{sc}^2 T}{2\pi^2 r_w h^2 T_{sc}^2 \mu R} \tag{5-16}$$

式中 p_i，p_{wf}——分别为原始地层压力、井底流动压力，MPa；

p_{sc}——标准状况下压力，MPa；

T_{sc}，T——分别为标准状况下温度、储层温度，K；

r_e，r_w——分别为气井供气半径、井半径，m；

h——气层有效厚度，m；

$\bar{\mu}$——平均地层压力及温度下气体的黏度，mPa · s；

$\bar{Z}$——平均地层压力及温度下气体偏差系数；

γ_g——天然气的相对密度；

R——通用气体常数，MPa · m³/(kmol · K)。

式(5-9)、式(5-16)就是气井稳定试井分析的二项式产能方程，是气井稳定试井分析的理论基础。

以上推导过程并未考虑表皮效应，且各参数单位均为达西单位值，为了满足矿场需要，将单位换算为矿场实用单位制，并将标准状况下的压力与温度代入，得到气体在考虑表皮效应和非达西效应时，气井井底压力与产量的二项式关系见表 5-1。

表 5-1 气体非达西渗流情形下的气井二项式产能方程表达式

压力表现形式	二项式产能方程	A	B
p^2	$p_i^2 - p_{wf}^2 = Aq_{sc} + Bq_{sc}^2$	$A = \frac{1.2734\times10^{-2}\bar{\mu}\bar{Z}T}{Kh}\left(\ln\frac{r_e}{r_w}+S\right)$	$B = \frac{2.825\times10^{-13}\beta\gamma_g\bar{Z}T}{r_w h^2}$
ψ	$\psi_i - \psi_{wf} = Aq_{sc} + Bq_{sc}^2$	$A = \frac{1.2734\times10^{-2}T}{Kh}\left(\ln\frac{r_e}{r_w}+S\right)$	$B = \frac{2.825\times10^{-13}\beta\gamma_g\bar{Z}T}{\mu r_w h^2}$

根据气井产能表达式可知，对同一气藏或者区块而言，气体黏度、气藏温度、井筒半径及单井泄流半径相对稳定，而地层系数 Kh 是影响产能方程系数 A、B 最关键的因素。以榆林气田为例，根据主力产区内 37 口生产井，应用气区内的平均物性参数及相应完井参数。地层温度 $T_f=378\text{K}$，天然气地下黏度 $\mu_g=0.022\text{mPa}\cdot\text{s}$，天然气偏差系数 $Z=0.933$，表皮系数 $S_t=-5.5$，气井的供气半径 $r_e=1000\text{m}$，井底折算半径 $r_w=0.07\text{m}$，非达西流系数 $D=0.01(10^4\text{m}^3/\text{d})^{-1}$。推导建立了每一口井的初始稳定点二项式方程，并由此归纳出适用于该地区的产能方程通式：

$$p_i^2-p_{wf}^2=\frac{198.943}{Kh}q_g+\frac{0.9377}{Kh}q_g^2 \tag{5-17}$$

对于气田新投产气井，对每一口生产井选择开井初期稳定的生产点，读取 p_i、p_{wf} 和 q_g，即可建立该井的初始二项式产能方程。进一步明确气井开发潜力，为气井合理配产提供依据。

例如，对于榆 X-1 井，取 $p_i=26.75\text{MPa}$，$p_{wf}=22.74\text{MPa}$，$q_g=16\times10^4\text{m}^3/\text{d}$，即可确定该井的产能方程，计算无阻流量 $q_{AOF}=50.13\times10^4\text{m}^3/\text{d}$，得方程：

$$p_R^2-p_{wf}^2=11.547q_g+0.0544q_g^2 \tag{5-18}$$

二、压裂直井产能试井分析方法

低渗透气井经过压裂后，在井底附近形成一条裂缝，井周围的渗流方式与未压裂井相比，已经发生了变化，产能方程如何用二项式方程来描述，以下展开详细介绍。

假设储层均质、等厚、各向同性，气井经过压裂后，在井的两侧对称部分形成一条人工压裂裂缝，裂缝的长度为 $2X_f$（一侧的缝长为 X_f），裂缝的宽度是 w，裂缝的高度 h 与储层的厚度一样（图 5-1）。

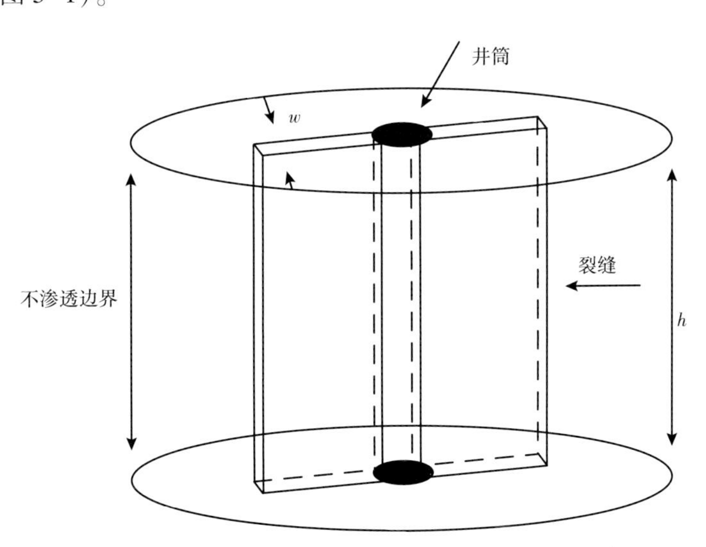

图 5-1 无限大地层中有限导流压裂直井物理模型示意图

地层中压开一条裂缝后，渗流过程发生了变化，首先是裂缝中的流体进入井筒，形成裂缝线性流动阶段，在裂缝中压力降低后，地层中的流体流入裂缝，形成裂缝—地层双线性流，最后，远处的流体流入井附近，形成径向流。推导压裂气井在不同流动阶段二项式产能方程解析式。

1. 有限导流裂缝的裂缝线性流阶段

若流动发生在裂缝线性流阶段，井底压力动态可以用下式来描述：

$$p_{\mathrm{i}}^{2}-p_{\mathrm{wf}}^{2}=\frac{1.274\times10^{-2}qT\bar{\mu}\bar{Z}}{Kh}\left(\frac{2Kx_{\mathrm{f}}}{K_{\mathrm{f}}w_{\mathrm{f}}}\sqrt{\frac{11.304K_{\mathrm{f}}t}{\phi\mu C_{\mathrm{t}}x_{\mathrm{f}}^{2}}}+S\right) \tag{5-19}$$

式中 x_{f}——裂缝半长，m；

w_{f}——裂缝宽度，m；

K_{f}——裂缝有效渗透率，mD；

C_{t}——储层综合压缩系数，MPa^{-1}；

S——表皮系数，由两部分组成，一是井底附近裂缝的真实伤害，一是在裂缝中渗流时，由于紊流效应引起的附加表皮系数。

因此，表皮系数 S 可以写成如下表达式：

$$S=S_{\mathrm{b}}+Dq \tag{5-20}$$

式中 S_{b}——井底附近裂缝的真实伤害系数；

D——惯性或紊流系数，$(\mathrm{m}^{3}/\mathrm{d})^{-1}$。

$$D=\frac{2.191\times10^{-18}\beta\gamma_{\mathrm{g}}K}{\bar{\mu}hr_{\mathrm{w}}} \tag{5-21}$$

将式(5-20)代入式(5-19)中，可得：

$$p_{\mathrm{i}}^{2}-p_{\mathrm{wf}}^{2}=\frac{1.274\times10^{-2}qT\bar{\mu}\bar{Z}}{Kh}\left(\frac{2Kx_{\mathrm{f}}}{K_{\mathrm{f}}w_{\mathrm{f}}}\sqrt{\frac{11.304K_{\mathrm{f}}t}{\phi\mu C_{\mathrm{t}}x_{\mathrm{f}}^{2}}}+S_{\mathrm{b}}+Dq\right) \tag{5-22}$$

式(5-22)可进一步写成：

$$p_{\mathrm{i}}^{2}-p_{\mathrm{wf}}^{2}=\frac{1.274\times10^{-2}T\bar{\mu}\bar{Z}}{Kh}\left(\frac{2Kx_{\mathrm{f}}}{K_{\mathrm{f}}w_{\mathrm{f}}}\sqrt{\frac{11.304K_{\mathrm{f}}t}{\phi\mu C_{\mathrm{t}}x_{\mathrm{f}}^{2}}}+S_{\mathrm{b}}\right)q+\frac{1.274\times10^{-2}T\bar{\mu}\bar{Z}}{Kh}Dq^{2} \tag{5-23}$$

令：

$$m_{1}=\frac{1.274\times10^{-2}T\bar{\mu}\bar{Z}}{Kh} \tag{5-24}$$

$$A_{\mathrm{t1}}=m_{1}\left[\frac{2Kx_{\mathrm{f}}}{K_{\mathrm{f}}w}\left(\sqrt{\frac{11.304K_{\mathrm{f}}t}{\phi\mu C_{\mathrm{t}}x_{\mathrm{f}}^{2}}}+S_{\mathrm{d}}\right)\right] \tag{5-25}$$

$$B_1=m_1D \tag{5-26}$$

则式(5-22)变成：

$$p_i^2-p_{wf}^2=A_{t1}+B_1q^2 \tag{5-27}$$

式(5-27)即为压裂气井二项式方程，因此，在裂缝线性流阶段，如果考虑裂缝中流动的紊流效应，其产能方程可以用二项式方程描述。

2. 有限导流裂缝的裂缝—地层双线性流阶段

在裂缝—地层双线性流阶段，井底压力动态可用下式描述：

$$p_i^2-p_{wf}^2=\frac{1.274\times10^{-2}qT\bar{\mu}\bar{Z}}{Kh}\left[2.45\left(\frac{3.6K^3t}{\phi\mu C_tK_f^2w^2}\right)^{1/4}+S\right] \tag{5-28}$$

S 仍然可以用式(5-20)进行描述，将式(5-20)代入式(5-28)中，得：

$$p_i^2-p_{wf}^2=\frac{1.274\times10^{-2}qT\bar{\mu}\bar{Z}}{Kh}\left[2.45\left(\frac{3.6K^3t}{\phi\mu C_tK_f^2w^2}\right)^{1/4}+S_b+Dq\right] \tag{5-29}$$

进一步整理可得：

$$p_i^2-p_{wf}^2=\frac{1.274\times10^{-2}qT\bar{\mu}\bar{Z}}{Kh}\left[2.45\left(\frac{3.6K^3t}{\phi\mu C_tK_f^2w^2}\right)^{1/4}+S_b\right]+\frac{1.274\times10^{-2}T\bar{\mu}\bar{Z}}{Kh}Dq^2 \tag{5-30}$$

令：

$$A_{t2}=\frac{1.274\times10^{-2}T\bar{\mu}\bar{Z}}{Kh}\left[2.45\left(\frac{3.6K^3t}{\phi\mu C_tK_f^2w^2}\right)^{1/4}+S_b\right] \tag{5-31}$$

$$B_2=\frac{1.274\times10^{-2}T\bar{\mu}\bar{Z}}{Kh}D \tag{5-32}$$

则式(5-29)可以简化成：

$$p_i^2-p_{wf}^2=A_{t2}+B_2q^2 \tag{5-33}$$

由此可知，对于裂缝—地层双线性流阶段，也可以用二项式方程进行描述。

3. 地层拟径向流段产能方程的形式

地层拟径向流段的产能方程形式可由式(5-34)和式(5-35)表示，即：

$$p_i^2-p_{wf}^2=\frac{6.37\times10^{-3}qT\bar{\mu}\bar{Z}}{Kh}\left(\ln\frac{3.6Kt}{\phi\mu C_tx_f^2}+3.347-2\ln\frac{K_fw}{Kx_f}+2S\right)$$

（低导流能力，$F_{CD}<10$）　(5-34)

$$p_i^2-p_{wf}^2=\frac{6.37\times10^{-3}qT\bar{\mu}Z}{Kh}\left(\ln\frac{3.6Kt}{\phi\mu C_tx_f^2}+2.2+2S\right)$$

（高导流能力，$F_{CD}>10$）　(5-35)

式中　F_{CD}——裂缝的导流能力，$F_{CD}=\frac{K_f w}{K x_f}$。

表皮系数仍然满足式(5-20)，故将式(5-20)代入式(5-34)、式(5-35)，可得：

$$p_i^2-p_{wf}^2=\frac{6.37\times10^{-3}qT\bar{\mu}\bar{Z}}{Kh}\left(\ln\frac{3.6Kt}{\phi\mu C_t x_f^2}+3.347-2\ln\frac{K_f w}{K x_f}+2S_b+2Dq\right)$$

（低导流能力，$F_{CD}<10$）　(5-36)

$$p_i^2-p_{wf}^2=\frac{6.37\times10^{-3}qT\bar{\mu}\bar{Z}}{Kh}\left(\ln\frac{3.6Kt}{\phi\mu C_t x_f^2}+2.2+2S_b+2Dq\right)$$

（高导流能力，$F_{CD}>10$）　(5-37)

令：

$$A_3=\frac{6.37\times10^{-3}qT\bar{\mu}\bar{Z}}{Kh}\left(\ln\frac{3.6Kt}{\phi\mu C_t x_f^2}+3.347-2\ln\frac{K_f w}{K x_f}+2S_b\right) \tag{5-38}$$

$$B_3=\frac{1.274\times10^{-2}T\bar{\mu}\bar{Z}}{Kh}D \tag{5-39}$$

$$A_{t4}=\frac{6.37\times10^{-3}qT\bar{\mu}\bar{Z}}{Kh}\left(\ln\frac{3.6Kt}{\phi\mu C_t x_f^2}+2.2+2S_b\right) \tag{5-40}$$

$$B_4=\frac{1.274\times10^{-2}T\bar{\mu}\bar{Z}}{Kh}D \tag{5-41}$$

因此，式(5-35)、式(5-36)可表示成：

$$p_i^2-p_{wf}^2=A_{t3}+B_3q^2\text{（低导流能力）} \tag{5-42}$$

$$p_i^2-p_{wf}^2=A_{t4}+B_4q^2\text{（高导流能力）} \tag{5-43}$$

由此可见，不管是高导流能力裂缝还是低导流能力裂缝，生产压差的平方差与产量之间均可以用二项式方程描述。

对于裂缝井的不同流动阶段，其产能方程都可以用二项式方程描述，对于不同的流动阶段，产能方程中的系数 A 不同，但其对于系数 B，则在不同的流动阶段，其值保持恒定（表 5-2）。

表 5-2　压裂气井各流动阶段气井产能方程系数表

流动阶段	m	A	B
裂缝线性流	$m_1=\frac{1.274\times10^{-2}T\bar{\mu}\bar{Z}}{Kh}$	$m_1\left[\frac{2Kx_f}{K_f w}\left(\sqrt{\frac{11.304K_f t}{\phi\mu C_t x_f^2}}+S_b\right)\right]$	m_1D
裂缝—地层双线性流	$m_1=\frac{1.274\times10^{-2}T\bar{\mu}\bar{Z}}{Kh}$	$m_1\left[2.45\left(\frac{3.6K^3t}{\phi\mu C_t K_f^2 w^2}\right)^{1/4}+S_b\right]$	m_1D

续表

流动阶段	m	A	B	
地层拟径向流	$m_2=\frac{6.37\times10^{-3}T\bar{\mu}\bar{Z}}{Kh}$	$m_2\left(\ln\frac{3.6Kt}{\phi\mu C_t x_f^2}+3.347-2\ln\frac{K_f w}{Kx_f}+2S_b\right)$	$2m_2D$	低导流能力
		$m_2\left(\ln\frac{3.6Kt}{\phi\mu C_t x_f^2}+2.2+2S_b\right)$	$2m_2D$	高导流能力

三、水平井产能试井分析方法

假设在水平、等厚、盒式封闭气藏中，有一口与顶面和底面平行的水平井(图 5-2)，地层以及流体满足以下条件：

(1)盒式封闭气藏，x 方向上长为 a，y 方向上宽为 b，厚度为 h，储层各向异性，水平渗透率和垂直渗透率分别为 K_h、K_v。原始条件下，气藏压力处处相等，即原始地层压力为 p_i；

(2)水平井平行于 x 轴，水平段长度 $2L$，距储层底部不渗透边界为 Z_w，且平行于气藏顶、底不渗透边界；

(3)忽略毛细管压力和重力的影响，气体流动服从非达西定律，且渗流过程是等温的。

相比直井而言，水平井的渗流特征要复杂得多。井筒储集效应结束后，流体的主要流动是水平井段垂直截面上的径向流动，即早期垂向径向流阶段；当产层的顶面和底面的影响都到达气井后，流动即进入线性流动阶段，在水平井段的各个垂直截面，流动是水平的，即“早期线性流阶段”；最后，当流动的影响扩大到水平井段之外，进入到储层的广大范围之后，相对于广阔的储层，水平井段几乎是一个“点”，流体从四面八方近似于径向地流向水平井“点”，这一阶段称为“后期拟径向流动阶段”。理论推导水平井在不同流动阶段二项式产能方程解析式。

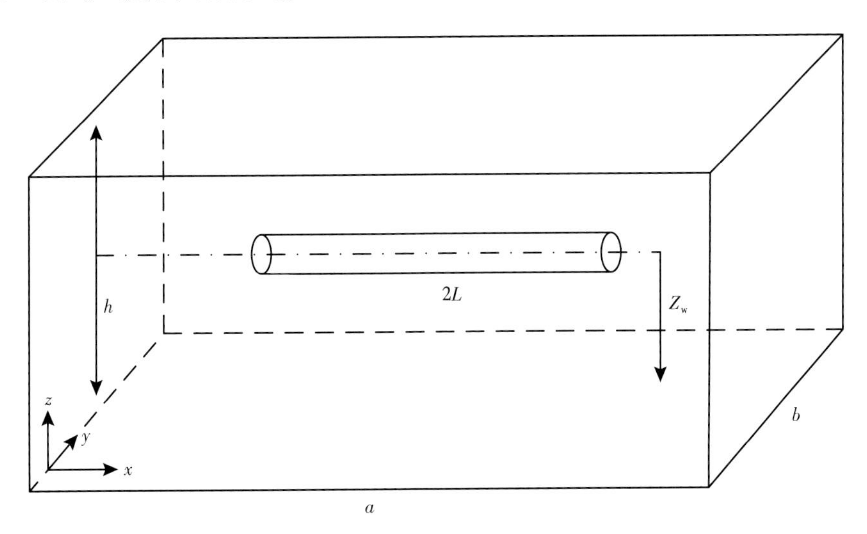

图 5-2　水平井物理模型示意图

1. 早期垂向径向流阶段

若流动发生在早期水平井段垂直截面上的径向流动阶段，井底压力动态可用下式描述，即：

$$p_i^2-p_{wf}^2=\frac{1.467\times10^{-2}qT\bar{\mu}\bar{Z}}{2L\sqrt{K_hK_v}}\left(\lg\frac{K_ht}{\phi\mu C_tr_w^2}+0.87S+0.9077\right) \tag{5-44}$$

式中 L——水平井有效长度，m；

K_h——地层水平渗透率，mD；

K_v——地层垂直渗透率，mD。

S 可以写成如下表达式：

$$S=S_h+Dq \tag{5-45}$$

式中 S_h——井底附近水平井中的真实污染系数；

D——在水平井中形成的紊流系数。

将式(5-45)代入式(5-44)，得：

$$p_i^2-p_{wf}^2=\frac{1.274\times10^{-2}T\bar{\mu}\bar{Z}}{2L\sqrt{K_hK_v}}\left(1.0459\ln\frac{K_ht}{\phi\mu C_tr_w^2}+S_h\right)q+\frac{1.274\times10^{-2}T\bar{\mu}\bar{Z}}{2L\sqrt{K_hK_v}}Dq^2 \tag{5-46}$$

令：

$$m_1=\frac{1.274\times10^{-2}T\bar{\mu}\bar{Z}}{2L\sqrt{K_hK_v}} \tag{5-47}$$

$$A_{t1}=m_1\left(1.0459\ln\frac{K_ht}{\phi\mu C_tr_w^2}+S_h\right) \tag{5-48}$$

$$B_1=m_1D \tag{5-49}$$

则式(5-46)变成：

$$p_i^2-p_{wf}^2=A_{t1}+B_1q^2 \tag{5-50}$$

在早期垂向径向流阶段，如果考虑水平井流动的紊流效应，其产能方程仍然可以用二项式方程描述。

2. 早期线性流阶段

在早期线性流动阶段，气井井底压力动态可用下式描述：

$$p_i^2-p_{wf}^2=\frac{8.567\times10^{-2}qT\bar{\mu}\bar{Z}}{Lh\sqrt{\phi\mu C_tK_h}}\sqrt{t}+\frac{1.274\times10^{-2}qT\bar{\mu}\bar{Z}}{K_hh}S \tag{5-51}$$

S 仍然可以用(5-45)进行描述，将式(5-45)代入式(5-51)中，得：

$$p_i^2-p_{wf}^2=\frac{1.274\times10^{-2}T\bar{\mu}\bar{Z}}{K_hh}\left(\frac{6.724}{L\sqrt{\phi\mu C_t}}\sqrt{K_ht}+S_h\right)q+\frac{1.274\times10^{-2}T\bar{\mu}\bar{Z}}{K_hh}Dq^2 \tag{5-52}$$

令：

$$A_{t2}=\frac{1.274\times10^{-2}T\bar{\mu}\bar{Z}}{K_{h}h}\left(\frac{6.724}{L\sqrt{\phi\mu C_{t}}}\sqrt{K_{h}t}+S_{h}\right) \tag{5-53}$$

$$B_{2}=\frac{1.274\times10^{-2}T\bar{\mu}\bar{Z}}{K_{h}h}D \tag{5-54}$$

因此，式(5-52)可以简化成：

$$p_{i}^{2}-p_{wf}^{2}=A_{t2}q+B_{2}q^{2} \tag{5-55}$$

由此可知，对于水平井早期线性流阶段，也可以用二项式方程进行描述。

3. 晚期水平径向流阶段

在晚期水平径向流动阶段，气井井底压力动态可用下式：

$$p_{i}^{2}-p_{wf}^{2}=\frac{8.16\times10^{-3}qT\bar{\mu}\bar{Z}}{K_{h}h}\lg\frac{K_{h}t}{\phi\mu C_{t}Lr_{w}}+\frac{1.274\times10^{-2}qT\bar{\mu}\bar{Z}}{K_{h}h}S \tag{5-56}$$

S 仍然可以用式(5-45)进行描述，将式(5-45)代入式(5-56)中，得：

$$p_{i}^{2}-p_{wf}^{2}=\frac{1.274\times10^{-2}T\bar{\mu}\bar{Z}}{K_{h}h}\left(0.64\ln\frac{K_{h}t}{\phi\mu C_{t}Lr_{w}}+S_{h}\right)q+\frac{1.274\times10^{-2}qT\bar{\mu}\bar{Z}}{K_{h}h}Dq^{2} \tag{5-57}$$

令：

$$A_{t3}=\frac{1.274\times10^{-2}T\bar{\mu}\bar{Z}}{K_{h}h}\left(0.64\ln\frac{K_{h}t}{\phi\mu C_{t}Lr_{w}}+S_{h}\right) \tag{5-58}$$

$$B_{3}=\frac{1.274\times10^{-2}T\bar{\mu}\bar{Z}}{K_{h}h}D \tag{5-59}$$

因此，式(5-57)可表示成：

$$p_{i}^{2}-p_{wf}^{2}=A_{t3}q+B_{3}q^{2} \tag{5-60}$$

水平井渗流晚期水平径向流阶段，生产压差的平方差与产量之间的关系也可以用二项式方程描述。

对于水平气井的不同流动阶段，其产能方程都可以用二项式方程描述，对于不同的流动阶段，产能方程中的系数 A 不同，但其对于系数 B，则在不同的流动阶段，其值保持恒定(表5-3)。

表5-3 水平气井各流动阶段气井产能方程系数表

流动阶段	m	A	B
早期垂向径向流	$m_{1}=\frac{1.274\times10^{-3}T\bar{\mu}\bar{Z}}{2L\sqrt{K_{h}K_{v}}}$	$m_{1}\left(1.0459\ln\frac{K_{h}t}{\phi\mu C_{t}r_{w}^{2}}+S_{h}\right)$	$m_{1}D$
早期线性流	$m_{2}=\frac{1.274\times10^{-2}T\bar{\mu}\bar{Z}}{K_{h}\mathrm{h}}$	$m_{2}\left(\frac{6.724}{L\sqrt{\phi\mu C_{t}}}\sqrt{K_{h}t}+S_{h}\right)$	$m_{2}D$
晚期水平径向流	$m_{2}=\frac{1.274\times10^{-2}T\bar{\mu}\bar{Z}}{K_{h}h}$	$m_{2}\left(0.6405\ln\frac{K_{h}t}{\phi\mu C_{t}Lr_{w}}+S_{h}\right)$	$m_{2}D$

第二节　气井产能评价方法

气井产能试井方法包括回压试井法、等时试井法、修正等时试井法和一点法产能试井等。产能试井是改变若干次气井的工作制度，测量在各个不同工作制度下的稳定产量及相应的井底压力，根据气井的产能试井分析理论，确定测试井（或测试层）的产能方程和无阻流量。前一过程称为气井的产能试井测试，后一过程称为气井的产能试井分析。

一、产能试井方法

1. 回压试井法

回压试井法产生于1929年，并于1936年由Rawlines和Schellhardt加以完善。其具体做法是，气井连续以若干个不同的工作制度生产（一般由小到大，不少于三个），每个工作制度均要求产量及井底流压稳定。测量并记录每个产量 q_{sci} 及相应的稳定井底流压 p_{wfi}，并测得气藏静止地层压力 p_R。气井回压试井过程中的产量和井底流压的变化如图5-3所示。

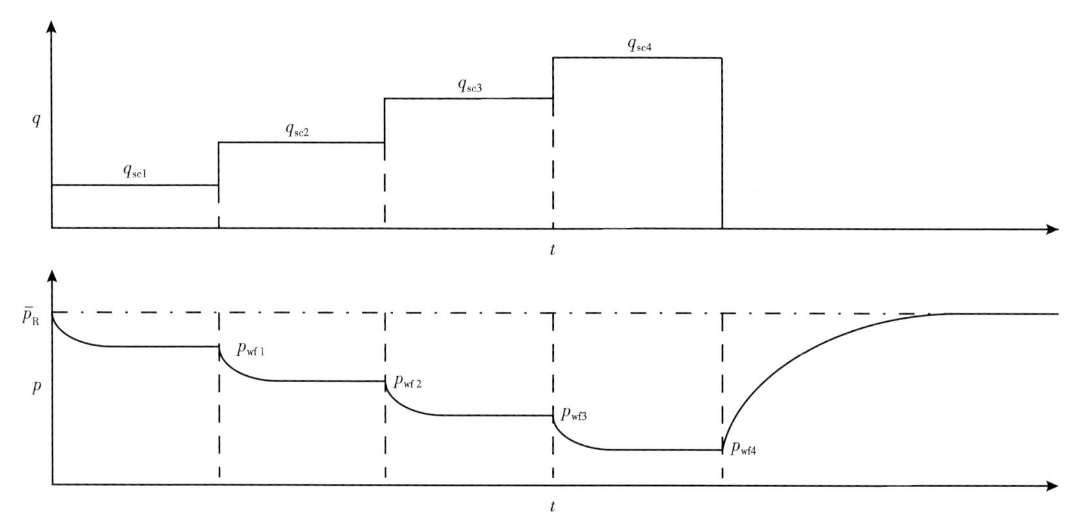

图5-3　回压试井产量及井底压力变化示意图

在产能方程图中，纵坐标为 $(p_R^2-p_{wf}^2)/q_{sc}$，横坐标为 q_{sc}。正常情况下，4个测试点可以回归成一条直线，当取 $p_{wf}=0.101$MPa时，相当于井底放空为大气压力，此时产气量达到极限值，即气井无阻流量，表示为 q_{AOF}。由于井底压力不可能放空到大气压，因此，q_{AOF}是不可能直接测量得到的，只能通过公式或用图解法加以推算。

以某气井为例，该井开展了回压试井，其数据见表5-4，已知地层压力21.86MPa，求压力平方形式的二项式产能方程和气井的无阻流量。

在直角坐标系中作 $(p_R^2-p_{wf}^2)/q_{sc}$—q_{sc} 关系曲线，将测试数据点回归成一条直线，如图5-4所示。直线的斜率和截距分别为 $B=0.4721$、$A=4.8107$。

则气井二项式产能方程 $p_R^2-p_{wf}^2=4.8107q+0.4721q^2$，计算得 q_{AOF} 为 $27.13\times10^4\text{m}^3/\text{d}$。

表 5-4　某气井回压试井数据

阶段	p_R (MPa)	p_{wf} (MPa)	q_{sc} ($10^4m^3/d$)	$p_R^2-p_{wf}^2$ (MPa^2)	$(p_R^2-p_{wf}^2)/q_{sc}$ [$MPa^2/(10^4m^3/d)$]
开井 1	21. 86	21. 39	3. 18	20. 22	6. 35
开井 2		20. 97	5. 28	38. 26	7. 23
开井 3		20. 48	7. 13	58. 37	8. 17
开井 4		19. 95	8. 85	79. 83	9. 01

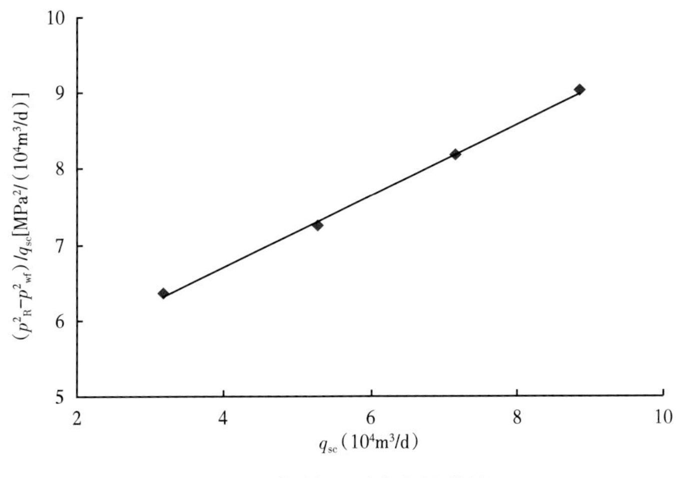

图 5-4　气井二项式产能曲线

2. 等时试井法

常规回压试井要求每一个产量的生产都必须持续到压力稳定，这一条件对于高渗透气藏比较容易达到，但对于低渗透气藏，渗透性较差，回压试井需要很长的时间，在地面管线尚未建成的情况下则必然要浪费相当数量的天然气，因此 Cullender 等提出了等时产能试井。

等时试井由交替的开关井组成，不同工作制度的开井时间相同，实施时并不要求流动压力达到稳定，但每个工作制度开井生产前，都必须使地层压力得到恢复，基本达到原始地层压力，在产量和压力不稳定点测试后，再采用一个较小的产气量延续生产达到稳定。其产量和井底流压示意图如图 5-5 所示。

某气井进行了等时试井，其数据见表 5-5，已知地层压力为 26. 9MPa。求压力平方形式的二项式产能方程和气井的无阻流量。

表 5-5　某气井等时试井压力与产量对应关系举例

阶段	p_i(MPa)	p_{wf}(MPa)	q_{sc}($10^4m^3/d$)
初关井	26. 9		
开井 1		26. 3	2
关井 1	26. 9		

续表

阶段	p_i(MPa)	p_{wf}(MPa)	q_{sc}($10^4m^3/d$)
开井 2		24.9	4
关井 2	26.9		
开井 3		22.5	6
关井 3	26.9		
开井 4		18.9	8
延续段		16.3	4

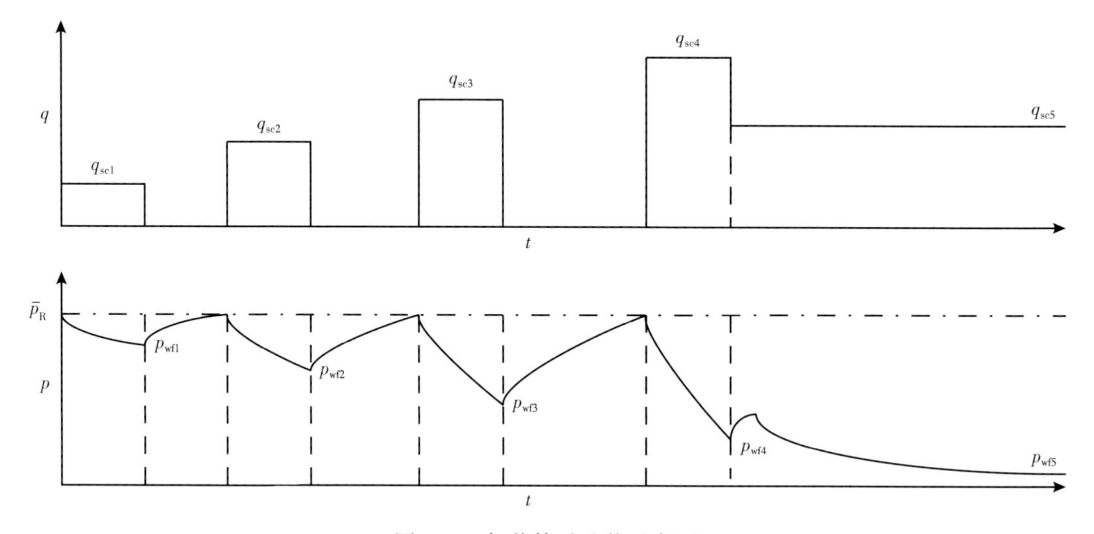

图 5-5　气井等时试井示意图

图 5-6 为等时试井法测得的产能曲线图。利用图中 4 个不稳定产能点，可以回归出一条不稳定产能曲线，通过延续生产的稳定产能点，做不稳定产能曲线的平行线，获得稳定产能曲线，从而推算出气井无阻流量。

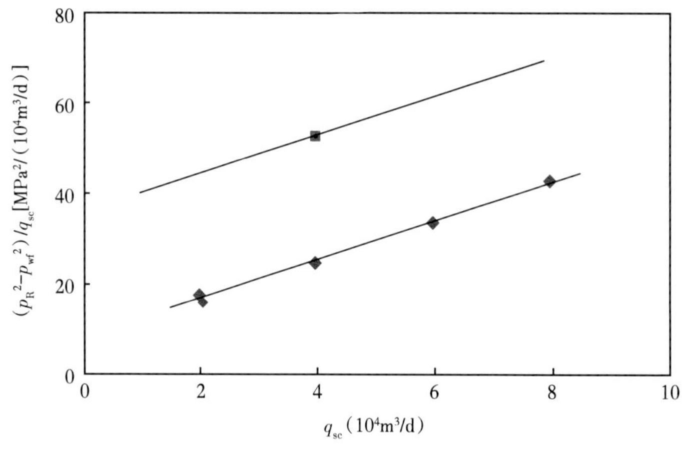

图 5-6　气井二项式产能曲线

气井二项式产能方程为 $p_R^2-p_{wf}^2=30.44q+5.49q^2$，计算得 q_{AOF} 为 $6.94\times10^4m^3/d$。

3. 修正等时试井法

等时试井法大大缩短了开井流动时间，使放空气量大为减少，但是由于每个工作制度生产后的关井地层压力都必须达到稳定，对于低渗透气藏并不能有效减少测试时间。为进一步缩短测试时间，1959 年 Katz 等提出了修正等时试井法，从理论上证明了可以在每次改换工作制度开井前，不必关井恢复到原始地层压力。

因此，修正等时试井与等时试井的区别仅是每一个工作制度生产后的关井时间与生产时间相同，而不要求关井至稳定的压力，最后也以某一稳定产量生产较长时间，至井底流压达到稳定。气井产量及井底压力变化如图 5-7 所示。

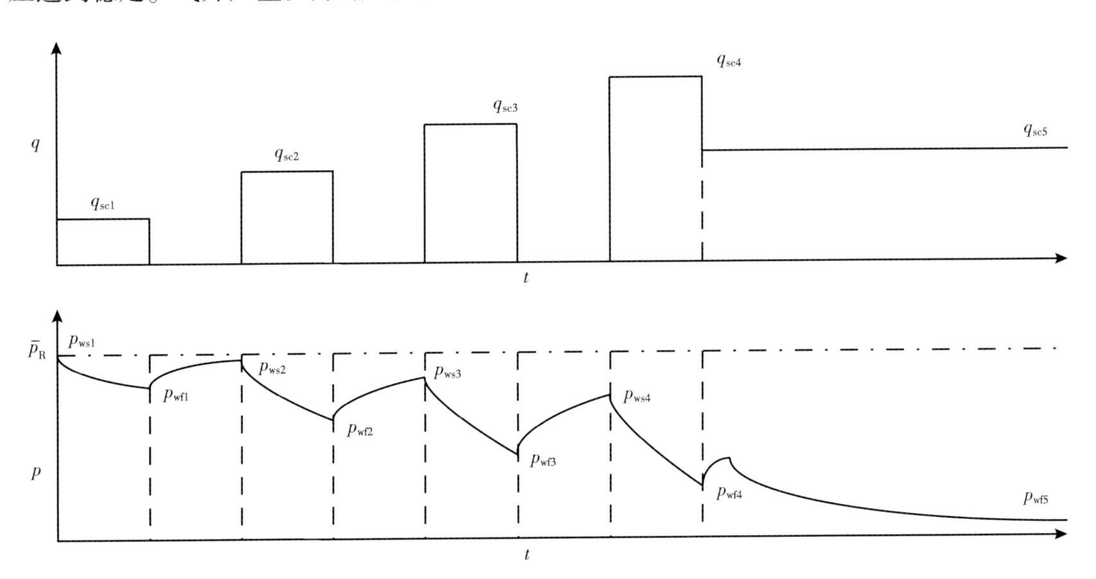

图 5-7 修正等时试井产量和井底压力变化示意图

某气井修正试井数据见表 5-6，确定压力平方形式的二项式产能方程和无阻流量。

表 5-6 某气井修正等时试井数据

阶段	经历时间（h）	井底压力（MPa）	井底压力（MPa）	产量（$10^4m^3/d$）
初关井	24	30.9		
第一次开井	24		30.1	4.0
第一次关井	24	30.7		
第二次开井	24		28.9	6.0
第二次关井	24	30.2		
第三次开井	24		26.6	9.0
第三次关井	24	29.8		
第四次开井	24		23.3	12.0
延时开井	720		21.3	8.0
终关井	24	30.9		

这时在用测点数据作图时，每个工作制度对应的压差计算方法是：

$$\Delta p_i^2 = p_{wsi}^2 - p_{wfi}^2 \tag{5-61}$$

应用式(5-61)，可以做出修正等时试井的产能方程图，图的形式与等时试井(图5-6)类似，同样可以推算出q_{AOF}。

4. 一点法产能试井

一点法产能试井是气井产能试井的一种简化方法，即气井以单一工作制度生产至稳定状态，测取产量q_{sc}、稳定井底流压q_{wf}及地层压力p_R，再利用相关经验公式计算气井的无阻流量，其特点是工艺简单，测试时间短，成本低，资源浪费少。

一点法产能试井的经验产能公式是在气井稳定试井资料的基础上建立的。一般来讲，一个气田的气井稳定试井资料越多，所建立的经验公式越有代表性。

1)产能曲线

如果气井已经进行过稳定产能试井，获得了稳定的产能曲线，则可在原来二项式或指数式产能曲线图上，画出一点法试井测得的数据点$D\left[q_{sc},(\psi_R-\psi_{wf})/q_{sc}\right]$或$D(q_{sc}, p_R^2-p_{wf}^2)$，再过这一点作原产能曲线的平行线，这就是一点法产能试井的产能曲线，如图5-8所示。由此可以确定气井当前的产能方程，估算气井的无阻流量。

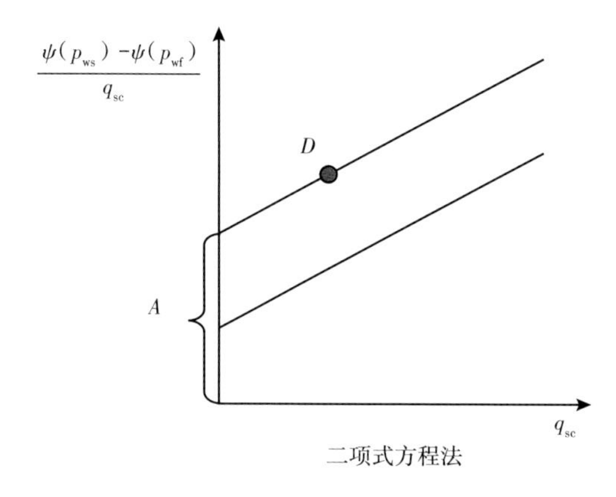

图5-8 一点法试井产能分析曲线

2)一点法产能试井无阻流量经验公式

如果在一个气田进行过一批井(层)的产能试井，取得了相当多的资料，则可以得出该气田的产能和压力变化的统计规律，即无阻流量的经验公式。此后，在该气田或邻近地区的新井(层)进行测试时，如果没有取得回压试井或等时、修正等时试井资料，但测得了一个稳定产量及相应的稳定井底流压和地层压力，则可以采用经验公式估算该井(层)的无阻流量。其理论依据及建立步骤如下。

由气井二项式产能方程表达式$p_R^2-p_{wf}^2=Aq_{sc}+Bq_{sc}^2$，推导气井的无量纲IPR曲线表达式：

$$p_D = \alpha q_D + (1-\alpha) q_D^2 \tag{5-62}$$

其中：

$$p_D = \frac{p_R^2 - p_{wf}^2}{p_R^2} \tag{5-63}$$

$$q_D=\frac{q_{sc}}{q_{AOF}} \tag{5-64}$$

$$\alpha=A/\ (A+Bq_{AOF}) \tag{5-65}$$

式中　p_D——无量纲压力；

q_D——无量纲产量；

α——衡量储层非均质性的重要参数，α 越大，储层非均质性越强；

A，B——分别是描述达西流动（或层流）及非达西流动（或紊流）的系数。

由式（5-62）得：

$$q_D=\frac{\alpha\left[\sqrt{1+4\left(\frac{1-\alpha}{a^2}\right)p_D}-1\right]}{2\ (1-\alpha)} \tag{5-66}$$

式（5-66）代入式（5-64）得：

$$q_{AOF}=\frac{2\ (1-\alpha)q_{sc}}{\alpha\left[\sqrt{1+4}\left(\frac{1-\alpha}{\alpha^2}\right)p_D-1\right]} \tag{5-67}$$

由式（5-67）可知，代入不同的 α 即可得到不同的计算无阻流量公式。

陈元千统计四川 14 个气田储层的特征系数后发现，对于储层较为均质的气田，平均在 0.25 左右，得到产能方程的经验公式为：

$$q_{AOF}=\frac{6q_{sc}}{\sqrt{1+48p_D}-1} \tag{5-68}$$

长庆气田在勘探前期，采用陈元千统计得到的经验公式进行评价。随着勘探的深入，试井资料的丰富，对长庆气田下古生界 16 口气井的修正等时试井资料进行统计（表 5-7），发现 α 变化范围很大（0.2423~0.9711），平均为 0.6329，显然较文献的 0.25 大出许多。

表 5-7　长庆低渗透气藏气井 α 计算结果表（修正等时试井资料）

井号	A	B	q_{AOF} ($10^4m^3/d$)	α	储层特征
陕 A-1	4.4485	0.2391	58.195	0.2423	较均质
陕 A-2	4.0406	0.1155	78.32	0.3088	
陕 A-3	9.123	0.4885	37.5	0.3324	
林 A	15.891	1.5438	19.77	0.3424	
陕 A-4	5.9665	0.1269	65.165	0.4191	
陕 A-5	11.689	0.4436	34.98	0.4296	
陕 A-6	27.92	1.997	15.96	0.467	
平均				0.3631	

续表

井号	A	B	q_{AOF} ($10^4m^3/d$)	α	储层特征
林 B	64.069	6.075	8.4	0.5566	气井外围物性变差或存在边界
陕 A-7	51.023	4.3067	9.92	0.5443	
林 C	37.122	1.5575	15.87	0.6003	
GA-1	40.6412	1.9137	13.7	0.6079	
陕 A-8	49.9425	1.8591	12.99	0.6741	
陕 A-9	15.597	0.1431	43.0	0.7171	
陕 A-10	88.145	4.234	8.21	0.7172	
陕 A-11	18.1316	0.1559	36.46	0.7613	
陕 A-12	67.2125	1.8894	10.77	0.7676	
陕 A-13	32.738	0.395	23.15	0.7818	
陕 A-14	22.524	0.1169	37.8	0.8360	
陕 A-15	233.831	12.3957	3.26	0.8526	
陕 A-16	24.178	0.1199	33.45	0.8577	
陕 A-17	22.8396	0.0805	39.157	0.8787	
陕 A-18	76.6044	0.9297	11.134	0.8810	
陕 A-19	138.855	0.627	6.6	0.9711	
平均				0.7356	

表 5-7 中所列气井 α 的变化规律，发现随着气井边界及地层非均质程度的增加，α 在不断增大。为此，将地层相对均质气井和存在边界的气井分别处理。通过统计研究，发现对于地层相对均质气井，α 平均为 0.3631，对应的单点经验产能公式为：

$$q_{AOF}=\frac{3.5081q_{sc}}{\sqrt{1+19.3232p_D}-1} \tag{5-69}$$

对于井外围存在边界和物性变差的气井，α 平均为 0.7356，对应的单点经验产能公式为：

$$q_{AOF}=\frac{0.71891q_{sc}}{\sqrt{1+1.9545p_D}-1} \tag{5-70}$$

由表 5-7 可以看出，针对气井储层特征分类建立的单点经验产能计算公式，大部分井计算结果基本都可以满足解释精度的要求。

从上述介绍中可以看出，不同的产能测试方法，资料解释时压差不同。图 5-9 标明了不同压差与测点压力之间的示意性关系，有效避免产能分析时计算压差的错误。

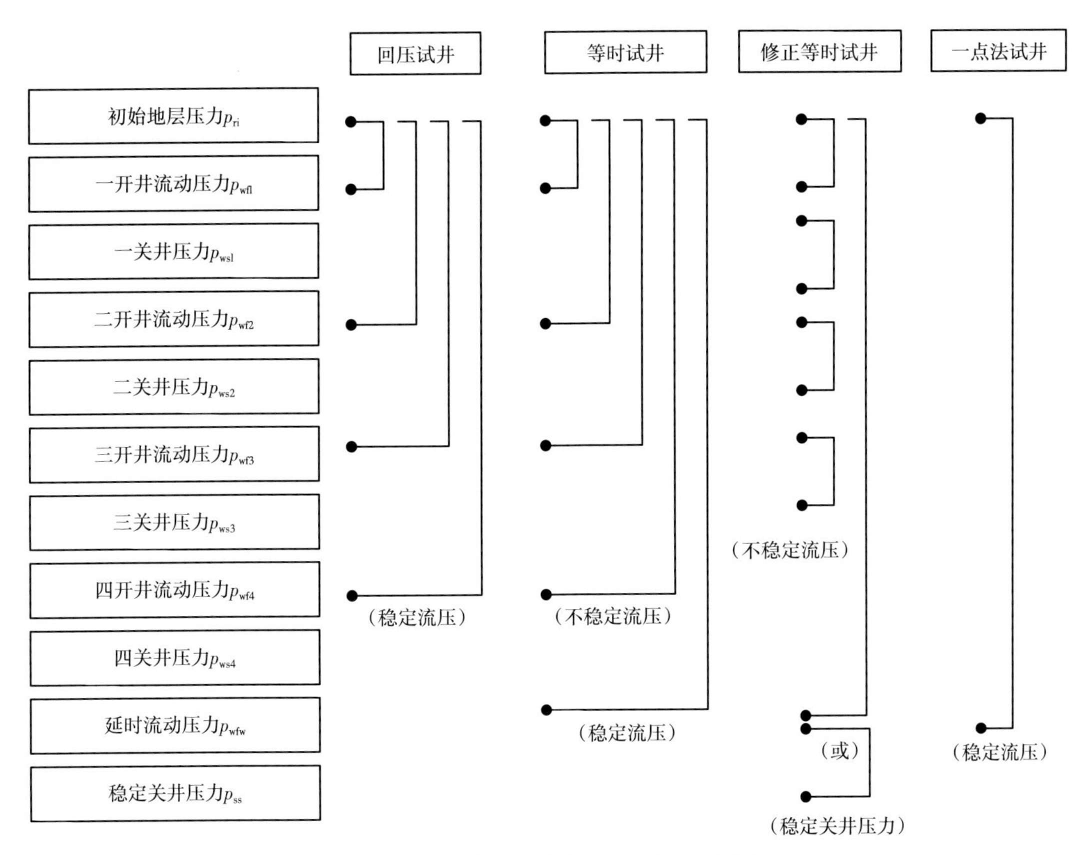

图 5-9　不同产能试井方法压差计算示意图

二、产能试井资料处理方法

气井产能试井资料的分析方法有压力方法、压力平方方法和拟压力方法三种。其满足的方程有指数式和二项式两种形式，现以拟压力方法和压力平方方法为例说明回压试井资料的分析过程。

1. 指数式产能方程分析

Rawlines 和 Schellhardt 于 1936 年经过大量的现场观察，提出了气井产能方程的经验性公式，符合指数式描述。

拟压力方法：

$$q_{sc}=C(\psi_R-\psi_{wf})^n \tag{5-71}$$

压力平方方法：

$$q_{sc}=C(p_R^2-p_{wf}^2)^n \tag{5-72}$$

式中　C——渗流系数，气藏和气体性质的函数；

n——渗流指数，表征流动特征的常数。

当只存在层流时，$n=1$；当只存在紊流时，$n=0.5$；当流动从层流向紊流过渡时，$0.5<n<1$。

对式(5-71)、式(5-72)两边取对数得：

拟压力形式：

$$\lg q_{sc}=n\lg(\psi_R-\psi_{wf})+\lg C \tag{5-73}$$

压力平方形式：

$$\lg q_{sc}=n\lg\left(p_R^2-p_{wf}^2\right)+\lg C \tag{5-74}$$

由式(5-73)、式(5-74)可知，在双对数坐标系中，$\psi_R-\psi_{wf}$或$p_R^2-p_{wf}^2$与q_{sc}的关系曲线应为一直线，直线斜率的倒数即为渗流指数，截距等于$-\lg C/n$，指数式产能分析曲线如图5-10所示。

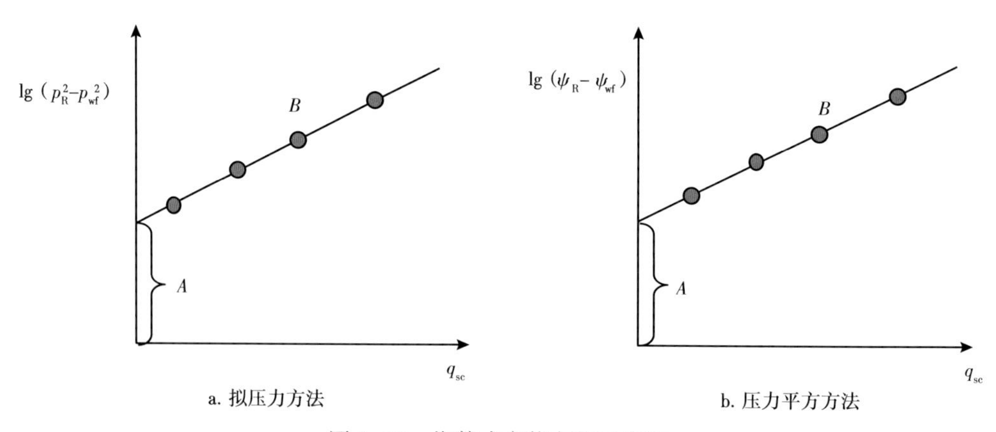

图5-10　指数式产能方程示意图

因此，根据实测回压试井资料做出指数式产能分析图形，由直线段的斜率m和截距b即可计算指数式产能方程的系数C和指数n。

$$n=1/m \qquad C=10^{-nb} \tag{5-75}$$

在求得指数C和n后，即可求得气井无阻流量并预测某一井底流压下气井的产量。

拟压力方法计算气井无阻流量：

$$q_{AOF}=C[\psi(p_R)-\psi(p_{wf})]^n \tag{5-76}$$

压力平方方法计算气井无阻流量：

$$q_{AOF}=C\left(p_R^2-0.101^2\right)^n \tag{5-77}$$

当气藏压力由p_R下降到p_{R1}，井底流压为p_{wf}时，气井的产量可由如下公式预测。

拟压力方法：

$$q_{sc}=C[\psi(p_{R1})-\psi(p_{wf})]^n \tag{5-78}$$

压力平方方法：

$$q_{sc}=C(p_{R1}^2-p_{wf}^2)^n \tag{5-79}$$

2. 二项式产能方程分析

进入 20 世纪 60 年代，气井的试井理论有了长足的发展，得到了描述真实气体渗流偏微分方程的解析解。在 1966 年几乎同时公布了两种不同的解法，即 Russel 等的压力平方表述法和 AL-Hussainy 等的真实气体拟压力表述法。在此基础上，气井产能试井资料的分析出现了压力平方二项式及真实气体拟压力二项式，从而结束了传统单一的指数式经验分析。

基于气体渗流存在的高速非达西现象，由渗流力学理论可推得以拟压力形式表示的气井二项式产能方程如下：

$$\psi(p_{\mathrm{R}})-\psi(p_{\mathrm{wf}})=Aq_{\mathrm{sc}}+Bq_{\mathrm{sc}}^{2} \tag{5-80}$$

以压力平方形式表示的二项式产能方程：

$$p_{\mathrm{R}}^{2}-p_{\mathrm{wf}}^{2}=Aq_{\mathrm{sc}}+Bq_{\mathrm{sc}}^{2} \tag{5-81}$$

为了进行直线回归，对式(5-80)、式(5-81)，在方程的两端同除以 q_{sc}，得：

拟压力形式

$$\frac{\psi(p_{\mathrm{R}})-\psi(p_{\mathrm{wf}})}{q_{\mathrm{sc}}}=A+Bq_{\mathrm{sc}} \tag{5-82}$$

压力平方形式

$$\frac{p_{\mathrm{R}}^{2}-p_{\mathrm{wf}}^{2}}{q_{\mathrm{sc}}}=A+Bq_{\mathrm{sc}} \tag{5-83}$$

从式(5-82)、式(5-83)看出，在直角坐标系中，作$[\psi(p_{\mathrm{R}})-\psi(p_{\mathrm{wf}})]/q_{\mathrm{sc}}$或$(p_{\mathrm{R}}^{2}-p_{\mathrm{wf}}^{2})/q_{\mathrm{sc}}$与 q_{sc}的关系曲线，将得到一条斜率为 B、截距为 A 的直线，称为二项式产能曲线，如图 5-11 所示。其截距和斜率分别是二项式产能方程的系数 A 和 B，在求得 A 和 B 后，即可求得气井无阻流量并预测某一井底流压下气井的产量。

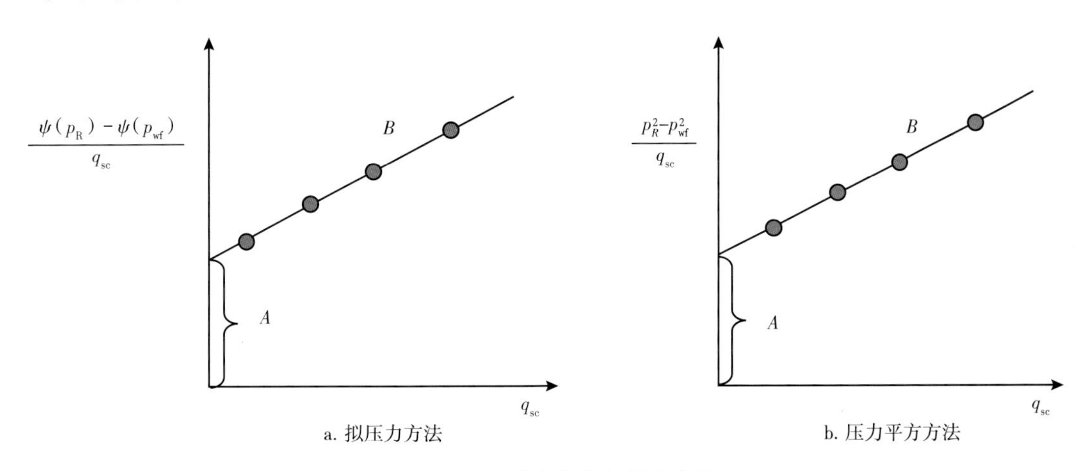

图 5-11　二项式产能方程示意图

拟压力方法计算气井无阻流量：

$$q_{\mathrm{AOF}}=\frac{\sqrt{A^{2}+4B[\psi(p_{\mathrm{R}})-\psi(0.101)]}-A}{2B} \tag{5-84}$$

压力平方方法计算气井无阻流量：

$$q_{AOF}=\frac{\sqrt{A^2+4B(p_R^2-0.101^2)}-A}{2B} \tag{5-85}$$

当气藏压力由 p_R 下降到 p_{R1}、井底流压为 p_{wf}时，气井产量可由下式预测。

拟压力方法：

$$q_{sc}=\frac{\sqrt{A^2+4B[\psi(p_{R1})-\psi(p_{wf})]}-A}{2B} \tag{5-86}$$

压力平方方法：

$$q_{sc}=\frac{\sqrt{A^2+4B(p_{R1}^2-p_{wf}^2)}-A}{2B} \tag{5-87}$$

3. 两种产能方程的差别

指数式或二项式产能方程都是用数学表达式拟合实测点的压力与产量关系，然后用来预测其他生产条件下产量值的方程式。由于二项式产能方程是从渗流力学方程推导而来，对不同地层的适用性及准确程度要高一些；相反，指数式产能方程只是一种经验公式，当测点压差较小时，产能评价准确程度相对较差。

(1)测点产气量超过无阻流量一半时，两种方程计算结果差别不大。

某气井分别 $2\times10^4m^3/d$、$4\times10^4m^3/d$、$6\times10^4m^3/d$、$8\times10^4m^3/d$ 四个工作制度进行回压试井，其产能试井数据见表 5-8。

表 5-8　回压试井测试结果举例(1)

开关井程序	地层压力 p_R (MPa)	井底流动压力 p_{wf} (MPa)	产气量 q_g ($10^4m^3/d$)
初始关井	27.80		
开井 1		26.54	2
开井 2		25.12	4
开井 3		23.48	6
开井 4		21.41	8

根据以上数据分别绘制指数式、二项式稳定产能曲线，得到该井指数式产能方程和二项式产能方程如下：

$$q_g=0.0444(p_R^2-p_{wf}^2)^{0.901} \tag{5-88}$$

$$p_R^2-p_{wf}^2=32.31q_g+0.834q_g^2 \tag{5-89}$$

通过方程分析，计算不同方程下的气井无阻流量，两者差别不大：

$$q_{AOF}(\text{二项式})=16.71\times10^4m^3/d$$

$$q_{AOF}(\text{指数式})=17.76\times10^4m^3/d$$

如图 5-12 所示，绘制两种产能方程所表示的 IPR 曲线，即气井流入动态曲线，表示了不同井底流动压力下的产气量：①在测点范围内，两条曲线重合得很好；②在测点范围外，指数式产能方程曲线开始偏离二项式曲线，但偏离不大；③当 $\Delta p=\Delta p_{max}$ 时，即井底流动压力降为 0.101MPa 时，对应的无阻流量值。此时对于指数方程，取值 $q_{AOF}=17.76\times10^4m^3/d$；只偏离二项式产能方程曲线值（$q_{AOF}=16.71\times10^4m^3/d$）约 6%，差别很小。

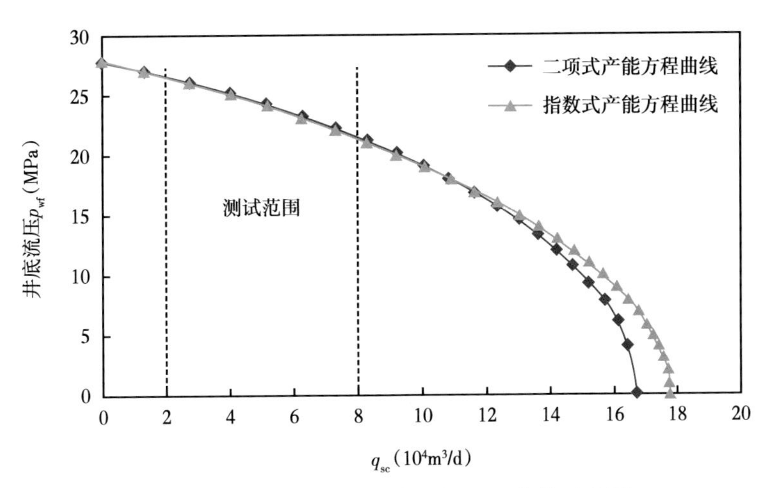

图 5-12　不同产能方程产生的 IPR 曲线对比图

(2)测点压差较小时，指数式产能方程产生较大误差。

表 5-9 列出的实例中，测点最大平方差（167MPa²）不足地层压力平方的 20%，这样产生的指数式产能方程，在生产压差较大时，偏离了二项式产能方程。

表 5-9　回压试井测试结果举例(2)

开关井程序	地层压力 p_R（MPa）	井底流动压力 p_{wf}（MPa）	产气量 q_g（$10^4m^3/d$）
初始关井	27.80		
开井 1		27.34	2
开井 2		26.72	4
开井 3		25.78	6
开井 4		24.61	8

根据表 5-2 测试数据，得到气井的指数式产能方程和二项式产能方程分别如下：

$$q_g=0.189(p_R^2-p_{wf}^2)^{0.737} \tag{5-90}$$

$$p_R^2-p_{wf}^2=9.593q_g+1.40q_g^2 \tag{5-91}$$

通过产能分析得到两种方程评价的气井绝对无阻流量，两者差别很大。

$$q_{AOF}(\text{二项式})=20.23\times10^4m^3/d$$
$$q_{AOF}(\text{指数式})=25.41\times10^4m^3/d$$

画出两种产能方程的 IPR 曲线，如图 5-13 所示，在测点范围内，两条曲线重合得很好，说明方程的产生是正常的。但在井底流压降低时，指数式产能方程明显偏离了二项式产能方程，以至于推算的无阻流量偏大约 25%。

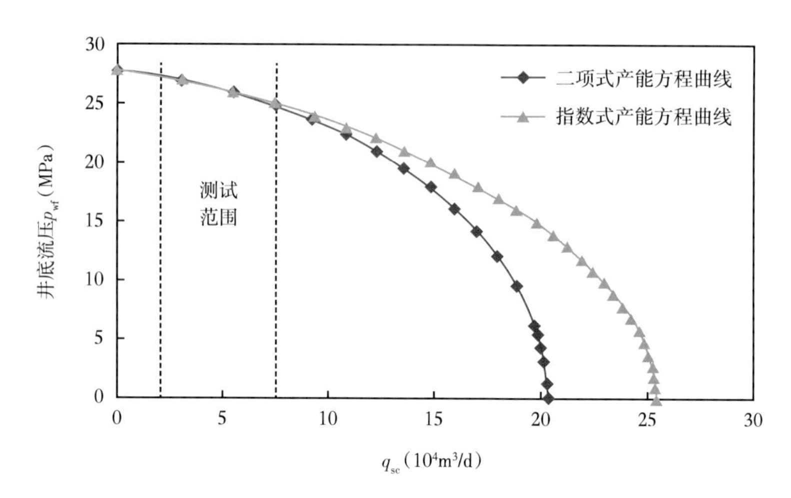

图 5-13　不同产能方程产生的 IPR 曲线对比图

第三节　气井产能影响因素分析

从渗流力学理论出发，推导气井产能方程解析表达式，分析地层参数和流体参数如何对产能造成的影响。根据前文气井产能试井分析理论，从不同阶段气井产能方程中系数 A、B 值的表达式可以看出，影响气井产能的主要因素包含地质因素与工艺因素两大方面。

一、地质因素

对于特定的油气藏（井），地质因素（储层物性、厚度等）是其固有的属性，对气井产能有着根本的影响，是不以人们意志为转移的客观影响因素。

1. 地层系数 *Kh*

地层系数是影响气井产能的首要因素。从二项式产能方程系数 A、B 表达式看出，两者均受 Kh 影响，当 Kh 越大，则 A、B 越小，从而在相同的压差下，可以获得较大的产气量和无阻流量。

实际测试资料统计，气井的绝对无阻流量与试井解释的地层系数得到的二者关系曲线如图 5-14 所示。可以看出，气井产能与试井解释地层系数具有较好的相关性。无论是理论分析，还是实际资料统计，都表明地层系数是影响气井产能的主要因素。

2. 边界及地层非均质性

边界及气井非均质对气井产能有较大的影响，已知不稳定渗流阶段气井产能方程系数 A 的表达式：

$$A=\frac{14.61\overline{T}}{Kh}\left(\lg\frac{8.09\times10^{-3}Kt}{\phi\bar{\mu}_{g}C_{t}r_{w}^{2}}+0.8686S\right) \tag{5-92}$$

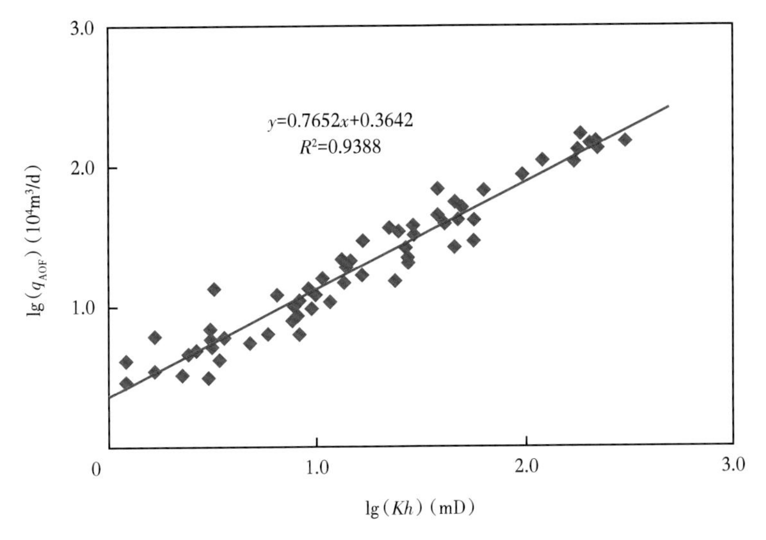

图 5-14 无阻流量与产能系数相关曲线

由式(5-92)可知，产能方程系数 A 在边界影响产生后将急剧增大。边界越复杂，非均质程度越强烈，引起 A 变化越剧烈，随着 A 的增大，气井产能将随之降低。图 5-15 是陕 N 井产能方程系数变化示意图，随着外围储层物性的变化，A 迅速增大。

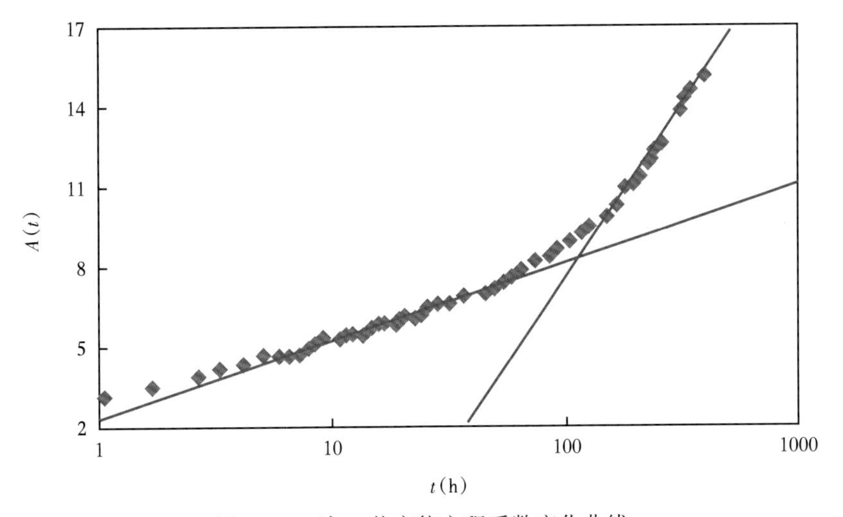

图 5-15 陕 N 井产能方程系数变化曲线

3. 非达西流系数 D

非达西流系数是表征非达西效应的物理量，D 越大，表明气体渗流的非达西流效应越严重。理论分析表明，D 与储层物性及裂缝支撑剂相关。根据二项式产能方程系数 B 表达式，B 与 D 成正比，即 D 越大，B 越大，而气井产能越小。

在其他参数不变的情况下，D 与气井产能的对应关系如图 5-16 所示。随着 D 的增大，气井产能不断降低。

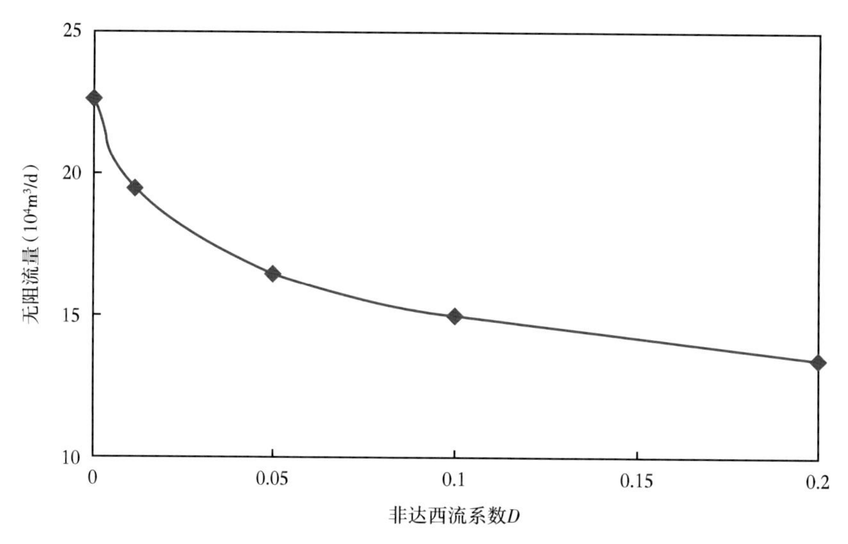

图 5-16　D 与气井无阻流量关系曲线

二、工艺因素

对于低渗透气井，酸化压裂改造是提高气井产能的主要手段，其规模和工艺对气井产能影响很大；同时由于测试条件（时间和回压）的不同，也将会对气井产能的确定结果产生较大的影响。

1. 表皮系数

对于低渗透气井，S 为负值，是气井的压裂改造效果的反映，与气井产能成反比。即表皮系数越小，气井产能提高的幅度越大。

为了进一步表述表皮系数对气井产能的影响程度，绘制了两口不同类型气井在其他参数确定下，表皮系数对应的无阻流量变化示意图（图 5-17）。

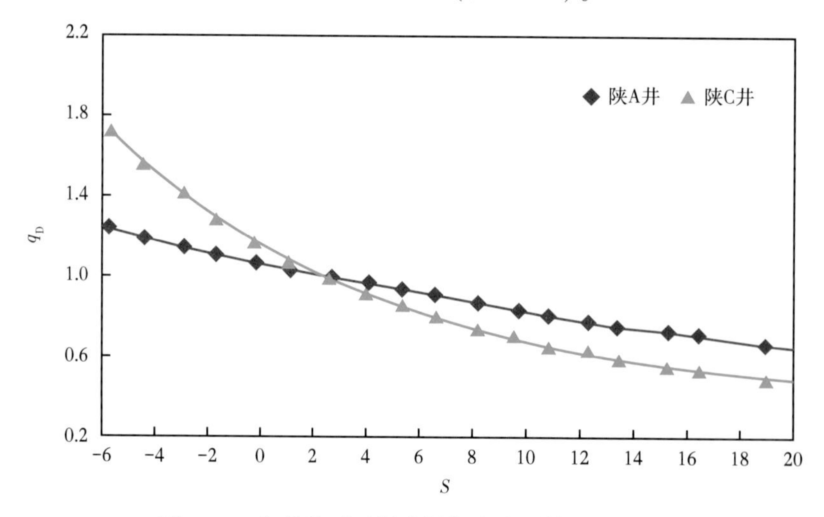

图 5-17　气井绝对无阻流量与表皮系数关系曲线

由图 5-17 可知：不同类型储层，表皮系数对气井产能影响程度存在较大的差异，储层物性越好，表皮系数对气井产能的影响越弱，这种情况储层物性是影响气井产能的主要因素；储层物性越差，表皮系数对气井产能的影响越强，此时储层伤害对气井影响较大。因此，对于物性较差的气井，解堵、改造就显得非常重要，尤其对于低渗透气井，应进行较大规模的增产措施，以便大幅度提高气井产量。

2. 测试条件

在储层一定改造措施实施后，测试时间及测试回压对压裂气井产能的影响是不容忽视的，只有测试时间达到一定时，回压低于 80%后，方可保证获得的气井产能可靠，否则获得的气井绝对无阻流量将会明显偏大。

1) 测试时间对气井产能的影响

对于低渗透气井，由于储层的非均质性较强，而这对气井产能影响明显，因此，要想获得可靠的气井产能，必须达到一定的测试时间，即使探测半径达到或接近气井所控制的范围，否则获得的气井产能将偏大。测试时间 t_{PSS} 的确定依据气井供给半径，利用下式计算：

$$t_{\mathrm{PSS}}=\frac{0.0694\phi\mu C_{\mathrm{t}}r_{\mathrm{e}}^{2}}{K} \tag{5-93}$$

若储层均质，则测试时间对气井产能影响较小，因为测试时间本质上反映的是气井影响半径的大小。由前述理论可知，产能方程系数 A 与气井影响半径有关，但呈对数关系，所以其对气井产能影响不大。三口气井较均质气井绝对无阻流量与供气半径曲线如图 5-18 所示。气井产能随供气半径增大而减小，但均质储层变化幅度较小。因此，对于低渗透均质气井，可以适当缩短测试时间。

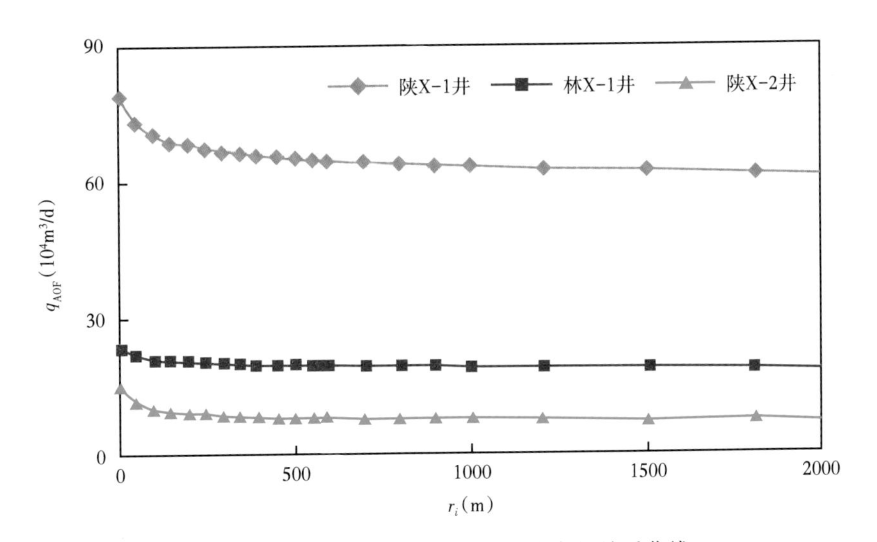

图 5-18　气井绝对无阻流量与影响半径关系曲线

对于边界和地层非均质存在的气井，测试时间对气井产能影响很大，对于这类气井，如果测试时间短，边界或地层非均质对气井产能的影响未产生，利用这阶段获得的资料确定气井产能仅代表均质地层条件下的产能，并不能代表边界反应产生后的气井产能。如陕X-1井的测试时间对气井产能的影响是极为强烈的。如图5-19所示，随着时间的延长，气井的绝对无阻流量减小。但当测试时间达到3倍的拟径向流开始时间后，气井绝对无阻流量的变化将很小，所产生的误差小于10%。

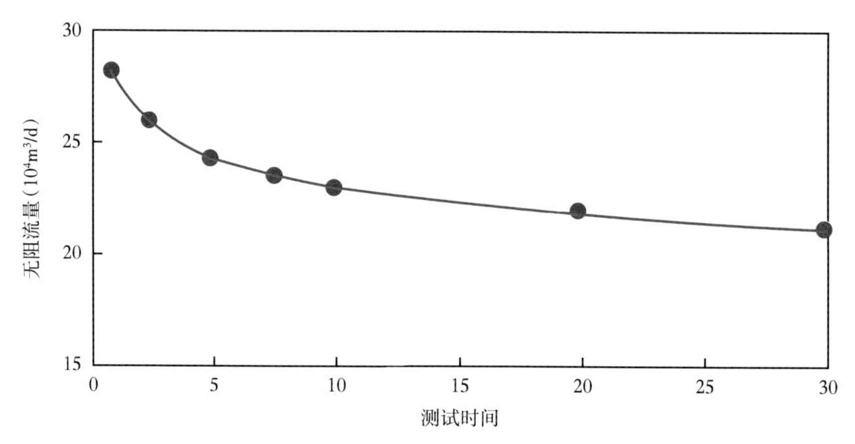

图5-19　陕X-1井测试时间与气井绝对无阻流量关系曲线

2)测试回压对气井产能的影响

测试回压对气井产能的影响主要是针对单点产能试井而言，根据单点经验产能公式的特点，测试回压对气井产能的计算结果影响甚大。

图5-20为林X-1井不同测试回压下气井绝对无阻流量计算结果变化曲线。由图可见：在回压较高时，计算出的气井绝对无阻流量可以超出真实绝对无阻流量的1倍以上。因此，单点产能测试时，必须要满足一定的测试回压，否则计算的结果会产生很大的误差。对于高产气井，一般难以达到测试条件，故不宜采用单点产能试井确定无阻流量，而应采用多点试井确定其产能。

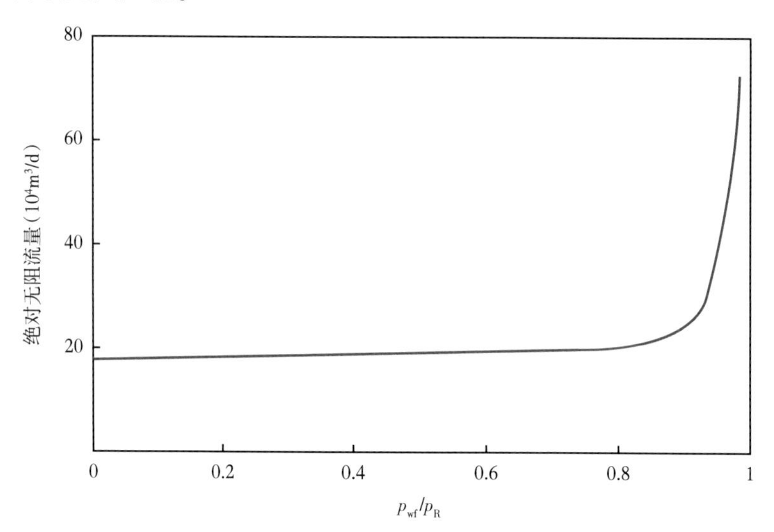

图5-20　林X-1井绝对无阻流量与测试回压关系曲线

影响气井产能的因素很多，都可以使气井产能的确定结果产生误差。但对于某一气井，其储层物性已确定，在酸化压裂改造后，影响气井产能的因素只有测试方法和测试条件。因此，为提高气井产能，必须减轻甚至消除气层的伤害；在技术经济评价的基础上，选择最佳的压裂方式和规模，为获得可靠的气井产能，必须保证一定的测试时间。

第四节　气井合理产量评价

气井的合理产量是对一口气井而言有相对较高的产量，同时以这个产量生产能够保持较长的稳产时间，使气藏能在合理的采气速度下获得较高的采收率，实现最大经济效益。

气井合理产量评价时应当遵循以下原则：(1)气井能够稳产6年或预测稳产年限达到6年以上；(2)合理利用地层能量；(3)尽量延缓因压降漏斗过深而引发的裂缝闭合及应力敏感现象发生；(4)单井产量应具有携液能力。

若气井产量过低，容易在井底形成积液，影响产量；若产量过大，在流动过程中可能形成非达西流动，造成能量无效损耗，影响气田采出程度。因此，气井合理配产是高效开发气田的一个重要环节，在取得的各种产能测试大量资料的基础上，对气井产能评价方法进行了研究，同时利用这些方法对气井合理产量进行了评价。目前常用的气井合理配产确定方法主要有经验法、采气指示曲线法、节点分析法、气井最小携液量法、产量不稳定分析法等多种方法，综合多方法评价气井合理产量。

一、经验法

经验法是国内外油气田开发工作者在大量生产实践经验的基础之上总结出来的配产方法，并无理论依据可循。它是按无阻流量的1/6~1/5作为油气井生产的产量，因此，经验法确定气井合理产量的先决条件是要求出气井的绝对无阻流量。

二、采气指示曲线法

气井的开采均采用衰竭方式，因此合理利用有限的自然能量，避免和减小无效能量的损失是单井产量优化的基本出发点和理论依据。采气指示曲线法充分考虑了合理利用自然能量的问题，是气井的最大合理配产。

根据试井理论可知气井的采气指数 k_g 为：

$$k_{g}=\frac{q}{p_{R}-p_{wf}} \tag{5-94}$$

从气井生产能量消耗的合理性出发，要求采气指数越大越好，即 $1/k_g$ 越小越好。

由气井的二项式产能方程得：

$$p_{R}^{2}-p_{wf}^{2}=Aq+Bq^{2} \tag{5-95}$$

$$p_{R}-p_{wf}=\frac{Aq+Bq^{2}}{p_{R}+p_{wf}} \tag{5-96}$$

$$p_{\mathrm{wf}}=\sqrt{p_{\mathrm{R}}^{2}-Aq-Bq^{2}} \tag{5-97}$$

$$\frac{p_{\mathrm{R}}-p_{\mathrm{wf}}}{q}=\frac{A+Bq}{p_{\mathrm{R}}+\sqrt{p_{\mathrm{R}}^{2}-Aq-Bq^{2}}} \tag{5-98}$$

作$(p_{\mathrm{R}}-p_{\mathrm{wf}})/q$与$q$的关系曲线如图5-21所示，当气井产量较小时，流动近似符合达西定律，采气指数的倒数与产量呈线形关系。当产量增大到某一值后，$(p_{\mathrm{R}}-p_{\mathrm{wf}})/q$随产量的变化不再呈线性关系，而且迅速增大，这时地层中气体流动从线性流转变为紊流，不再满足达西定律，气体流入井筒要产生附加压降，造成地层能量的损失。而由前可知，$1/k_{\mathrm{g}}$越小越好，因此可以把偏离早期直线段那一点的产量作为气井配产的最大合理产量。

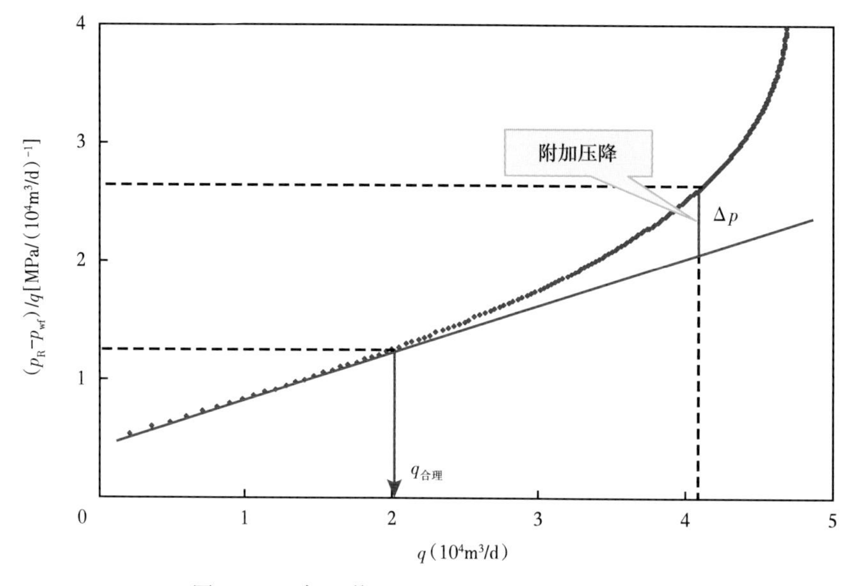

图5-21　陕M井$(p_{\mathrm{R}}-p_{\mathrm{wf}})/q$与$q$的关系曲线

采气指数法从地层弹性能量消耗的合理性出发，要求采气指数越大越好。用最小的生产压差换取最大的产量，避免井底压力的无效降落。

三、节点分析法

气井生产过程是一个不间断的连续流动过程，气体从地层流动到井口经过了以下几个过程(图5-22)：首先通过气层孔隙介质或裂缝流向井底，其次通过井底射孔段流入井筒，再通过井筒的管柱流至井口，最后通过地面集输管线流到分离器。

取井底A处为解节点，则从地层流到A点成为A点的流入。从A点再流到井口，称为流出。根据气井流入动态的预测方法，在不同的地层压力下，计算出不同地层压力下流入节点压力，以及由井口压力和单相气体垂直管流计算方法，计算井底压力，即流出节点压力。

根据井底流入动态曲线和油管流出动态曲线可以确定单井初期产量。具体计算方法及步骤如下：

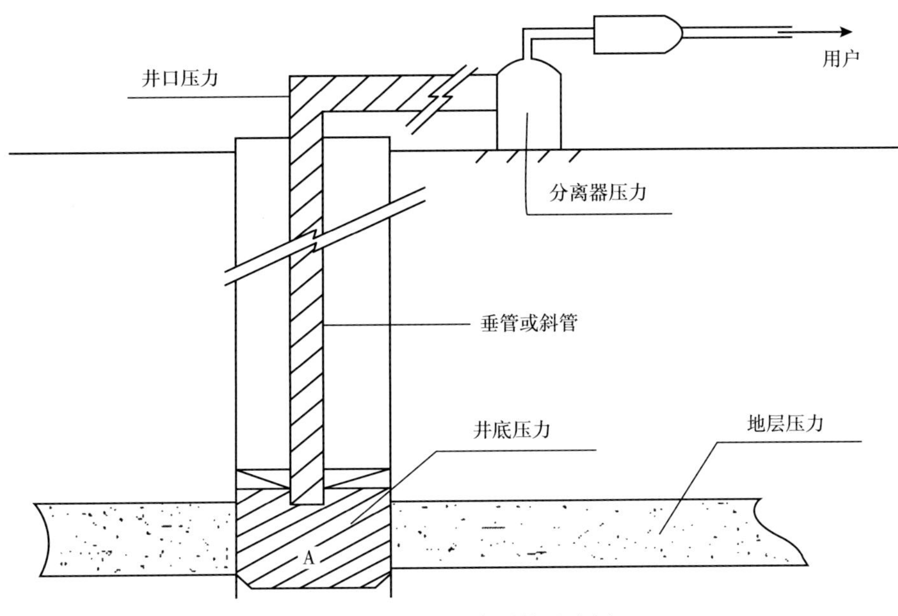

图 5-22　气井生产系统示意图

(1)利用产能方程计算不同产量下的井底流压，即流入动态曲线(IPR 曲线)；(2)在给定油管尺寸和井口压力条件下，利用垂直管流方法计算不同产量下的井底流压，即流出动态曲线；(3)流入动态曲线和流出动态曲线的交点对应的产量，即为气井工作的合理产量，如图 5-23 所示。

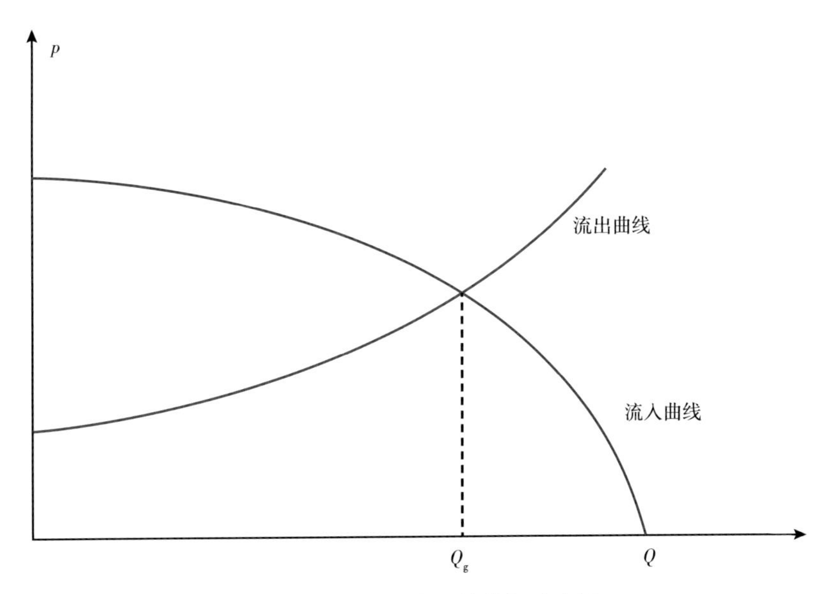

图 5-23　气井节点系统分析示意图

四、气井最小携液量法

该方法确定气井的合理产量，主要是考虑要能够带出井底的积液。

1. 气井最小携液量

根据文献研究表明，能够把井底积液带出井筒所需的气体最小速度为：

$$Q_{g\min}=\frac{2110v_{g}Ap}{TZ} \tag{5-99}$$

$$v_{g}=\frac{251.07\ (\rho_{L}-0.00116p)^{1/4}}{p^{1/2}} \tag{5-100}$$

式中 Q_{gmin}——携带液体的最小气流量，$10^4m^3/d$；

v_g——气体速度，m/s；

A——油管面积，m^2；

T——温度，K；

Z——在 p、T 下气体的偏差系数；

p——压力，Pa；

ρ_L——液体的密度，kg/m^3。

在温度一定时，Q_{gmin}与井底压力和油管的大小成正比，井底压力越大，油管越大，需要的 Q_{gmin}也越大。随着气体从井底流入井口，压力逐渐减小，即越往井口携液所需的流量就越小。

2. 气井最小携液量诺模图绘制

气井最小携液量不仅要满足式(5-99)，同时还应满足采气方程，即满足：

$$p_{R}^{2}-p_{wf}^{2}=Aq+Bq^{2} \tag{5-101}$$

式(5-101)中，p_R 是随着采出程度而降低的，联立式(5-99)、式(5-101)，给定不同的油管直径，可绘制气井最小携液量诺模图。

3. 带水计算法配产原理

带水配产法是在节点系统分析基础上，再考虑井筒中的携液问题。将气井的流入曲线、流出曲线及携液的最小流量诺模图同绘在一张图上，找出不同油管尺寸的流出曲线与流入曲线的交点坐标，如果这个交点坐标在相应的油管携液最小流量曲线的右边，则说明能够携带液体；如果在左边，则不能携带液体，应重新配产。

五、产量不稳定分析法

对于低渗透气藏，当气井生产达到一定阶段后，利用产量不稳定分析法计算的结果是可靠的，即该时刻气井进入了拟稳定状态，压力波波及到了气井所能控制的全部范围。根据图版拟合及生产历史拟合，确定气井泄流范围属性参数（K、r_e 等），在该模型基础之上进行生产预测，评价气井在不同配产条件下的稳产能力。

以榆林气田 Y-6 井为例，利用产量不稳定分析法确定该井动态储量 $1.51\times10^8m^3$，以稳

产6年为条件，进行配产预测，评价该井合理配产为 $2.62\times10^4m^3/d$（图5-24、图5-25）。

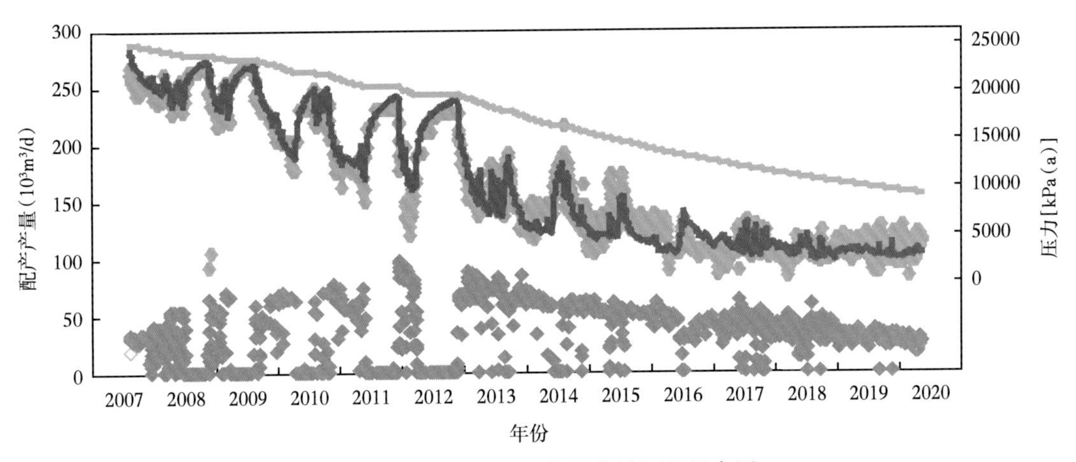

图5-24　Y-6井压裂模型产量历史拟合图

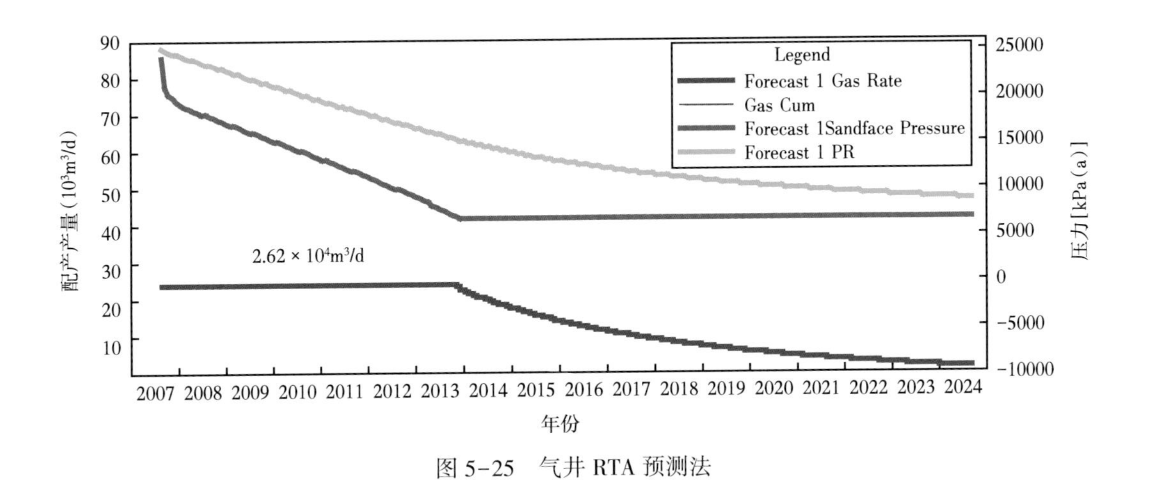

图5-25　气井RTA预测法

第五节　评价成果与应用

一、评价气井无阻流量

产能试井测试是低渗透岩性气藏首选的产能评价方法。长庆靖边气田在开发前期评价阶段进行修正等时试井，规模开发阶段以单点产能试井为主。利用前面章节二项式产能方程和一点法经验产能公式，对气田具备条件的358口气井开展产能评价。确定靖边气田气井的无阻流量 q_{AOF} 值，大致在 $3.2\times10^4\sim65\times10^4m^3/d$ 之间，平均为 $13.6\times10^4m^3/d$，其中无阻流量为 $4\times10^4\sim20\times10^4m^3/d$ 的气井占到了总井数的50%以上（图5-26）。产能评价研究明确了气井的开发潜力，是气田开发中产量合理安排的主要依据。

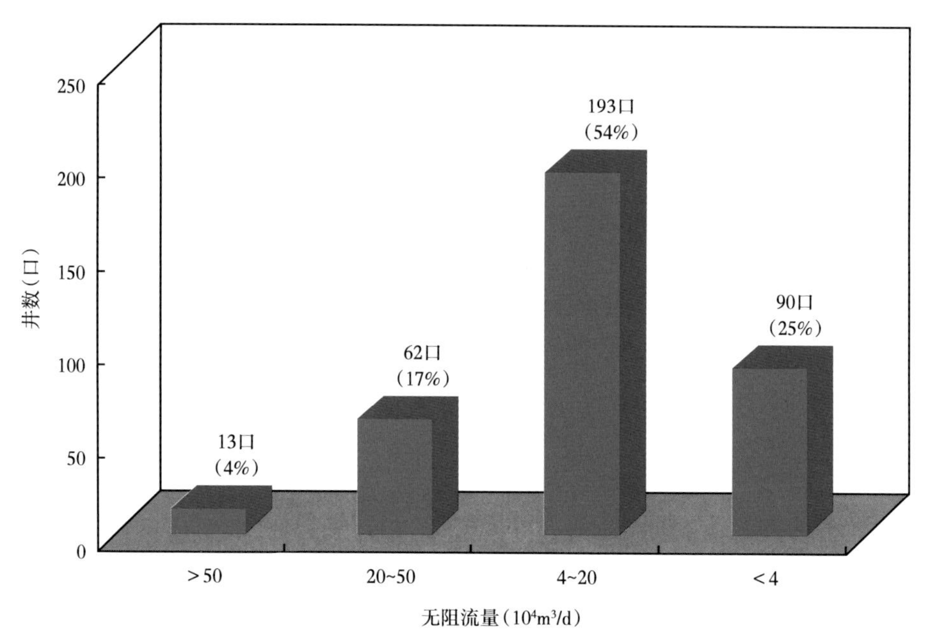

图 5-26　靖边气田无阻流量分类柱状图

二、支撑方案单井产量论证

气井无阻流量 q_{AOF} 是一口井极限的最高产量，表征气井的生产能力。实际开发生产中，气井的合理产量取决于气井的产气能力，二者存在一定关系。因此，开展气井产能评价，支撑气田开发方案中单井合理产量论证，是气田高效平稳开发的一个重要环节。

以子洲气田为例，早期评价阶段开展短期试采 6 口井，其中 5 口井采用修正等时试井、1 口井采用一点法试井。以此为基础，综合多方法论证气田单井合理产量。

1. 经验法

该方法是较为简单的一种配产方法，主要是根据初期无阻流量的大小来确定配产。首先利用子洲气田榆 B-1 井、榆 B-2 井等 6 口产能试井资料分别确定每口的二项式产能方程及无阻流量 q_{AOF}。进而根据气井无阻流量的大小，按照矿场经验，借鉴榆林气田气井对于 $q_{AOF}>15\times10^4m^3/d$ 的井，可以按 1/5 配产；对于 $10\times10^4m^3/d<q_{AOF}<15\times10^4m^3/d$ 的井，可以按 1/4 配产；对于 $q_{AOF}<10\times10^4m^3/d$ 的井，可以按 1/3 配产（表 5-10）。

表 5-10　子洲气田初期无阻流量配产

初期无阻流量（$10^4m^3/d$）	配产比例
≥15	1/6～1/5
10～15	1/5～1/4
<10	1/4～1/3

榆 B-2 井于 2004 年 11 月 3 日—2005 年 3 月 7 日起进行了修正等时试井，四个工作制度产气量分别为 $3.0\times10^4m^3/d$、$5.0\times10^4m^3/d$、$7.0\times10^4m^3/d$、$9.0\times10^4m^3/d$，延续流量为 $4.0\times10^4m^3/d$。其压力、产量历史曲线如图 5-27 所示。确定该井产能方程，计算无阻流量 $19.95\times10^4m^3/d$。根据经验该井试井后地层压力恢复良好，因此该井合理配产应为 $3.5\times10^4\sim4.0\times10^4m^3/d$。

$$\Delta p^2=18.9731q+0.4754q^2 \tag{5-102}$$

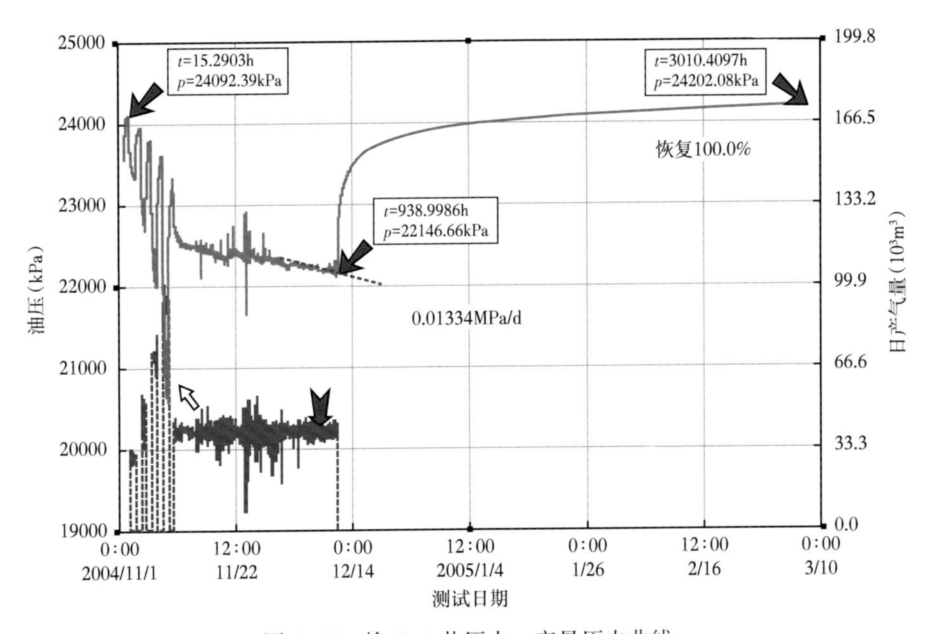

图 5-27　榆 B-2 井压力—产量历史曲线

2. 采气指示曲线法

该方法着重考虑减小气井非达西流效应，使地层能量得到合理利用。如图 5-28 所示，将开始偏离直线所对应的产量作为气井的合理产量，该井合理产量为 $3.5\times10^4m^3/d$。

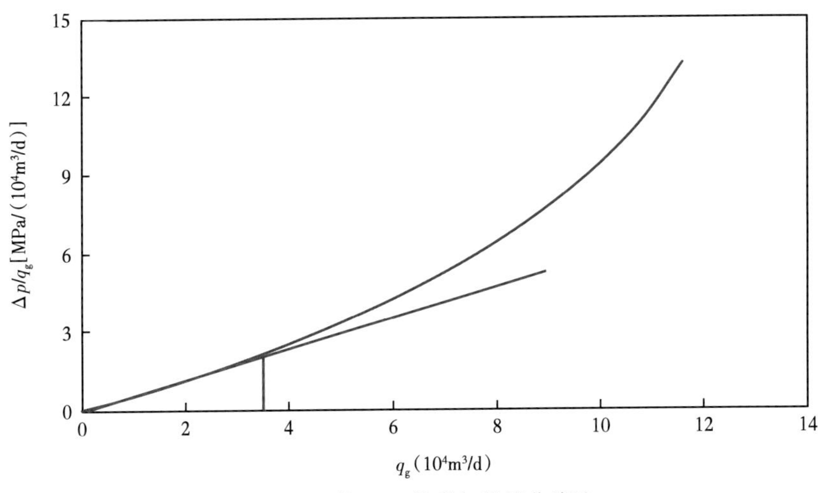

图 5-28　榆 B-2 井采气指示曲线法

3. 节点分析法

根据榆 B-2 井二项式产能方程，做出原始地层压力下的流入动态曲线及不同井口压力下的流入、流出动态曲线如图 5-29 所示。从图中可以看出，流出动态曲线与流入动态曲线的交点所对应的产量即为该地层压力和井口压力下的合理配产。当地层压力一定时，随井口压力的降低，流入、流出动态曲线的交点也会向右下方移动，即所对应的合理配产逐渐增加。应用该方法，评价榆 B-2 井合理产量 $3.5\times10^4 m^3/d$。

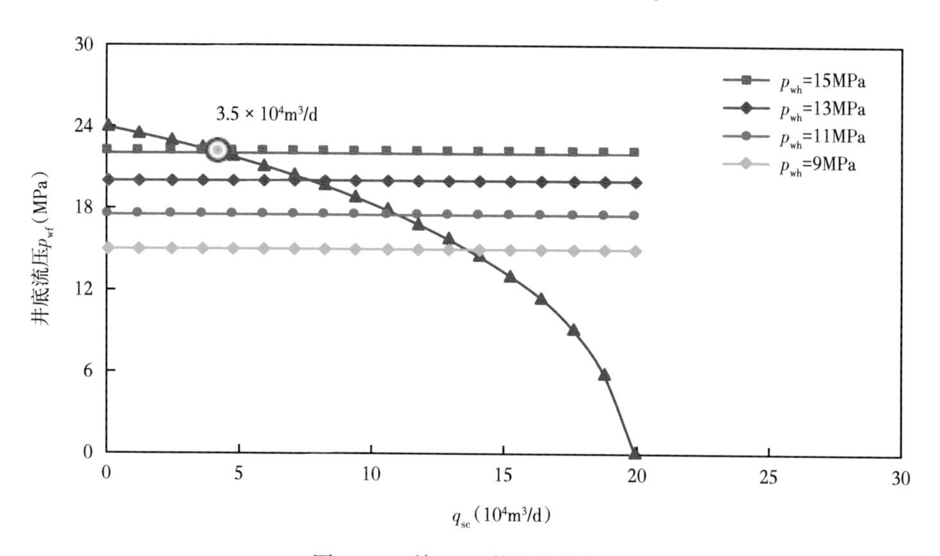

图 5-29　榆 B-2 井节点分析法

4. 气井最小携液量法

在制定工作制度时，应考虑在目前油管直径下气井的最小携液产量。根据子洲气田的参数，计算了不同油管尺寸下的携液产量，如图 5-30 所示。子洲气田气井井口压力

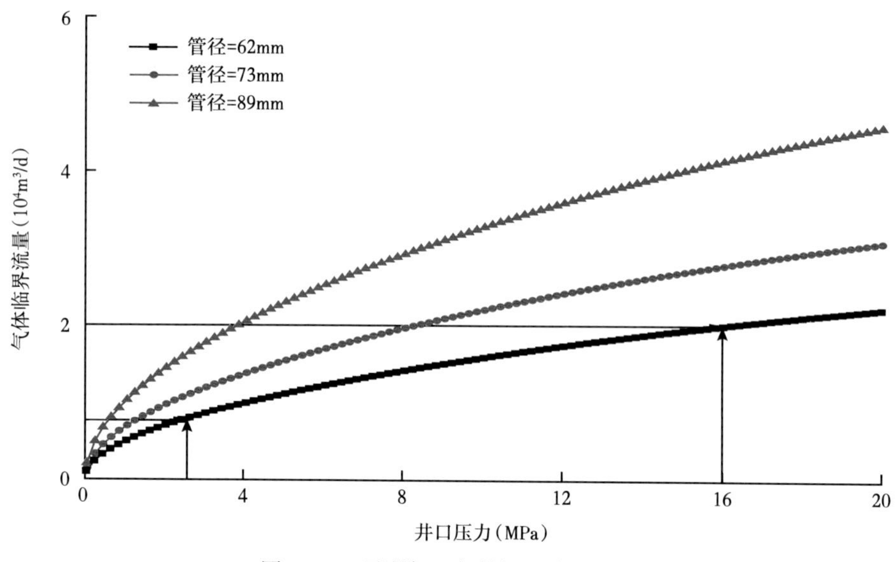

图 5-30　子洲气田气井携液产量计算

16MPa，管径 62mm，最小携液流量为 $2.0\times10^4m^3/d$；井口压力 2.5MPa，管径 62mm，最小携液流量为 $0.7\times10^4m^3/d$。

5. 综合配产

采用同样方法，分析了子洲气田试采井的无阻流量及合理产量情况，见表 5-11。综合气井携液、非达西效应等因素，多方法论证气井合理配产。

表 5-11 子洲气田试采井合理产量论证结果表

井名	无阻流量（$10^4m^3/d$）	合理产量（$10^4m^3/d$）				
		经验法	采气指示曲线法	节点分析法	气井最小携液流量法	综合评价
榆 B-1	13.06	3.2	3.0	3	2.0	2.9
榆 B-2	19.95	3.5	3.5	3.5		3.5
榆 B-3	13.2	3.5	3.5	3		3.3
榆 B-4	11.82	2.7	2.7	2		2.5
麒 A	2.1	0.6	0.5	0.5		0.5
榆 B-5	16.38	1.5	2.5	2		2.0
平均	12.6	2.5	2.6	2.3	2.0	2.5

三、动态跟踪气井产能

在气藏开发过程中，随着地层压力的下降，气井产能相应降低，在气井不同开发阶段，应重新进行产能试井，以确定当前产能。然而，多次产能试井必然会造成开发测试成本增加，影响气井产量。针对此问题，首先利用气田一点法经验公式，根据气井生产初期稳定段生产数据，建立气井初始二项式产能方程；其次通过气体物性修正二项式产能方程系数，实现开发中后期在无现场产能测试条件下动态跟踪气井产能。

1. 初始二项式产能方程建立

对于一个大中型气田，投产气井井数至少有几十口，多的甚至几百口、上千口，不可能对每一口气井都进行规范的修正等时试井测试。利用气田历年修正等时试井测试资料，可得到气田一点法经验产能计算公式。对于每一口气井，利用投产初期产量稳定生产阶段时的井口产量、折算平均井底流动压力，代入一点法经验公式，评价气井初始无阻流量，进一步求取气井二项式产能方程中的初始产能系数 A、B，建立气井初始二项式产能方程。

以榆林气田为例，根据历年修正等时试井测试资料分析，确定榆林气田一点法产能方程经验系数 α 为 0.56，即气井一点法经验公式为：

$$q_{\mathrm{AOF}}=\frac{0.174q_{\mathrm{g}}}{\sqrt{1+0.378p_{\mathrm{D}}}-1} \tag{5-103}$$

$$p_{\mathrm{D}}=1-\left(\frac{p_{\mathrm{wf}}}{p_{\mathrm{e}}}\right)^2 \tag{5-104}$$

针对该区气井建立的一点法经验产能计算公式，大部分井计算结果基本都可以满足解释精度的要求。采用一点法确定气井产能，一要建立适合本地区的一点法产能计算公式；

二要保证一定的测试时间和测试回压。

联合气井产能二项式方程及一点法公式，根据气井投产初期产量稳定生产阶段时的井口产量、折算平均井底流动压力和计算无阻流量，求取初始产能系数 A、B，为气井合理配产及产能分析提供依据：

$$A=\frac{p_{\mathrm{R}}^{2}}{q_{\mathrm{AOF}}}+\frac{p_{\mathrm{R}}^{2}(q_{\mathrm{AOF}}-q_{\mathrm{g}})-p_{\mathrm{wf}}^{2}q_{\mathrm{AOF}}}{q_{\mathrm{g}}(q_{\mathrm{AOF}}-q_{\mathrm{g}})} \tag{5-105}$$

$$B=\frac{p_{\mathrm{R}}^{2}q_{\mathrm{g}}-(p_{\mathrm{R}}^{2}-p_{\mathrm{wf}}^{2})q_{\mathrm{AOF}}}{q_{\mathrm{AOF}}q_{\mathrm{g}}(q_{\mathrm{AOF}}-q_{\mathrm{g}})} \tag{5-106}$$

2. 产能方程系数 A、B 修正

根据气井二项式产能方程的理论表达式可知：

$$A=\frac{8.484\times10^{4}\mu_{\mathrm{g}}ZTp_{\mathrm{sc}}}{KhT_{\mathrm{sc}}}\left(\lg\frac{r_{\mathrm{e}}}{r_{\mathrm{w}}}+0.434S\right) \tag{5-107}$$

$$B=\frac{1.996\times10^{-8}\beta\gamma_{\mathrm{g}}ZTp_{\mathrm{sc}}^{2}}{h^{2}T_{\mathrm{sc}}^{2}R}\left(\frac{1}{r_{\mathrm{w}}}-\frac{1}{r_{\mathrm{e}}}\right) \tag{5-108}$$

在气井生产过程中，储层物性不会发生变化，因此产能方程系数 A、B 就变成了仅与气体的黏度和偏差因子相关的函数：

$$\frac{A}{A_{\mathrm{m}}}=\frac{z\,\mu_{\mathrm{g}}}{z_{\mathrm{m}}\,\mu_{\mathrm{gm}}}\qquad\frac{B}{B_{\mathrm{m}}}=\frac{z}{z_{\mathrm{m}}}$$

式中 A_{m}，B_{m}——分别为目前产能系数 A、B；

μ，μ_{g}——分别为气体初始条件下黏度、目前黏度，mPa·s；

Z，Z_{m}——分别为气体初始条件下偏差系数、目前偏差系数，无量纲。

根据气田平均流体参数（临界温度、临界压力、天然气密度等），结合相关图版（图5-31、

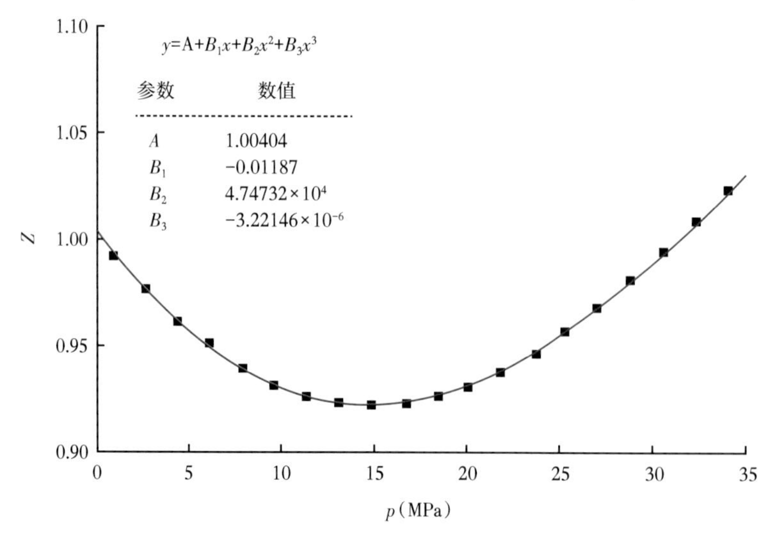

图5-31 偏差系数随压力变化曲线

图 5-32）经验公式，建立气田地层压力与偏差系数及气体黏度的经验关系式，根据变化了的气体物性参数即可修正产能系数。

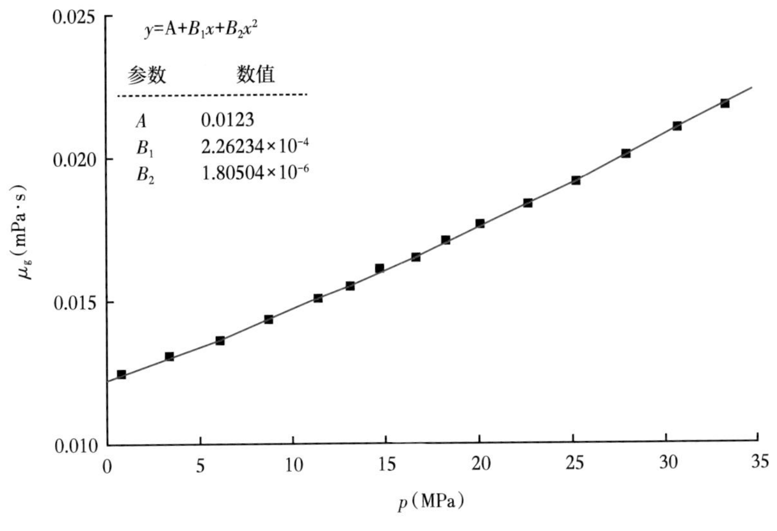

图 5-32 气体黏度随压力变化曲线

以某气井为例，已知该井初期二项式产能方程，通过查询该井的高压物性图版，可确定不同生产阶段相应地层压力下的偏差系数及黏度值，进而确定不同生产阶段气井的二项式产能方程系数 A_m、B_m，动态评价气井无阻流量及合理产量。该井计算参数见表 5-12、图 5-33，为该气井无阻流量及井口产量跟踪评价结果柱状图。

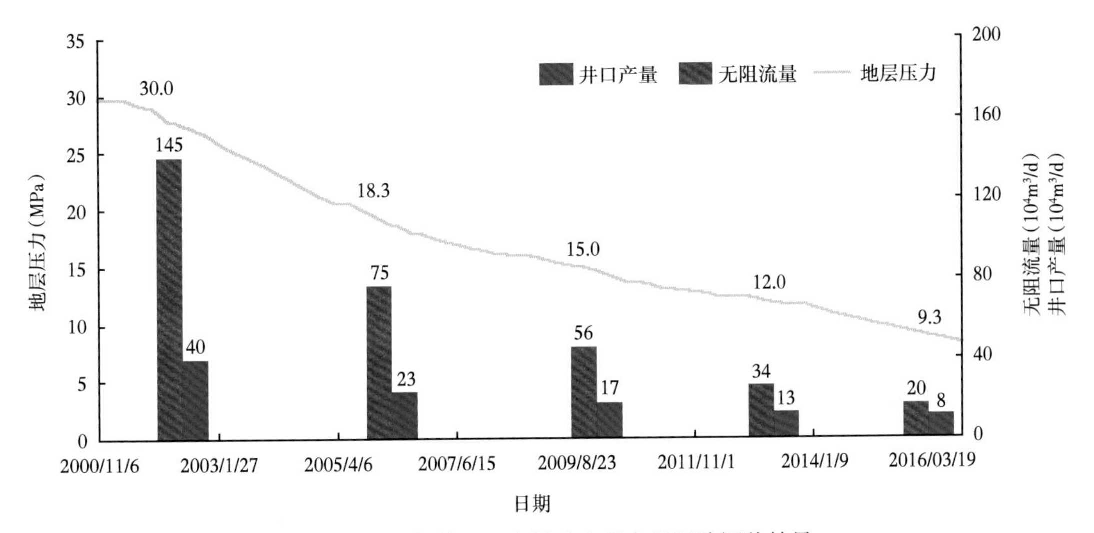

图 5-33 某气井无阻流量及合理产量跟踪评价结果

利用低渗透岩性气藏动态产能评价技术，实时跟踪不同生产阶段气井产能，为气田年度生产规模及调峰保供方案制定提供技术支撑。

表 5-12 产能方程系数动态跟踪评价表

气井生产时期	p (MPa)	Z	μ_g (mPa·s)	A	B	q_{AOF} ($10^4m^3/d$)
投产初期	30.0	0.9628	0.024489	4.206	0.014	145.1
2006 年	18.3	0.8907	0.018944	3.012	0.013	75.0
2009 年	15.0	0.8883	0.017451	2.765	0.013	56.4
2013 年	12.0	0.8947	0.016374	2.613	0.013	34.3
2016 年	9.3	0.9084	0.015435	2.501	0.013	20.1

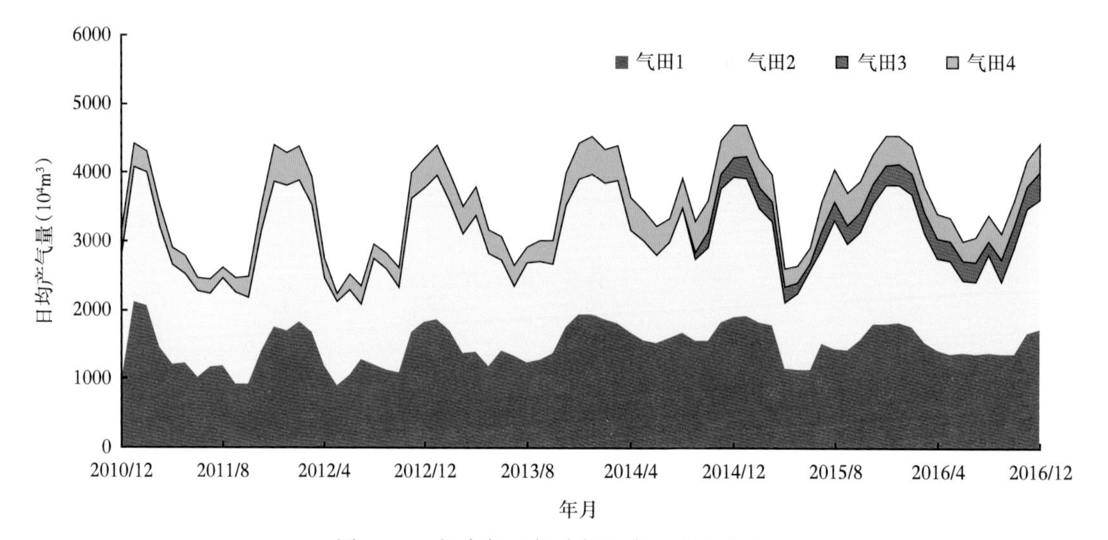

图 5-34 长庆气区部分气田产量变化曲线

第六章 产量递减规律评价

气田开发实践表明，无论何种储集类型、何种驱动类型和开发方式的气田，就它们开发的全过程而言，都可以划分为产量上升阶段、产量稳定阶段、产量递减阶段。这几个阶段的综合，构成了气田开发的全生命周期(图 6-1)。

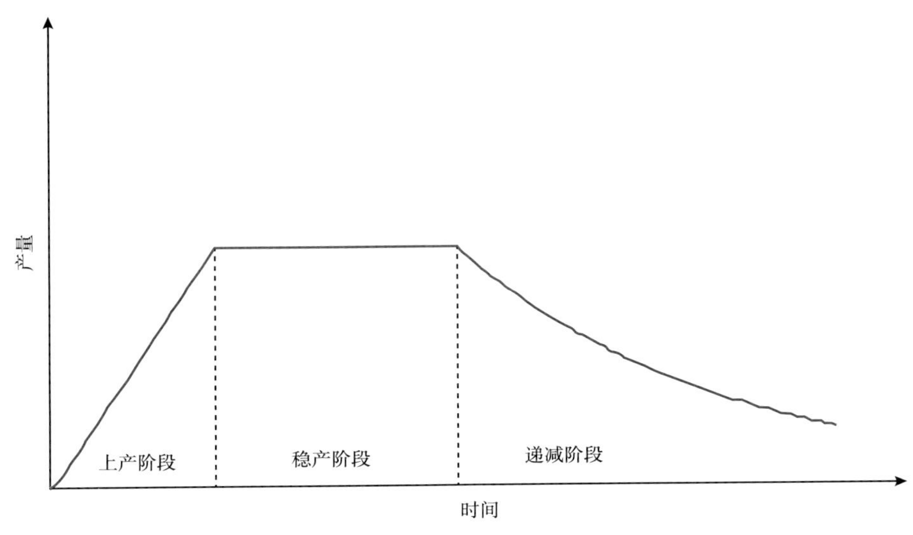

图 6-1 气田开发模式示意图

在气田开发过程中，随着地层压力下降、地下可采储量的减少，气田高产稳产期结束后，产量将以一定的规律开始递减。对气田生产指标的变化规律进行统计与分析是气藏开发中不可缺少的重要环节，也是气藏动态分析的主要工作。

在工程意义上，气田(井)的产量递减与产能递减具有本质的不同。产量递减是一个生产状态参数，反映气田(井)目前的生产现状，产量递减既与气田(井)的生产能力有关，也与下游需求有关。而产能递减是一个生产能力参数，反映气田(井)目前的生产能力，产能递减只与气田(井)的生产能力有关。

在下游需求稳定的前提下，对于具体的气田(井)而言，产能递减伴随着整个开发过程，而气田(井)的产量则可以通过产能建设或放大生产压差来保持气田(井)的产量稳定，当产能建设结束或产能建设无效或气田(井)的产能已全部释放，则气田(井)的产量将不可避免地进入产能递减期。

从 20 世纪初产量递减概念提出以来，过去的几十年内关于产量递减规律的研究已取得了相当成熟的研究成果。1945 年 J J Arps 归纳总结出的指数递减、双曲递减、调和递减三种典型规律，H C slider 等提出的曲线位移法，C U Ikoku 等提出的试差法，J M cambell

等提出的典型曲线拟合法，陈元千于1990年提出确定递减类型的新方法—二元回归分析法，冯文光提出了Logistic递减开发模型，李传亮提出的产量递减规律的诊断方程与诊断曲线，蒋明、张雄君等应用灰色系统理论确定了产量递减的主要影响因素，罗士利、李斌分析了采气速度与井网密度、生产时间、地层压力、井底流动压力、综合含水率、供给半径、表皮系数等关系及对产量递减的影响。产量递减规律研究成果成熟，为了将气田(井)产量递减规律用于指导生产，人们定义了气田(井)产量自然递减与综合递减概念，其中，产量自然递减是指气田(井)不继续做任何产能建设条件下的产量自然递减特征；产量综合递减指在完成必要的产能建设条件下，气田(井)产量表现出的综合递减特征。基于自然递减与综合递减概念，张宗达基于气田(井)产量综合递减特征，把产量递减规律与年产能建设工作量紧密结合起来，当产能建设投入与产出持平时，气田(井)将进入自然衰减而报废。

第一节　产量递减分析方法

目前油气藏产量递减率评估方法较多，递减分析模型的建立主要来源于以下研究工作：(1)通过对大量已开发油气田产量数据的相关统计研究建立；(2)通过对数理统计学中不同连续分布函数的转模研究与推导建立；(3)通过对已有模型的进一步完善推导建立。只有确定了与实际生产数据相匹配的预测模型，才能基于所选模型计算不同的气藏产量递减率，并进行气藏产量递减规律分析。

一、Arps传统递减分析

1. Arps递减理论

对于进入递减阶段的油气藏，Arps产量递减模型应用较为广泛。J J Arps的三种典型模型产量随时间的变化曲线如图6-2所示。结合产量公式和图中曲线可以得出结论，产量递减速度主要取决于递减指数 n 和初始递减率 D_i，在初始递减率和初始产量相同时，指数递减的递减速度最快，调和递减的递减速度最慢，双曲递减介于二者之间。n 越大，产量递减就越慢，反之亦然。而在递减类型一定时，初始递减率越大，产量递减越快。

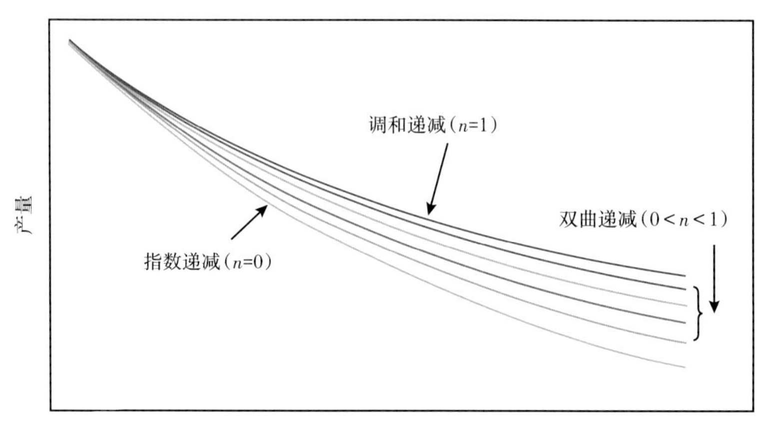

图6-2　Arps递减模型产量随时间变化曲线示意图

Arps 根据矿场实际的产量递减数据，进行了统计与分析，得出了 Arps 产量递减模型的数学通式：

$$q=\frac{q_{\mathrm{i}}}{\left[1+nD_{\mathrm{i}}(T-t_0)\right]^{1/n}} \tag{6-1}$$

式中 q——递减 t 时间后的产量，$10^4\mathrm{m}^3/\mathrm{d}$；

q_{i}——初始递减产量，$10^4\mathrm{m}^3/\mathrm{d}$；

t——递减时间，a、mon 或 d；

t_0——初始递减时间，a、mon 或 d；

D_{i}——初始递减率，a^{-1}、mon^{-1}或 d^{-1}，与时间单位对应。

1) 指数递减模型

当 $n=0$ 时，产量递减模型的数学通式可简化为指数递减模型的产量公式。其产量与时间的关系式为：

$$q=q_{\mathrm{i}}\mathrm{e}^{-D_{\mathrm{i}}(t-t_0)} \tag{6-2}$$

进一步地对产量递减方程进行积分，可以得到累计产量与时间的关系式：

$$N_{\mathrm{p}}=N_{\mathrm{p0}}+\frac{q_{\mathrm{i}}}{D_{\mathrm{i}}}\left[1-\mathrm{e}^{-D_{\mathrm{i}}(t-t_0)}\right] \tag{6-3}$$

将式(6-2)代入式(6-3)可以得到累计产量与产量的关系式：

$$N_{\mathrm{p}}=N_{\mathrm{p0}}+\frac{q_{\mathrm{i}}-q}{D_{\mathrm{i}}} \tag{6-4}$$

式中 N_{p}——最终累计产气量，$10^4\mathrm{m}^3$；

N_{p0}——递减初期累计产气量，$10^4\mathrm{m}^3$。

实际求解过程中，满足下列条件之一，则可判断为指数递减规律：(1)实际资料在 t—lg$q$ 坐标中呈较好的线性关系(图 6-3)；(2)实际资料 q—N_{p} 坐标中呈较好的线性关系(图 6-4)。

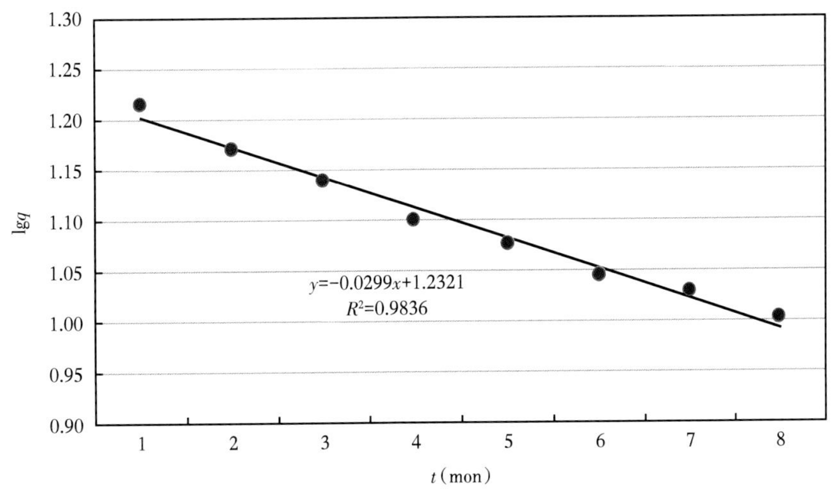

图 6-3 G1 井 t—lg$q$ 关系图

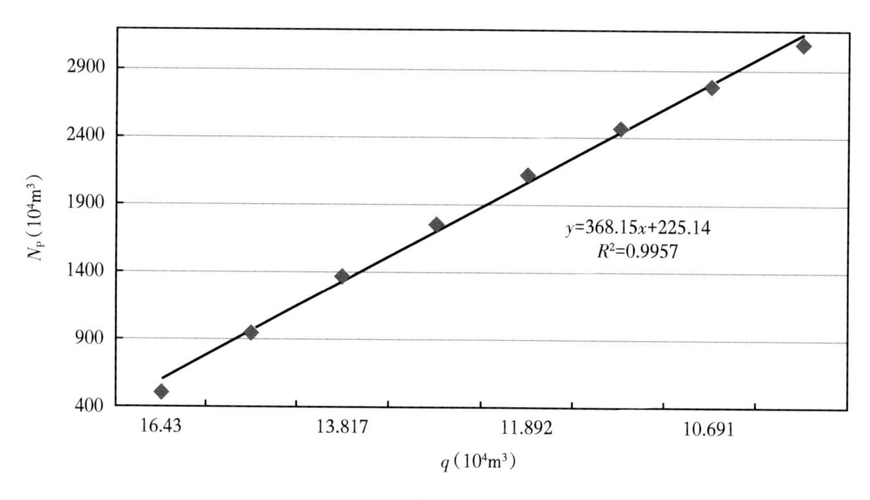

图 6-4 G1 井 N_p—q 关系图

从图 6-5 中可以看出，G1 井的递减规律为指数递减类型：

$$q_i = 16.4299 \times 10^4 m^3 \qquad D_i = 0.06191$$

产量递减方程为： $q = 16.4299e^{-0.06191t}$

累计产量递减方程为： $N_p = 265.3681(1-e^{-0.03626t})$

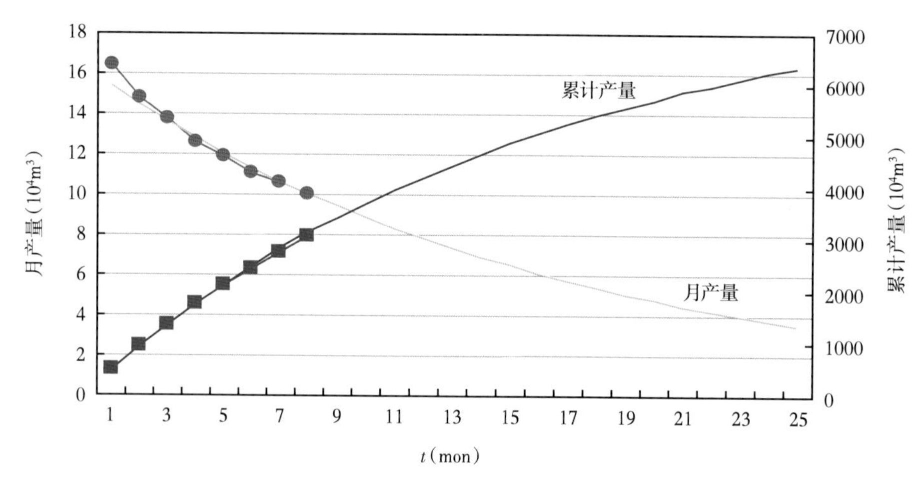

图 6-5 G1 井预测产量与实际产量对比图

预测产量的相对误差为 0.95%，预测累计产量的相对误差为 1.3%。

2）调和递减模型

当 $n=1$ 时，产量递减曲线的数学通式可简化为调和递减模型。其产量与时间的关系式为：

$$q = \frac{q_i}{1 + D_i(t - t_0)} \tag{6-5}$$

对产量递减方程在 0~t 时间段内进行积分，可以得到累计产量与时间的关系式：

$$N_p = N_{p0} + \frac{q_i}{D_i}\ln[1 + D_i(t - t_0)] \tag{6-6}$$

同样，将式(6-5)代入式(6-6)中可以得到累计产量与产量的关系式：

$$N_p = N_{p0} + \frac{q_i}{D_i}\ln\frac{q_i}{q} \tag{6-7}$$

如果实际资料在 N_p—lg$q$ 坐标中呈较好的线性关系，则属于调和递减。

如图 6-6、图 6-7 所示，G2 井的 N_p—lg$q$ 直线关系符合的相当好，由此可以说，G2 井为调和递减类型：

$$q_i = 6.3251\times10^4\mathrm{m}^3 \qquad D_i = 0.0449$$

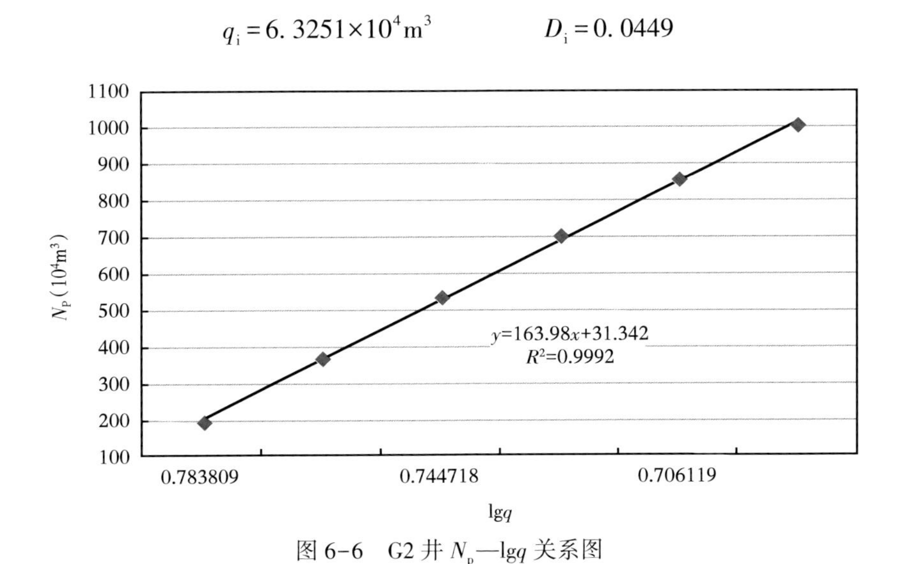

图 6-6　G2 井 N_p—lg$q$ 关系图

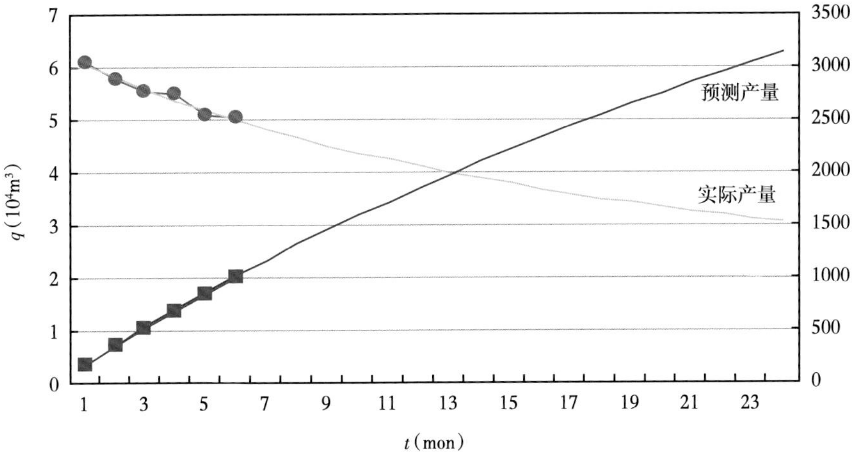

图 6-7　G2 井预测产量与实际产量对比图

产量递减方程为：　　$q = 6.3251(1+0.0449t)^{-1}$

累计产量递减方程为：　$N_p = 140.8708\ln(1+0.0449t)$

预测产量的相对误差为 0.04%，预测累计产量的相对误差为 2.04%。

3）双曲递减模型

当 $n=0\sim1$ 时，产量递减方程：

$$q=\frac{q_{\mathrm{i}}}{\left[1+nD_{\mathrm{i}}(t-t_{0})\right]^{1/n}} \tag{6-8}$$

式(6-8)被 J J Arps（1945）称作双曲递减模型，进一步地对产量递减方程进行积分，可以得到累计产量与时间的关系式：

$$N_{\mathrm{p}}=N_{\mathrm{p0}}+\frac{q_{\mathrm{i}}}{D_{\mathrm{i}}(1-n)}\left\{1-\left[1+nD_{\mathrm{i}}(t-t_{0})\right]^{n-1/n}\right\} \tag{6-9}$$

将式(6-8)代入式(6-9)中，可以得到累计产量与产量的关系式：

$$N_{\mathrm{p}}=N_{\mathrm{p0}}+\frac{q_{\mathrm{i}}}{D_{\mathrm{i}}(1-n)}\left[1-\left(\frac{q_{\mathrm{i}}}{q}\right)^{n-1}\right] \tag{6-10}$$

4）衰竭递减模型

Kopatov 于 1970 年，根据矿场实际资料的分析研究，对溶解气驱开发的碳酸盐岩油田提出产量递减经验公式。修正的 Kopatov 递减模型又称为衰减递减模型，Kopatov 衰减曲线模型是双曲递减模型在 $n=0.5$ 时的一个特例。将 $n=0.5$ 代入产量计算通式得到该模型中产量与时间的关系式为：

$$q=\frac{q_{\mathrm{i}}}{\left[1+0.5D_{\mathrm{i}}(t-t_{0})\right]^{2}} \tag{6-11}$$

对产量公式积分后，得到累计产量与时间的关系式：

$$N_{\mathrm{p}}=N_{\mathrm{p0}}+\frac{2q_{\mathrm{i}}}{D_{\mathrm{i}}}\left\{1-\left[1+0.5D_{\mathrm{i}}(t-t_{0})\right]^{-1}\right\} \tag{6-12}$$

将式(6-11)代入式(6-12)，可以求出累计产量与产量的关系式：

$$N_{\mathrm{p}}=N_{\mathrm{p0}}+\frac{q_{\mathrm{i}}}{D_{\mathrm{i}}}\left[1-\left(\frac{q_{\mathrm{i}}}{q}\right)^{-0.5}\right] \tag{6-13}$$

根据 J J Arps 的产量递减理论，以上四种典型的产量递减预测模型的对比结果见表 6-1。若把修正的 Kapotov 模型归为特殊的双曲递减模型，则从表 6-1 中可以看出，指数递减的递减率为常数，调和递减和双曲递减的递减率都随着时间的增加，产量的下降而减小，在相同递减时间下双曲递减的递减率要比调和递减的递减率大。

采用 Arps 产量递减方程对油气田进行递减分析的方法简单易用，不需要了解油气藏或井的参数，可应用于不同类型的油气藏中。但该方法仍然存在两点局限性：一是预测的最终可采储量必须假定历史生产条件在未来保持不变；二是递减曲线代表的是边界控制流阶段的递减规律，因此不能用来分析不稳定流动状态下的数据。

表 6-1　Arps 递减模型汇总表

递减类型	递减指数	递减率	基本关系式		
			q—t	G_p—t	G_p—q
指数递减	$n=0$	$D=D_i=\text{const}$	$q=q_i e^{-D_i t}$	$G_p=\frac{q_i}{D_i}(1-e^{-D_i t})$	$G_p=\frac{1}{D_i}(q_i-q)$
调和递减	$n=1$	$D=D_i(1+D_i t)^{-1}$	$q=q_i(1+D_i t)^{-1}$	$G_p=\frac{q_i}{D_i}\ln(1+D_i t)$	$G_p=\frac{q_i}{D_i}\ln\frac{q_i}{q}$
双曲递减	$0<n<1$	$D=D_i(1+nD_i t)^{-1}$	$q=q_i(1+nD_i t)^{-1/n}$	$G_p=\frac{q_i}{(1-n)D_i}[1-(1+nD_i t)^{n-1/n}]$	$G_p=\frac{q_i^n}{(1-n)D_i}(q_i^{1-n}-q^{1-n})$
衰竭递减	$n=0.5$	$D=D_i(1+0.5D_i t)^{-1}$	$q=q_i(1+0.5D_i t)^{-2}$	$G_p=\frac{q_i t}{1+0.5D_i}$	$G_p=\frac{q_i^{0.5}}{0.5D_i}(q_i^{0.5}-q^{0.5})$

2. Arps 递减应用实例

气井的生产制度分为定产和定压两种。定产就是使井口产量在一个时期内保持恒定，而流压则连续下降。定压就是使流压在一个时期内保持恒定，而产量则连续下降。定产生产可以使气井有一个相对的稳产期，定压生产则可以在相同时间内获取最大的采出量。基于传统的 Arps 产量递减分析原理，结合低渗透气藏开发模式，选取符合条件气井开展低渗透气藏气井递减规律评价方法研究（图 6-8）。

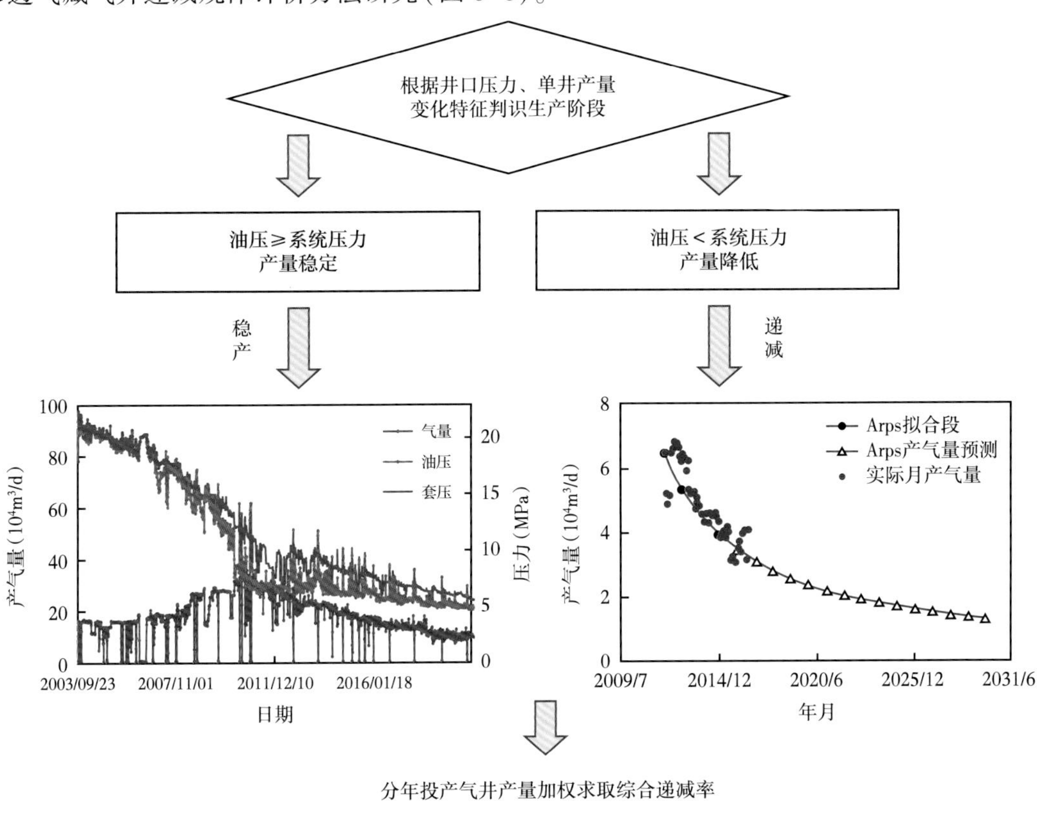

$$D_{综合}=\frac{q_{11}}{\sum_1^n q_{i1}}D_1+\frac{q_{21}}{\sum_1^n q_{i1}}D_2+\cdots+\frac{q_{n1}}{\sum_1^n q_{i1}}D_n$$

图 6-8　低渗透气藏产量递减评价方法

1）定压生产

榆林气田长北合作区是典型采用定压开采方式的低渗透气藏，气井以分支水平井为主，采用定压生产，气井无稳产期。以 CB1 井为例（图 6-9），该井投产于 2008 年，采用井口压力为 6.0MPa 定压生产，投产初期日产气 $178\times10^4m^3$，实施增压开采后井口压力降至 5.0MPa，日产气 $33\times10^4m^3$，随着增压开采深入，油压进一步降低至 2020 年底的 3.5MPa，日产气 $10\times10^4m^3$，累计产气量 $13.6\times10^8m^3$。

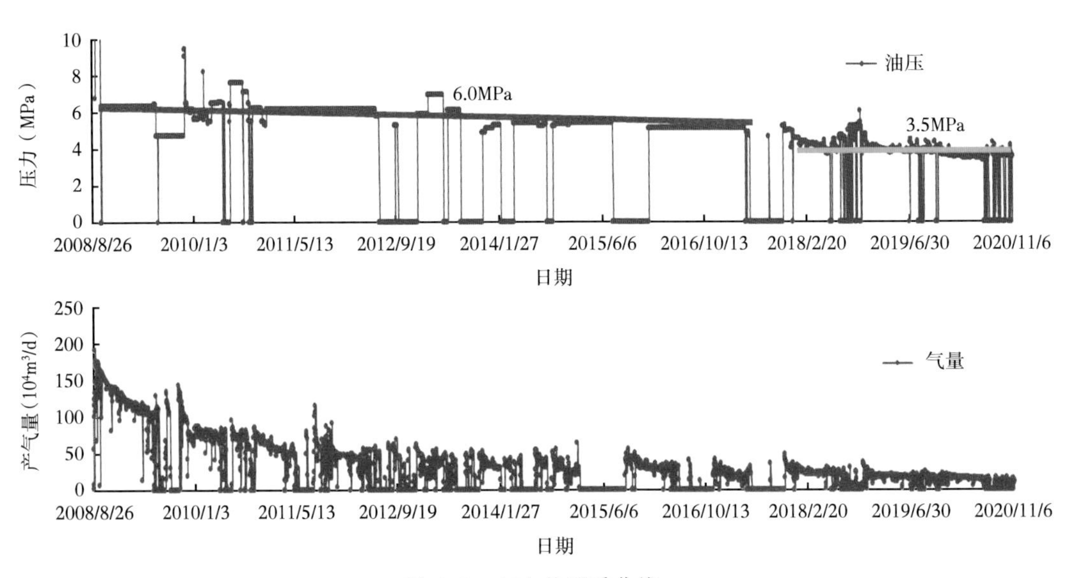

图 6-9　CB1 井开采曲线

在投产初期产量 $178\times10^4m^3/d$、系统压力 6.0MPa 条件下，初始年递减率为 53.4%，2017 年底实施增压开采，系统压力降至 3.5MPa，递减类型判断为衰竭式递减，初始递减率为 23.8%（图 6-10），预测目前递减率为 12.2%，递减率分年变化曲线如图 6-11 所示。

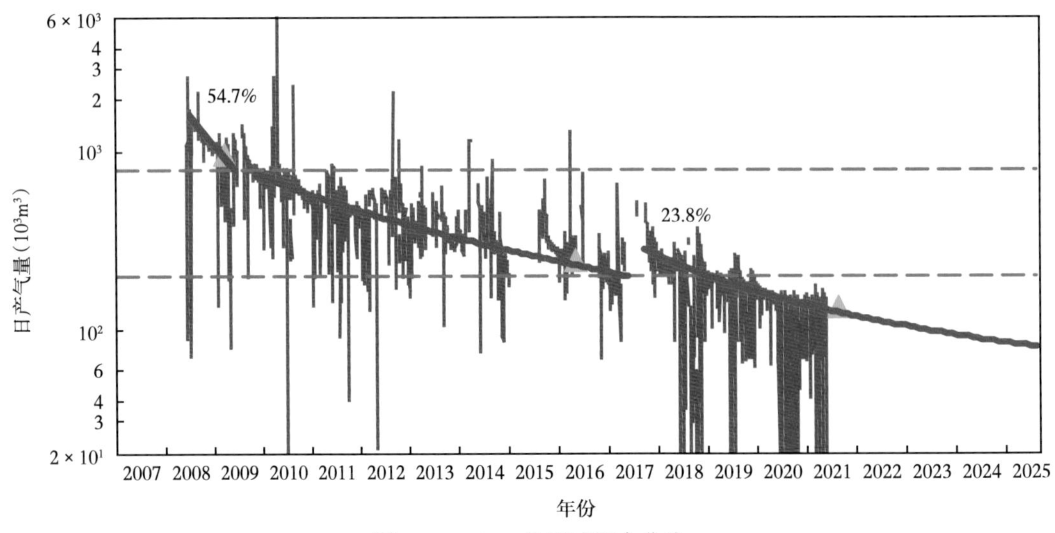

图 6-10　CB1 井递减拟合曲线

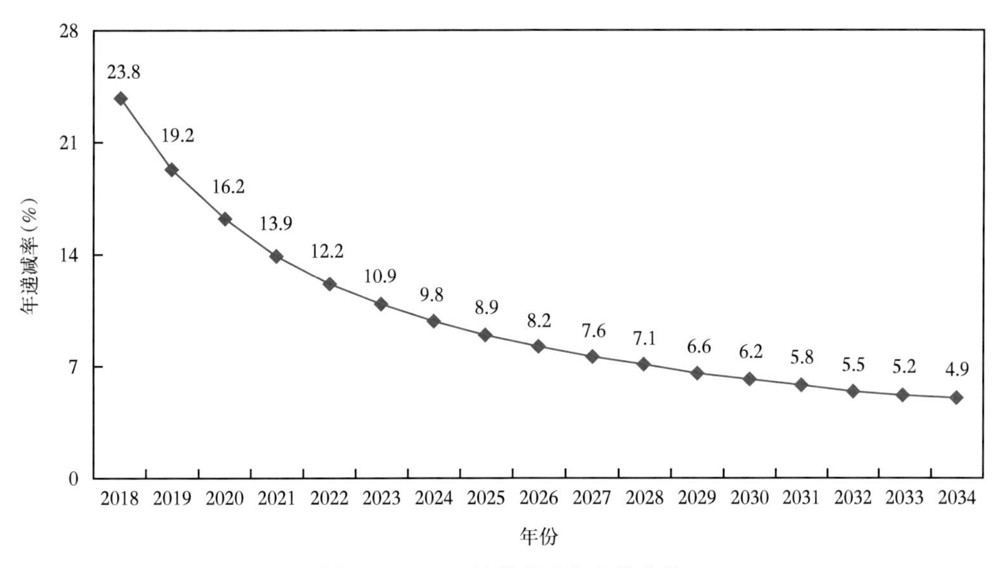

图 6-11 CB1 目前递减率变化曲线

2)先定产再定压

靖边气田、榆林气田南区及子洲气田是典型的采用井口节流、高压集气生产模式的低渗透气田，单井递减分析应先判断气井是否进入定压生产阶段。以榆林气田南区气井为例，外输系统压力为 5.6MPa 时，气井油压大于 5.6MPa 时处于定产降压阶段，井口油压等于或者接近 5.6MPa 时则处于定压递减阶段。

以榆林气田南区 Y1 井为例(图 6-12)，该井为山 2 气藏于 2003 年投产的一口开发井，投产初期油套压均为 22.5MPa，初期配产 $14\times10^4m^3/d$，2006 年 7 月开始提高配产，油压从 21.0MPa 逐步下降至系统压力 5.6MPa，2010—2020 年一直处于定压降产生产阶段。

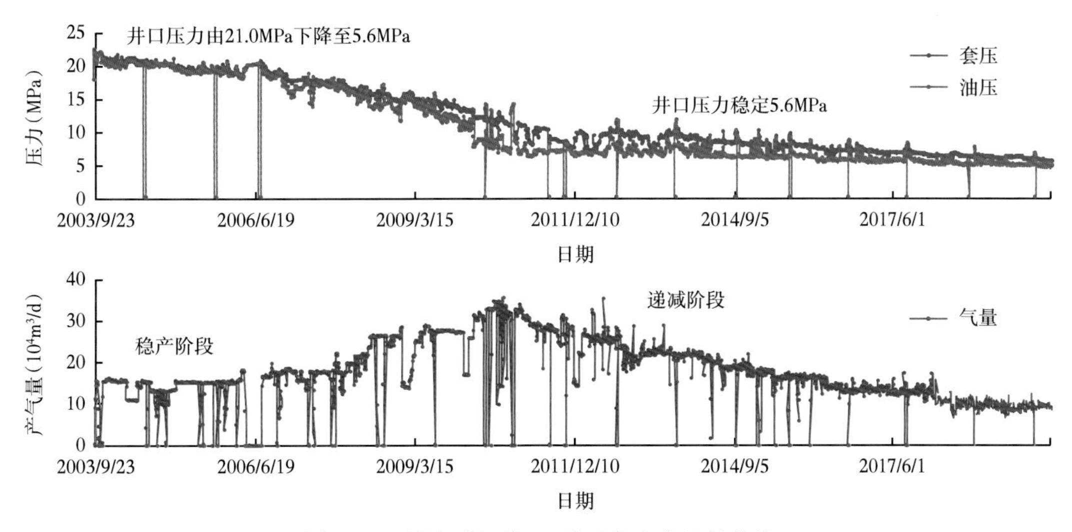

图 6-12 低渗透气藏 Y1 典型井生产运行曲线

Y1 井于 2010 年进入定压生产阶段，选取 2010 年至 2020 年递减拟合分析段，采用双曲递减，递减指数 0.4，初始产气量为 $32.3\times10^4m^3/d$，初始递减率为 16.1%，预测可采储量 $14.6\times10^8m^3$，拟合曲线如 6-13 所示，分年递减率变化曲线如图 6-14 所示。

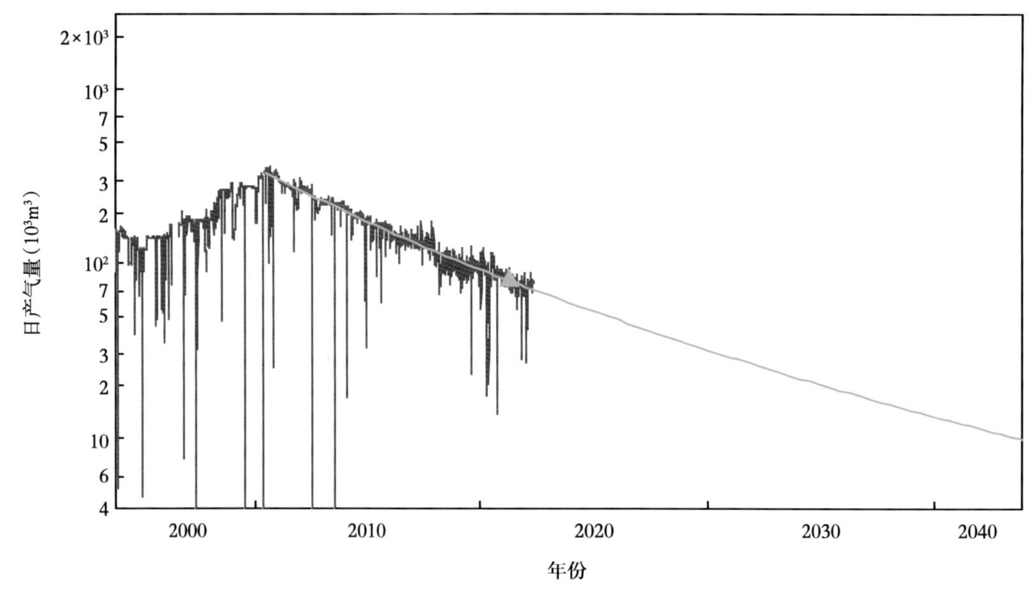

图 6-13　Y1 井递减拟合曲线

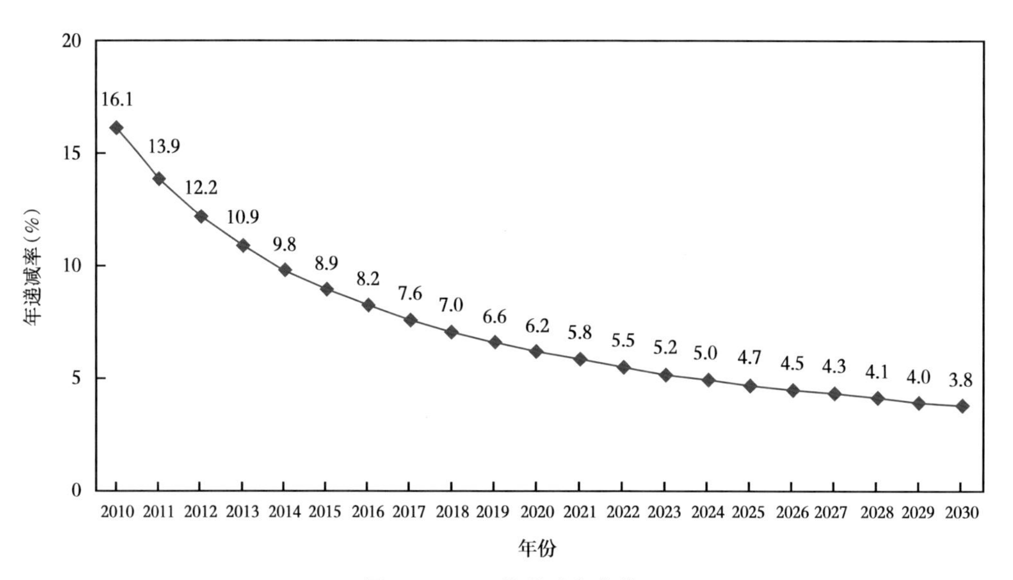

图 6-14　Y1 井递减率曲线

二、现代产量递减分析方法

现代产量递减分析法是在传统递减分析方式基础上，通过引入“拟时间”，将变压力、变产量生产数据转化为定产量、定压力数据，来预测储层参数、开采指标的方法。该方法仅需产量、井口压力等常规测试资料，对于未进入产量递减期，生产历史长且地层压力相对缺乏气井具有较好的适应性。目前常用现代产量递减分析方法主要有 Fetkovich 递减曲线法、Blasingame 图版法、Agarwal-Gardner 图版法、NPI 图版法、流动物质平衡法等。

1. Fetkovich 递减曲线法

Fetkovich 递减曲线法考虑了瞬间或无限作用流动状态以及边界控制流动状态，通过定义一个外界泄油区半径 r_e 与有效井筒半径 r_{wa} 的比值 r_e/r_{wa} 来反映瞬间流动特征，结合 Arps 递减指数来反映拟稳定流动状态的特点。

Fetkovich 图版（图 6-15）由两部分组成：前半部分为早期不稳定流阶段（不同的 r_e/r_{wa} 对应不同的曲线），后半部分为 Arps 递减曲线（不同的 n 对应不同的曲线）。该方法适合用于气井以定压生产，而且为单相流，流体微可压缩（如高压气藏或压缩性较小的油藏）。图版虽然包括了不稳定流动阶段，但要使用图版，仍要生产达到边界流动阶段，否则拟合时会存在多解性，这意味着，动态分析仍然无法脱离生产条件的限制。

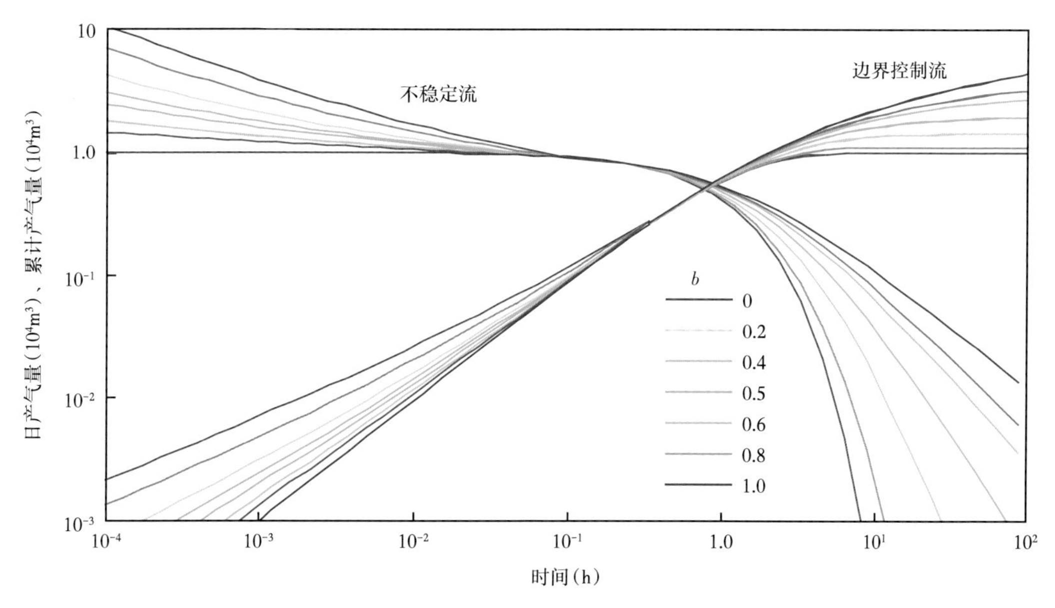

图 6-15　Fetkovich 图版示意图

Fetkovich 递减曲线法的适用条件与 Arps 递减模型相同，都是假定井底流压 P_{wf}、表皮系数 S、渗透率 K 恒定。该方法通过拟合标准曲线，能够预测气井的生产动态、计算气井地质储量和计算其地层参数。它克服了 Arps 递减曲线法仅能够用于拟稳定生产数据的缺点，但它不能分析多次关井、变井底流压以及经过酸化和水力压裂的气井的产量数据。该方法的优点是应用简单，定流动压力生产；局限性在于分析往往不是单值（递减曲线在形状上十分相似），根据历史生产条件仅能计算最终可采储量（图 6-16）。

2. Blasingame 图版法

Blasingame 图版法的基本思想是以采气指数形式综合表示压力/产量生产数据，并通过引入拟等效时间来屏蔽产量、压力波动的影响，即等效为定流量生产数据，然后再利用典型曲线拟合方法进行拟合。

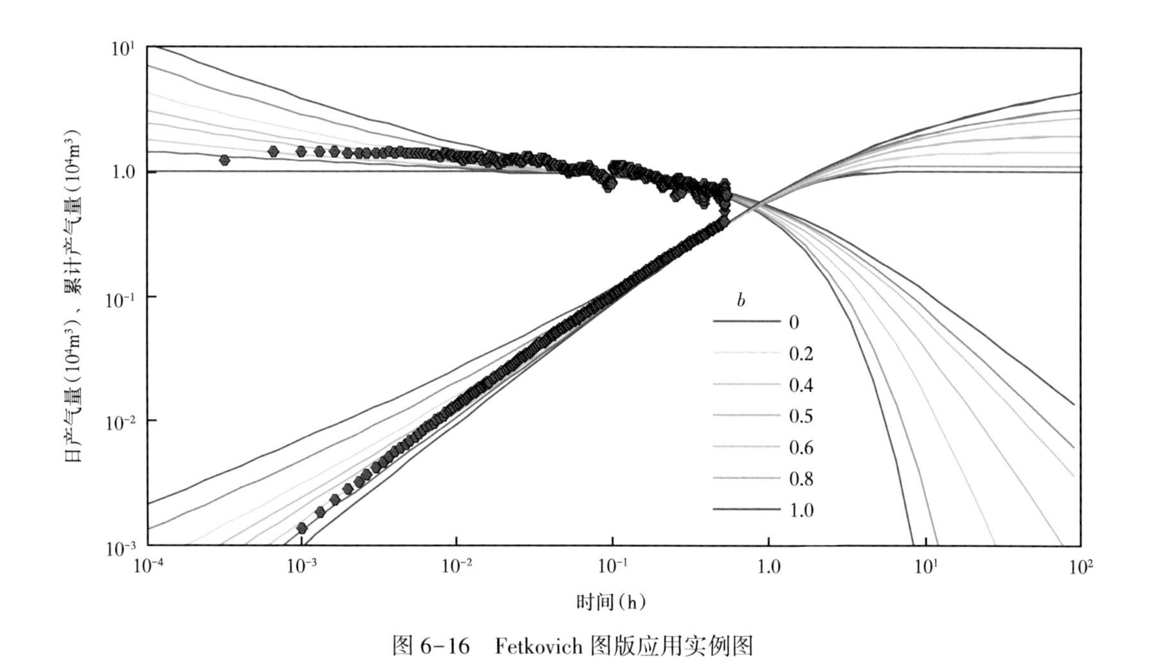

图 6-16　Fetkovich 图版应用实例图

在 Blasingame 曲线中，可以绘制 3 个产量函数与物质平衡时间曲线，如图 6-17 所示。

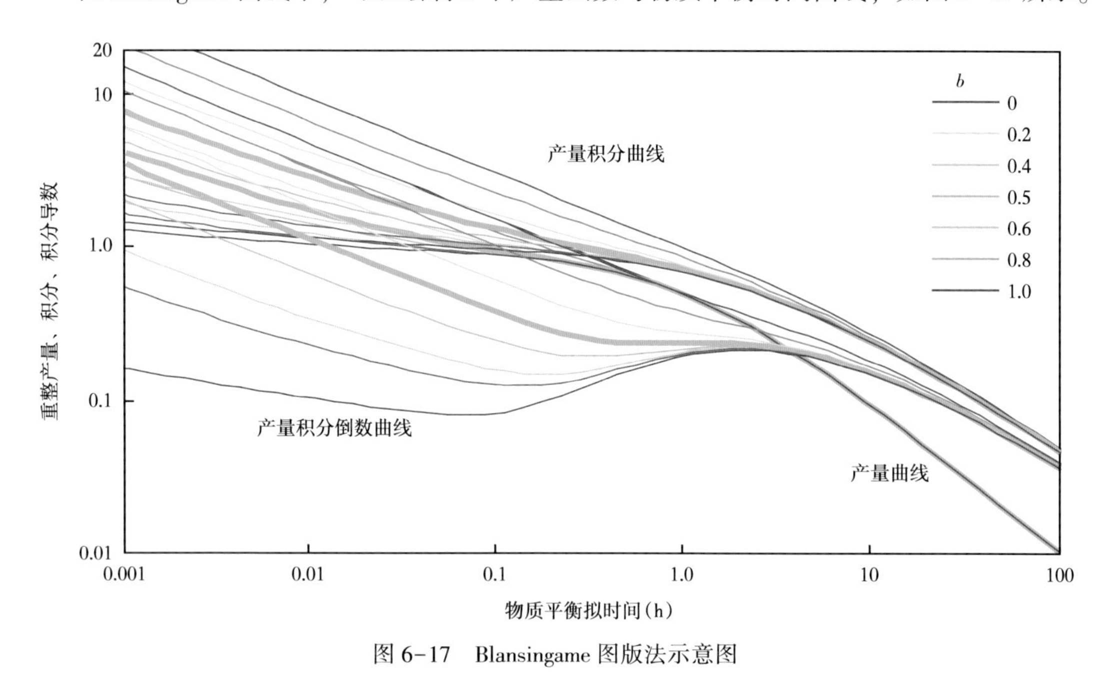

图 6-17　Blansingame 图版法示意图

采用拟压力规整产量建立变产量生产与定产量生产之间的等效关系，拟压力规整化产量（$q/\Delta p_{\mathrm{p}}$）：

$$\frac{q}{\Delta p}=\frac{q}{p_{\mathrm{i}}-p_{\mathrm{wf}}} \tag{6-14}$$

拟压力规整化产量积分函数：

$$\left(\frac{q}{\Delta p}\right)_i = \int_0^{t_{ca}} \frac{q}{\Delta p} \mathrm{d}t_{ca} / t_{ca} \tag{6-15}$$

拟压力规整化产量积分导数函数：

$$\left(\frac{q}{\Delta p}\right)_{id} = \frac{\mathrm{d}\left(\frac{q}{\Delta p}\right)_i}{\mathrm{dln}t_{ca}} = -\frac{\mathrm{d}\left(\frac{q}{\Delta p}\right)_i}{\mathrm{d}t_{ca}} t_{ca} \tag{6-16}$$

对实际生产数据进行典型图版拟合分析时，$q/\Delta p$、$(q/\Delta p)_i$、$(q/\Delta p)_{id}$三条曲线可同时或单独使用。利用图版拟合的方式计算渗透率 K、表皮系数 S、井控半径 r_e、原始地质储量 OGIP、裂缝半长 x_f、水平渗透率 K_v、垂直渗透率 K_h 等。

由于采用了产量积分后求导的方法，使导数曲线比较平滑，便于判断。在解释模型上，除了直井径向模型外还包括直井裂缝模型、水平井模型、水驱模型、井间干扰模型，进一步扩大了典型图版的解释范围。

Blasingame 图版法的局限性在于产量积分对早期数据点的误差非常敏感，早期数据点一个很小的误差都会导致$(q/\Delta p)_i$、$(q/\Delta p)_{id}$曲线具有很大的累计误差。

Blasingame 等在建立图版时，直接利用了拟压力规整化产量$(q/\Delta p)$、物质平衡拟时间 t_{ca}和不稳定试井分析中无量纲参数的关系。对实际生产数据进行典型图版拟合分析时，3 条曲线可同时或单独使用(图 6-18)。

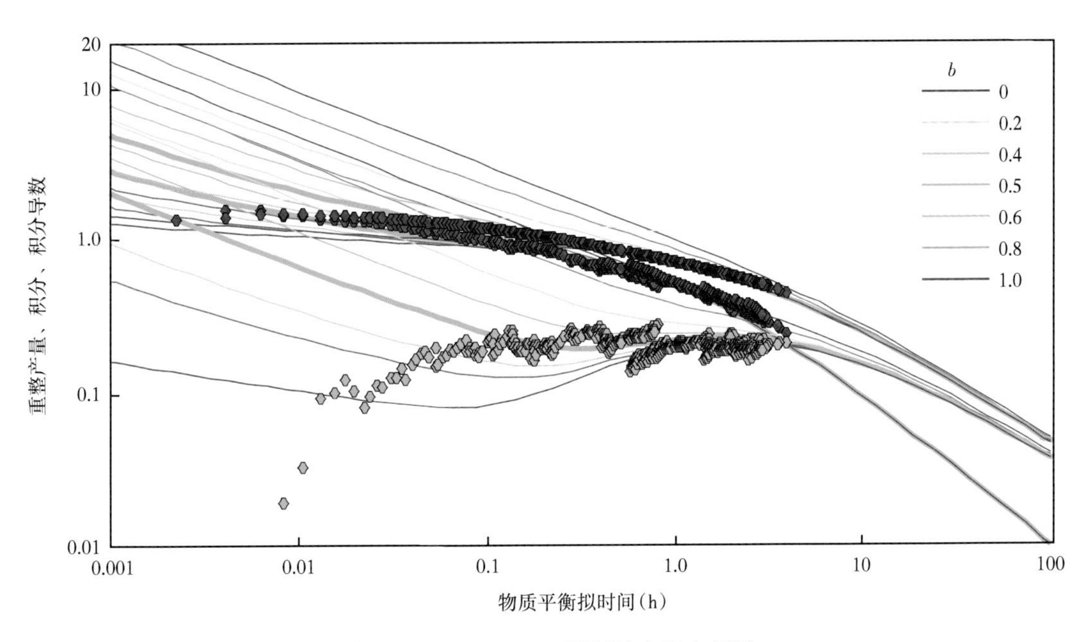

图 6-18 Blansingame 图版法应用实例图

3. Agarwal-Gardner 图版法

Agarwal 等则直接将标准化产量$(q/\Delta p_p)$引入不稳定试井分析中无量纲参数 q_D 及无量

纲时间 t_{DA} 中，其表达式为：

$$q_D = \frac{1.417\times10^6 T}{Kh} \frac{q}{p_i - p_{wf}} = \frac{1.417\times10^6 T}{Kh} \frac{q}{\Delta p} \tag{6-17}$$

$$t_{DA} = \frac{0.00634 K t_{ca}}{\pi \phi \mu C_{ti} r_e^2} \tag{6-18}$$

为了提高分析可靠度，Agarwal 等还建立了产量归整化拟压力导数的倒数形式（1/DER）：

$$\frac{1}{DER} = \left[t_{ca} \frac{d(\Delta p/q)}{dt_{ca}} \right]^{-1} \tag{6-19}$$

Agarwal-Gardner 图版法的使用条件、计算功能（图 6-19）和 Blasingame 图版法相同，但该图版法能够更容易地辨别不同的不稳定流态，易识别从无限流过渡到边界控制流发生时机。同时由于倒数—压力—导数函数对数据质量的要求较高，如果数据太过分散，则不能得到有意义的结果。结果多解性比 Blasingame 图版法更突出（图 6-20）。

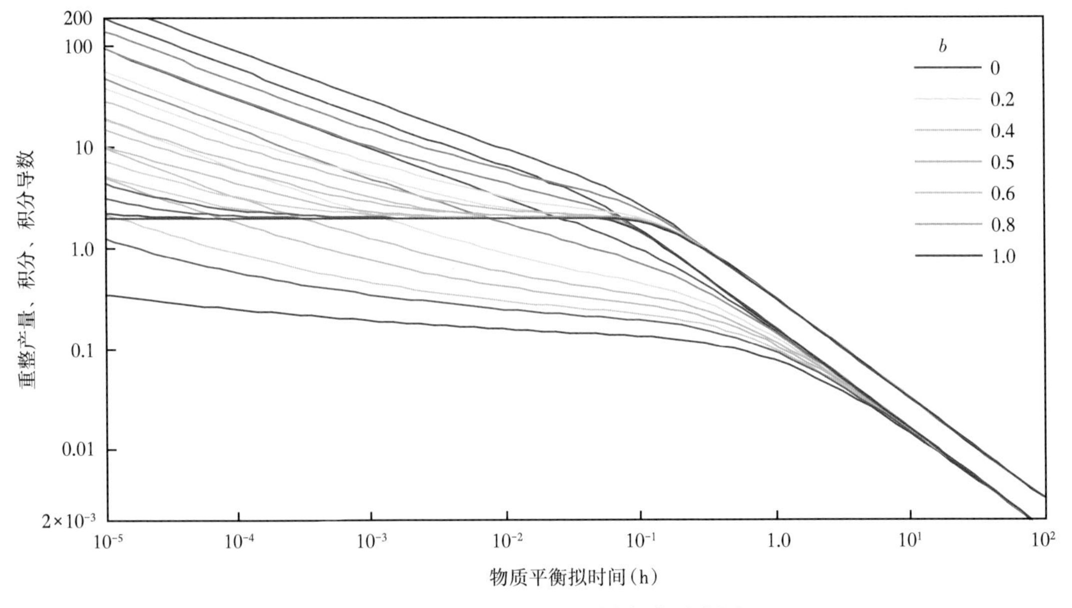

图 6-19　Agarwal-Gardner 图版法示意图

4. NPI 图版法

气井的生产数据通常较为分散，如何建立一种方法在积分后不受数据分散的影响是实际一个急待解决的问题，为此，Blasingame 提出了 NPI 图版法。

Blasingame 图版法、Agarwal-Gardner 图版法和 NPI 图版法的区别在于：前两者都是利用压力规整化产量形式处理生产数据，而后者则是利用产量规整化压力的积分形式（图 6-21）。相同之处是其图版的横坐标与 Blasingame 图版法、Agarwal-Gardner 图版法一致，都是物质平衡拟时间，但纵坐标为产量规整化拟压力。NPI 典型图版的使用范围和计算功能与 Blasingame 典型图版相同（图 6-22）。

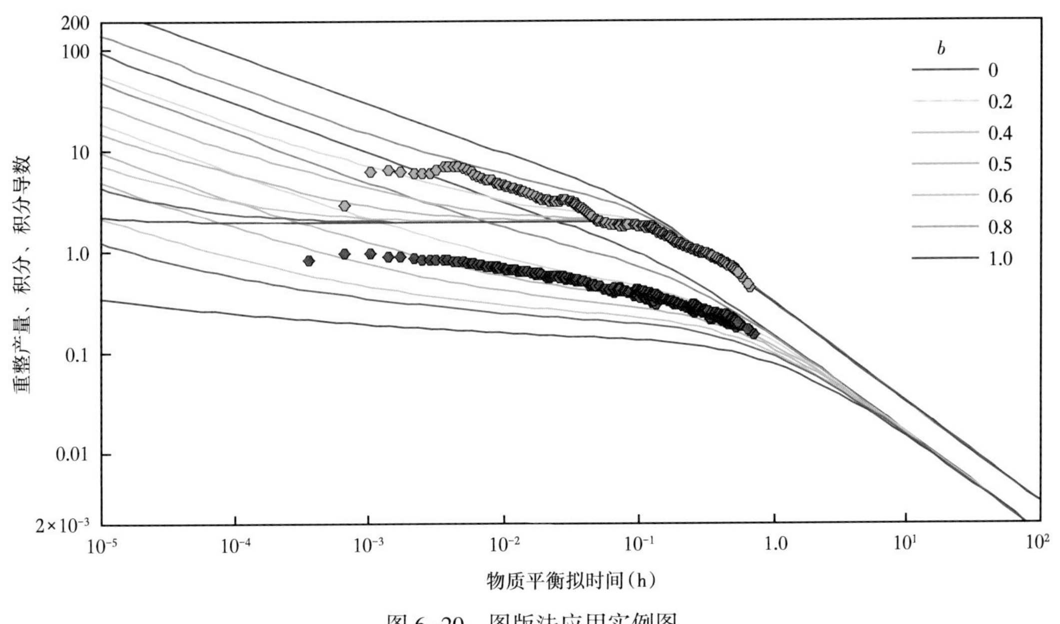

图 6-20 图版法应用实例图

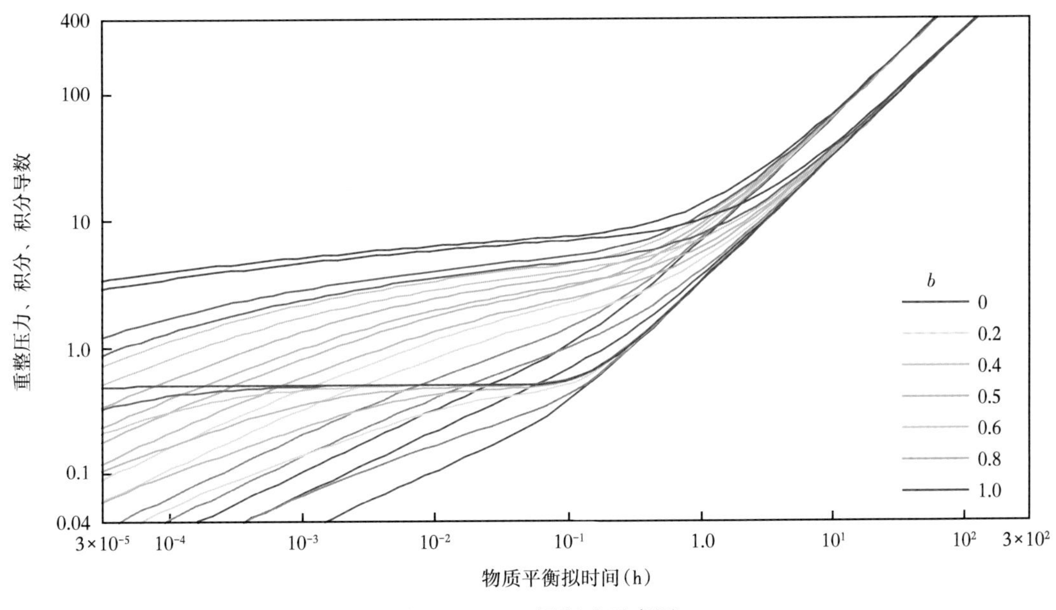

图 6-21 NPI 图版法示意图

5. 流动物质平衡法

流动物质平衡(FMB)法是基于改进后的 Agarwal-Gardner 产量—累计典型曲线的一种新的生产数据分析方法。该方法与常规物质平衡分析相似，但是不需要关井压力数据(原始油藏压力除外)。相反，它使用压力归一化产量和物质平衡(拟)时间的概念来建立一种简单的线性曲线，可以推出地质储量。

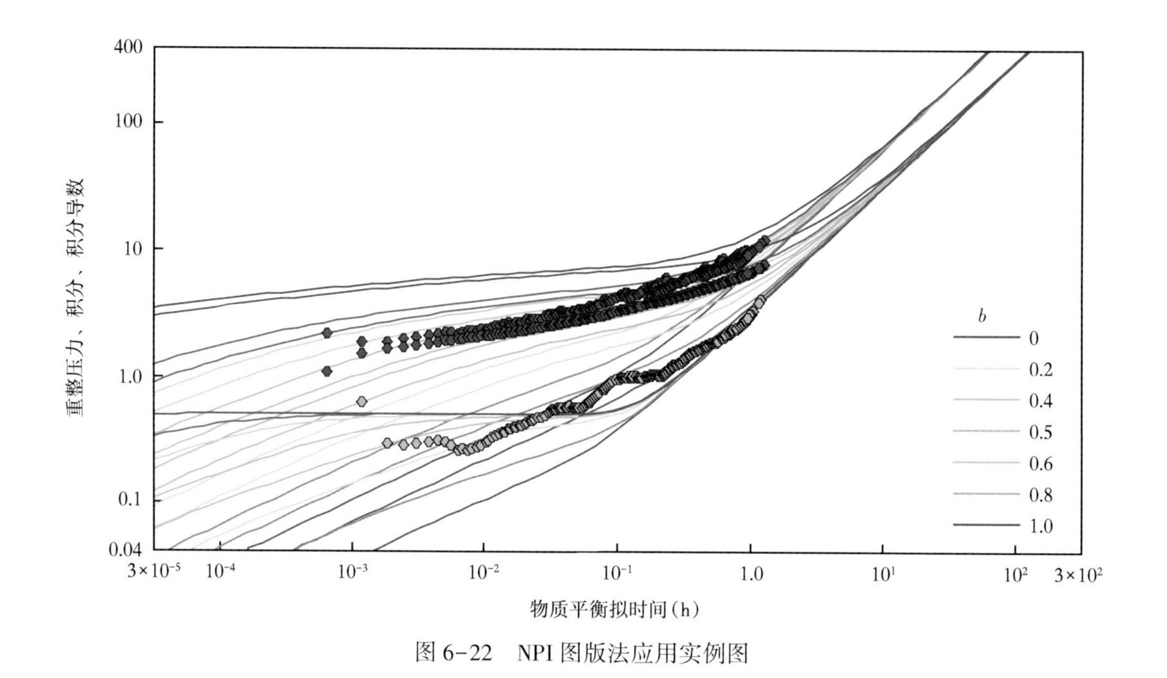

图 6-22　NPI 图版法应用实例图

当储层处于拟稳态流动时，储层中所有位置的压力以相同的速率降低。如图 6-23 所示，为储层中所有位置的压力情况(左边为井筒，右边是储层外边界)，图中每条压力线都表示了井以恒定产量生产时储层中的拟稳态压力。在拟稳定流动状态时，储层中各点的压力下降幅度均一致。

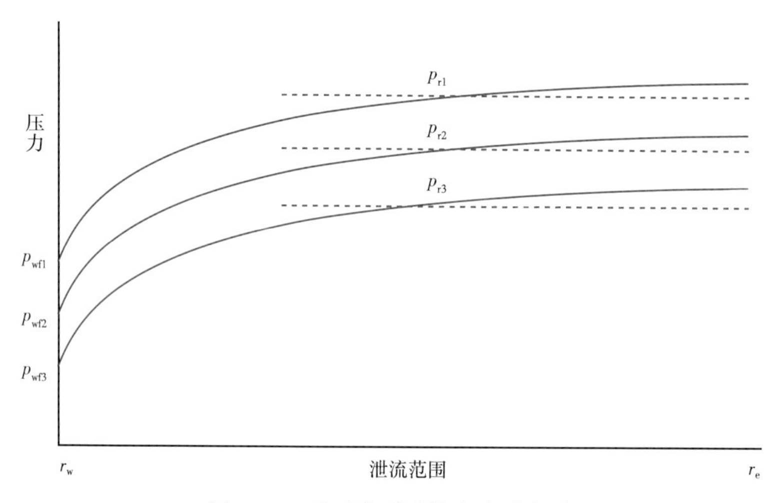

图 6-23　流动物质平衡方法示意图

传统流动物质平衡法需要在生产一段时间后关井，待储层压力稳定后，利用 p/Z 曲线计算单井动态储量。对于气井来说，利用流动井底压力也可用 p/Z 曲线计算单井动态储量，如图 6-24 所示，应用实例如图 6-25 所示。

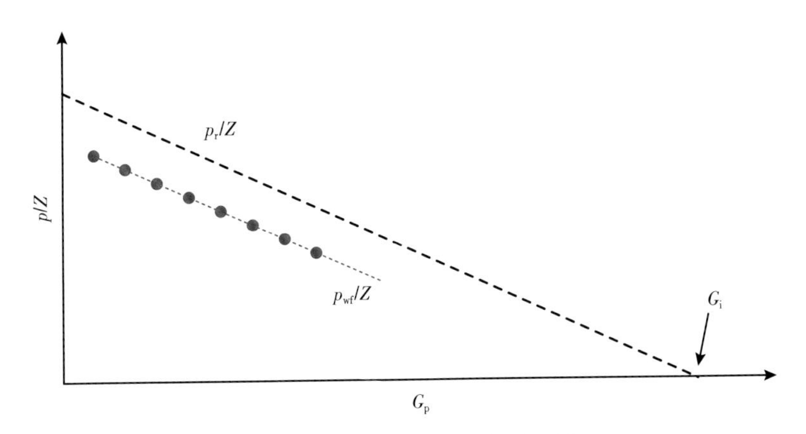

图 6-24　流动物质平衡法示意图

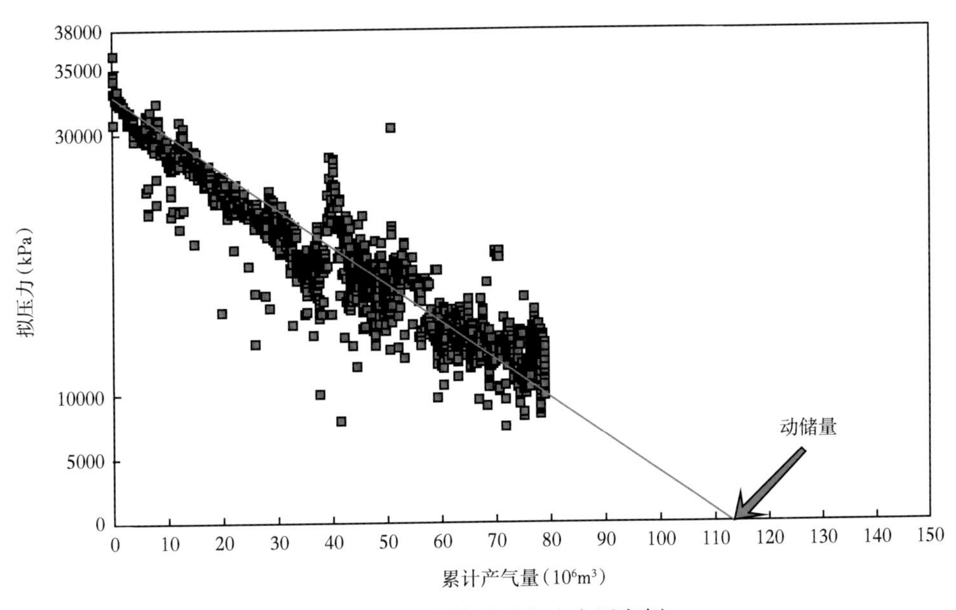

图 6-25　流动物质平衡法应用实例

该方法简单实用，无需关井压力，即可进行流体地质储量解析预测；在预测地质储量上，优于 Blasingame 图版法等典型曲线法。但该方法有一定的适用条件：(1)仅适用于衰竭的油气藏(与 p/Z 曲线相似)；(2)对于封闭型、中—高渗气藏储量的计算精度较高，对于连通性差、非均质性强的低渗透气藏计算结果偏小；(3)适用于渗流进入拟稳定流状态的阶段，若在气井生产的初始阶段用 FMB 法拟合得到的动态储量会偏低；(4)当低渗透气井配产偏高时，用 FMB 法拟合得到的动态储量会偏低。

综合以上分析可以看出，当前所有的纯解析方法都需要气井到达拟稳态阶段后，利用拟稳态数据分析可以得到较为准确的结果。

第二节 产量递减影响因素

大量分析研究结果表明，气井产量递减规律与地质条件、开采方式和工艺技术等都有着直接的联系（图 6-26）。

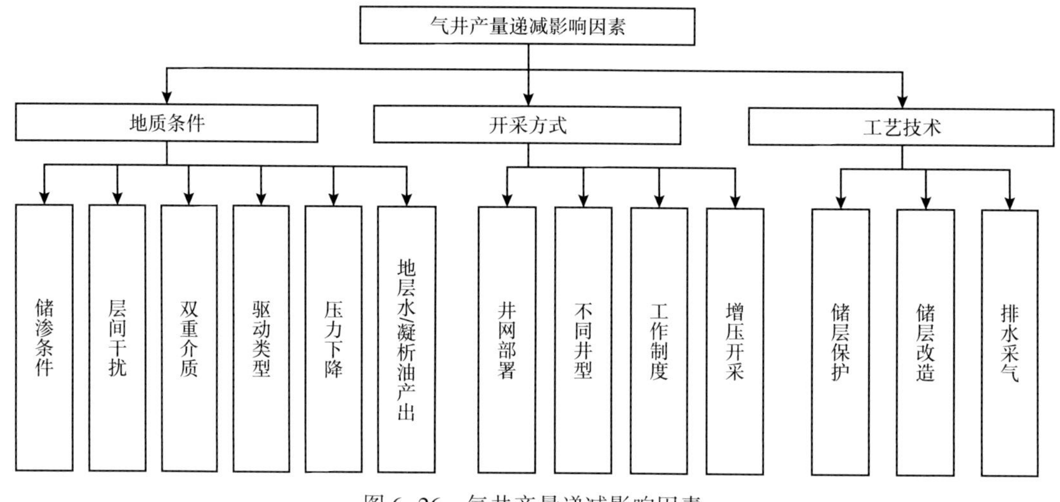

图 6-26 气井产量递减影响因素

地质条件是指气藏本身所固有的基本条件，是客观存在的，难以人为改变。它主要包括气藏构造类型、圈闭类型、储集空间类型（如孔隙型、裂缝型、裂缝—孔隙孔洞型）、驱动类型（与水体大小、气水接触关系及分布有关）、渗流条件（如孔缝发育程度、搭配关系、连通性、均质性、渗流能力）、储量等方面的内容。在地质因素中，对气藏递减和最终采收率起主导作用的因素是储渗条件及驱动类型。

开采方式取决于储渗类型和驱动类型，并决定着布井方式、钻井完井方式等。开采方式主要包括井网部署、井型、工作制度等。布井方式关系着地层能量能否充分发挥，地下储量能否充分利用，影响着气藏能否平衡开采，是影响气井产量递减的重要因素之一。气井递减期产量资料分析可知，产量递减曲线受生产制度的控制。气井产气量过大，若无外部能量补充，气井生产后期产量快速下降。

工艺技术是体现气田开发水平高低的重要标志，对于确保气藏在开发后期能够正常生产具有重大的作用。工艺技术主要包括气层保护、储层改造、修井挖潜、管网调整、设备增压、治水采气、地层水处理等。如果工艺技术好，能有效解决问题，就能有效减缓产量递减，延长气井（藏）寿命。完井及气层保护技术运用的好坏，直接影响气井的完善性和产气能力。在其他条件相同的情况下，气层伤害或井壁污染会严重制约气井的产气能力。

一、气井递减影响因素研究

影响气井产量递减的地质与气藏因素主要包含储层的物性参数、井控储量、地层压力和工作制度等，为了分析影响因素与递减率之间的关系，利用数值模拟方法，建立典型气井单井模型，从定性及定量的角度开展不同因素对递减率影响的研究。基础模型基本参数见图 6-27、表 6-2。

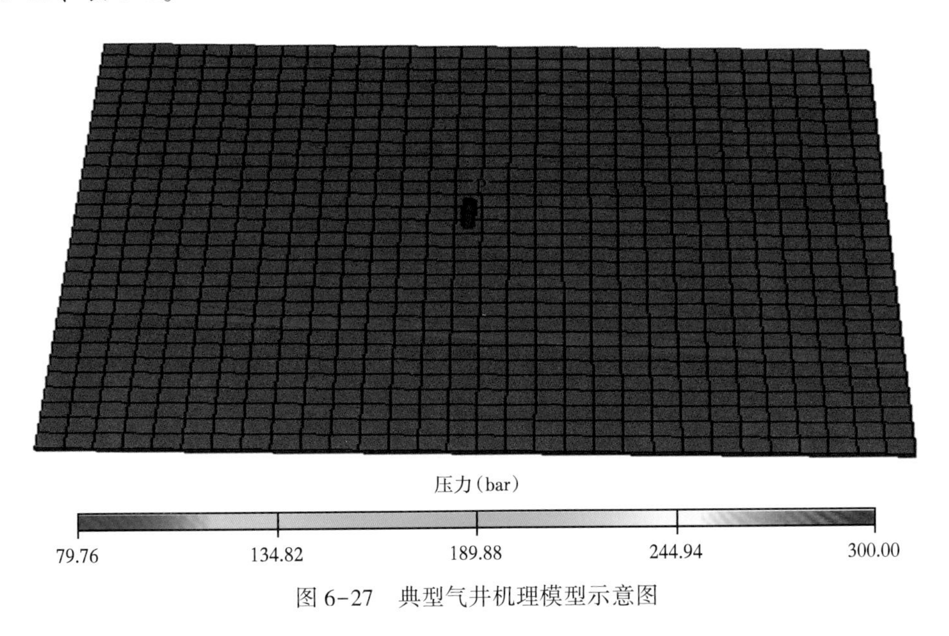

图 6-27　典型气井机理模型示意图

表 6-2　典型气井单井模型基本参数表

参数	数值	参数	数值
渗透率(mD)	4	井控半径(m)	1500
孔隙度(%)	8	原始地层压力(MPa)	30
含气饱和度(%)	70	配产(m^3/d)	40000
储层厚度(m)	4.5	网格步长(m×m×m)	50×50×4.5
体积系数	0.0042	网格数	900
井口压力(MPa)	6.4	井控储量(10^8m^3)	2.7
稳产时间(a)	5	生产时间(a)	20

1. 渗透率

设计储层渗透率 0.01mD、0.05mD、0.1mD、0.5mD、1.0mD、4.0mD、8.0mD 七套对比方案，研究储层渗透率对产量递减规律的影响，储层渗透率越大，递减率越大；且递减率由快速递减和缓慢递减两段组成，且在 2~3 年后递减率趋于稳定(图 6-28、图 6-29)。

利用计算得到的年递减率和年产气量回归递减指数，其中 n 越小，表明递减越快(图 6-30、表 6-3)，回归公式如下：

$$D = D_i\left(\frac{q}{q_i}\right)^n \tag{6-20}$$

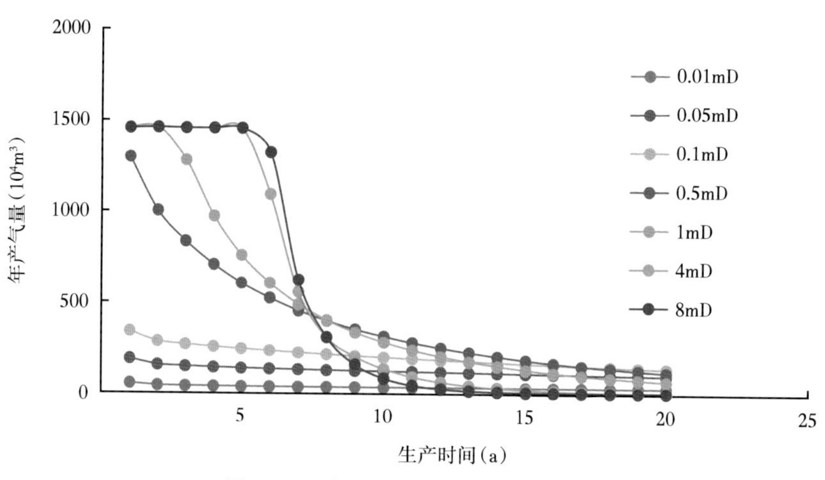

图 6-28　年递减率与生产时间关系

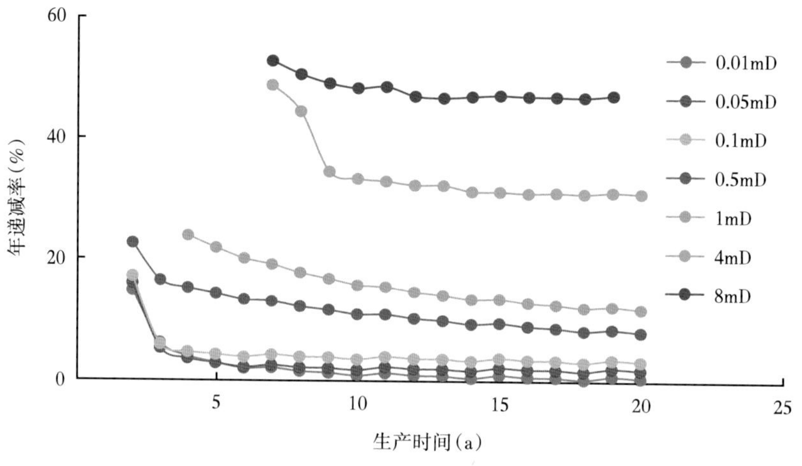

图 6-29　年产气量与生产时间关系

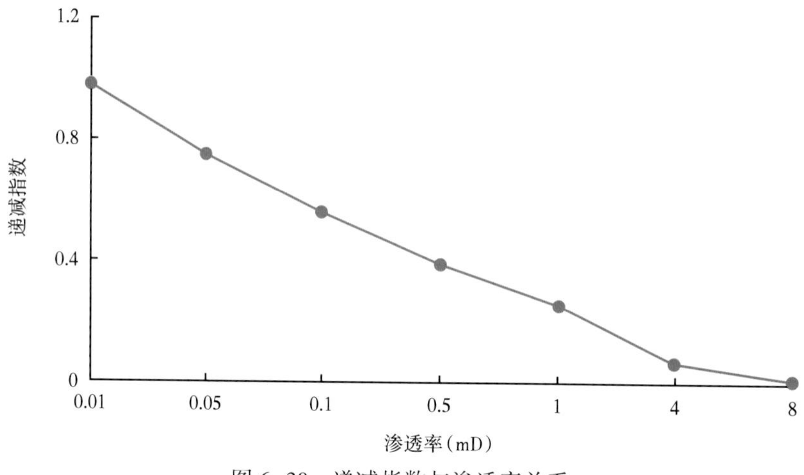

图 6-30　递减指数与渗透率关系

表 6-3　不同渗透率递减指数回归表

渗透率（mD）	0.01	0.05	0.1	0.5	1	4	8
n	0.987	0.753	0.561	0.393	0.256	0.067	0.0104
递减类型	双曲	双曲	双曲	双曲	双曲	近指数	近指数

如图 6-30 所示，递减指数随着储层渗透率的增大而减小，即渗透率越大，递减越快。当渗透率 $K<1$mD 时比较符合双曲递减，渗透率 $K>1$mD 时比较符合近指数递减。渗透率从 0.01mD 增加至 8mD，递减指数从 0.987 变化到 0.0104，递减类型从调和到指数，说明渗透率对递减影响较大。

2. 孔隙度

设计储层孔隙度 0.05、0.07、0.09、0.11、0.13 五套对比方案，研究其对产量递减及递减率的影响。随着孔隙度增大，稳产时间越长，孔隙度增加 1%，稳产时间延长约 0.5 年。储层孔隙度越大，递减率越小；递减率由快速递减和缓慢递减两段组成，且在 2~3 年后递减率趋于稳定（图 6-31、图 6-32）。

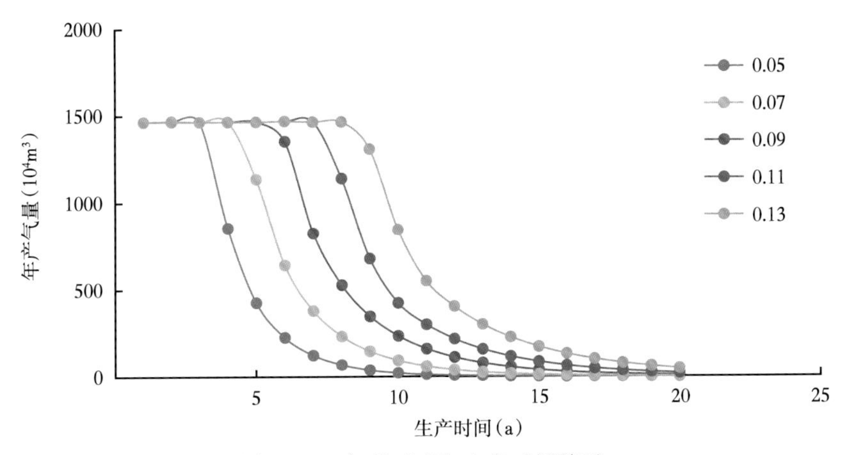

图 6-31　年递减率与生产时间关系

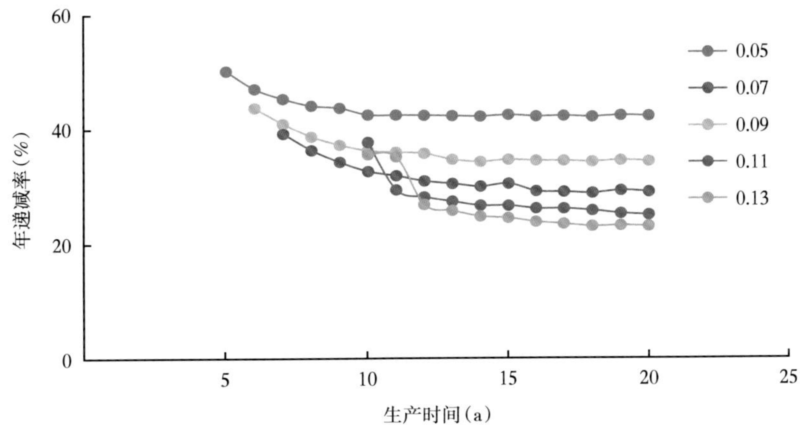

图 6-32　年产气量与生产时间关系

可以看出，n 随着储层孔隙度的增大而增大，递减规律比较符合指数递减。孔隙度从 0.05 到 0.13，n 从 0.0145 增加到 0.0686，说明孔隙度对递减影响相对较小（图 6-33、表 6-4）。

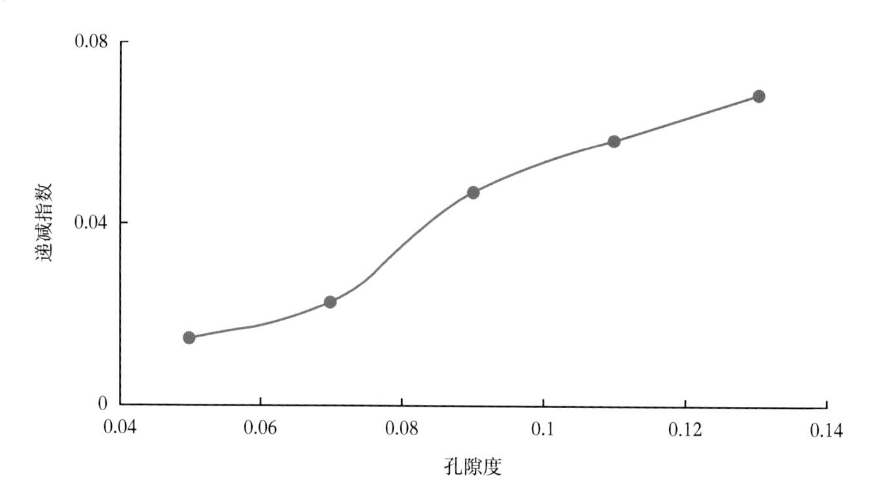

图 6-33　递减指数与孔隙度关系

表 6-4　不同孔隙度递减指数回归表

孔隙度	0.05	0.07	0.09	0.11	0.13
n	0.0145	0.0227	0.0466	0.0585	0.0686
递减类型	近指数	近指数	近指数	近指数	近指数

3. 含气饱和度

设计储层含气饱和度 0.5、0.6、0.7、0.8、0.9 五套对比方案，研究其对产量递减及递减率的影响。随着含气饱和度增大，稳产时间越长，含气饱和度增加 10%，稳产时间延长约 1 年。储层含气饱和度越大，递减率越大；递减率由快速递减和缓慢递减两段组成，且在 2~3 年后递减率趋于稳定（图 6-34、图 6-35）。

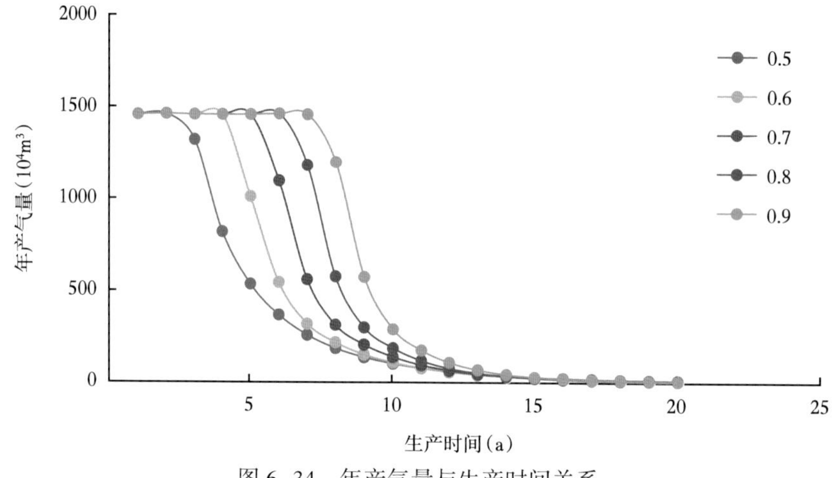

图 6-34　年产气量与生产时间关系

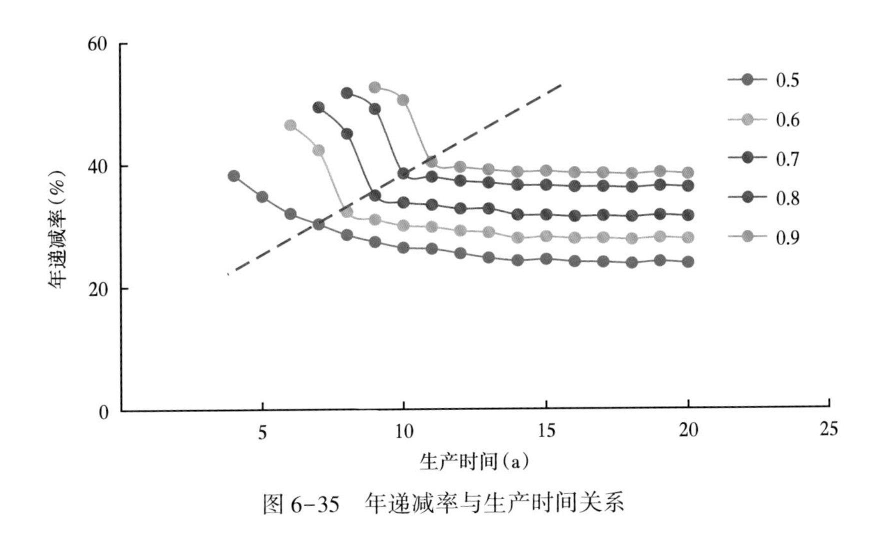

图 6-35　年递减率与生产时间关系

可以看出，n 随着储层含气饱和度的增大而减小，其递减类型比较接近指数递减。含气饱和度从 0.5 增加到 0.9，n 始终小于 0.1，说明含气饱和度对递减影响相对较小(图 6-36、表 6-5)。

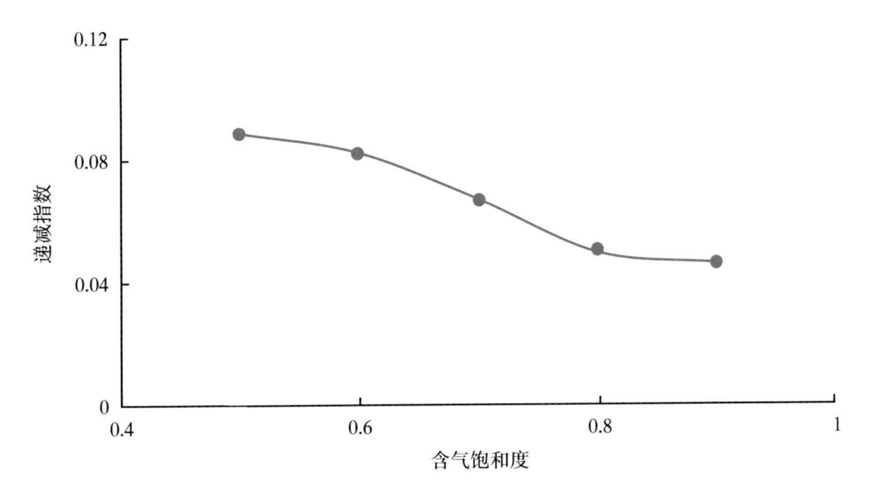

图 6-36　递减指数与含气饱和度关系

表 6-5　不同含气饱和度递减指数回归表

含气饱和度	0.5	0.6	0.7	0.8	0.9
n	0.0884	0.0821	0.067	0.0498	0.0463
递减类型	近指数	近指数	近指数	近指数	近指数

4. 储层厚度

设计储层厚度 1m、3m、5m、7m、9m 五套对比方案，研究其对产量递减及递减率的影响。随着厚度增大，稳产时间越长，厚度增加 2m，稳产时间延长约 2 年。储层厚度越大，递减率越小；递减率由快速递减和缓慢递减两段组成，且在 2~3 年后递减率趋于稳定，在生产后期递减率几乎不随厚度的改变而改变(图 6-37、图 6-38)。

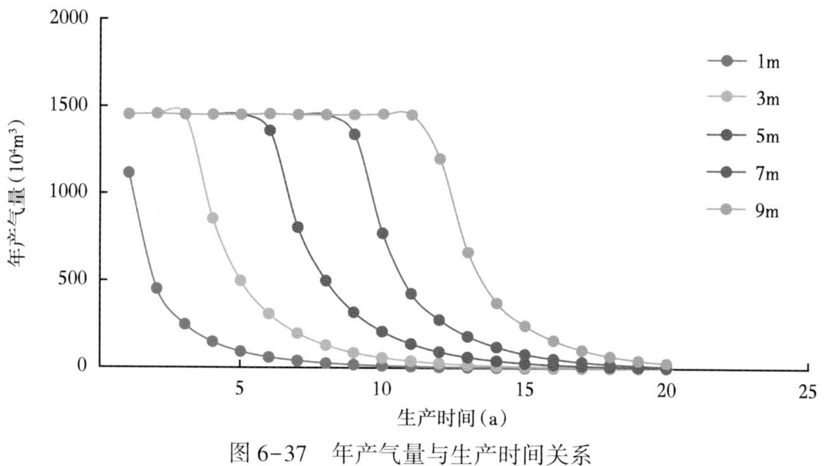

图 6-37　年产气量与生产时间关系

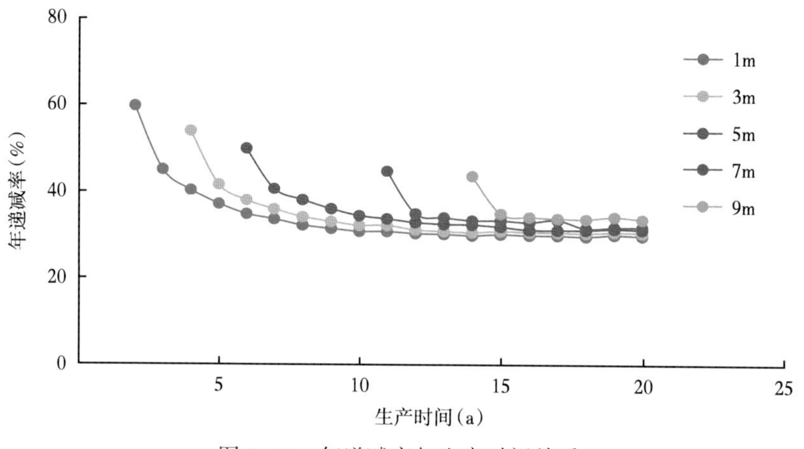

图 6-38　年递减率与生产时间关系

可以看出，n 随着储层厚度的增大而增大，其递减类型比较接近指数递减。地层厚度从 1m 增加到 9m，n 始终小于 0.1，说明地层厚度对递减影响相对较小（图 6-39、表 6-6）。

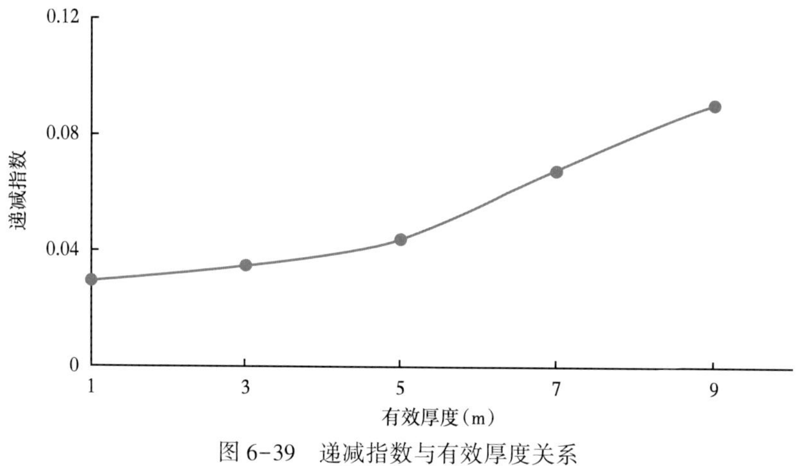

图 6-39　递减指数与有效厚度关系

表 6-6　不同厚度递减指数回归表

有效厚度(m)	1	3	5	7	9
n	0.031	0.0375	0.044	0.0682	0.0906
递减类型	近指数	近指数	近指数	近指数	近指数

5. 地层压力

设计地层压力 10MPa、15MPa、20MPa、25MPa、30MPa 五套对比方案，研究其对产量递减及递减率的影响。随着地层压力增大，稳产时间越长，地层压力增加 5MPa，稳产时间延长 1~2 年。地层压力越大，递减率越大；递减率由快速递减和缓慢递减两段组成，且在 2~3 年后递减率趋于稳定，在生产后期递减率几乎不随压力的改变而改变(图 6-40、图 6-41)。

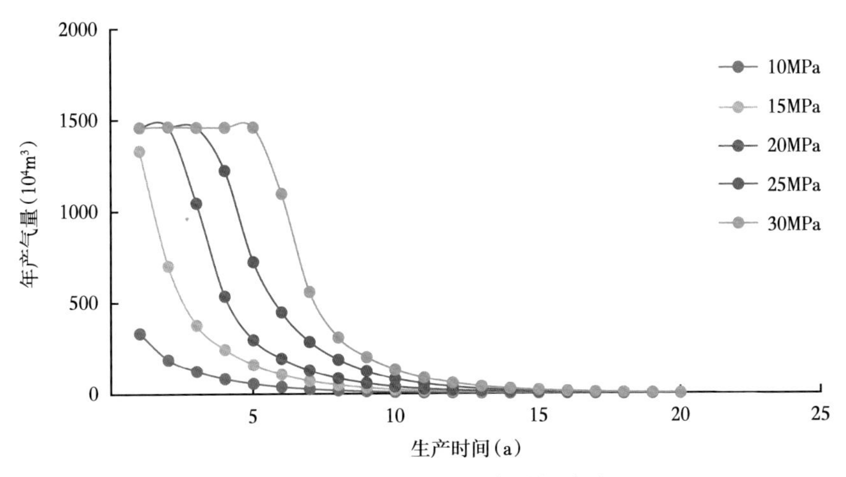

图 6-40　年产气量与生产时间关系

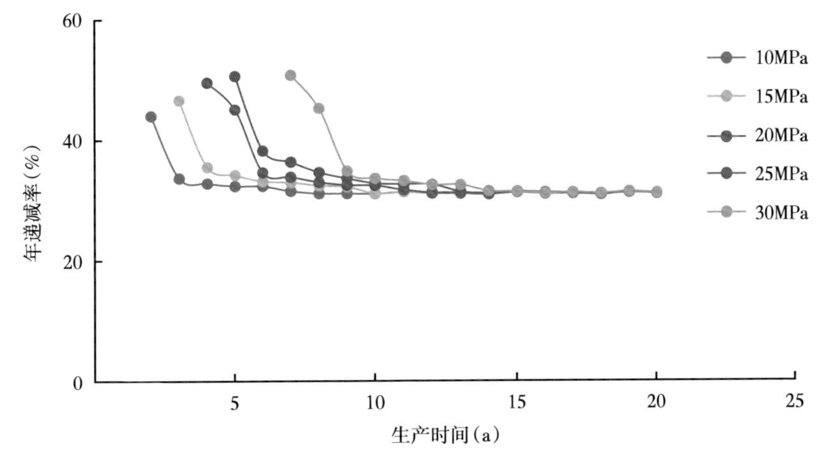

图 6-41　年递减率与生产时间关系

可以看出，地层压力越大，地层能量越充足，递减指数越大，整体递减较缓。其递减类型比较接近指数递减。地层压力从 10MPa 增加到 30MPa，n 变化小，始终小于 0.1，说明地层压力对递减影响相对较小(图6-42、表6-7)。

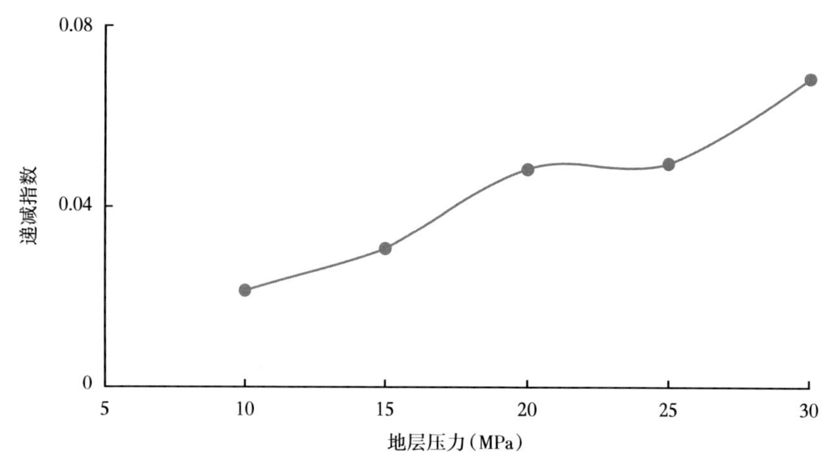

图6-42　递减指数与地层压力关系

表6-7　不同地层压力递减指数回归表

地层压力(MPa)	10	15	20	25	30
n	0.0212	0.0308	0.0485	0.0497	0.0685
递减类型	近指数	近指数	近指数	近指数	近指数

6. 井控储量

设计井控储量 $0.1\times10^8m^3$、$0.2\times10^8m^3$、$0.4\times10^8m^3$、$0.8\times10^8m^3$、$1\times10^8m^3$、$2\times10^8m^3$、$4\times10^8m^3$ 五套对比方案，在模型中通过改变井控半径来实现，研究井控储量对产量递减及递减率的影响。随着井控储量增大，稳产时间越长，稳产时间随井控储量的增加成倍数增加。井控储量越大，递减率越小；递减率由快速递减和缓慢递减两段组成，且在2~3年后递减率趋于稳定(图6-42、图6-43)。

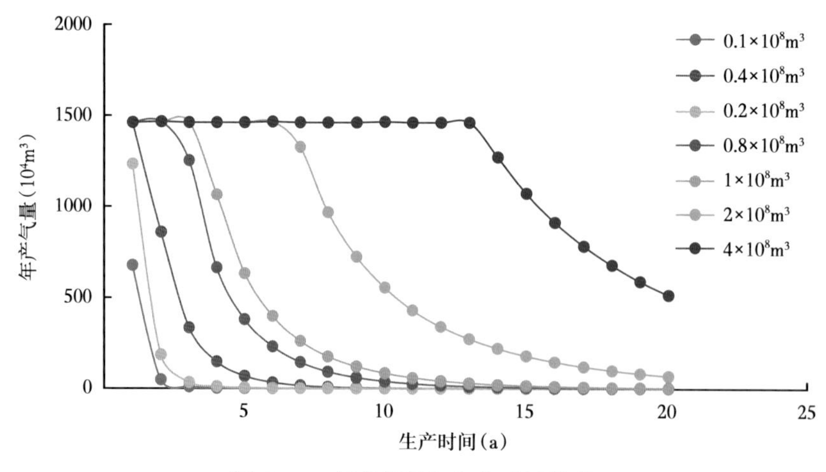

图6-43　年产气量与生产时间关系

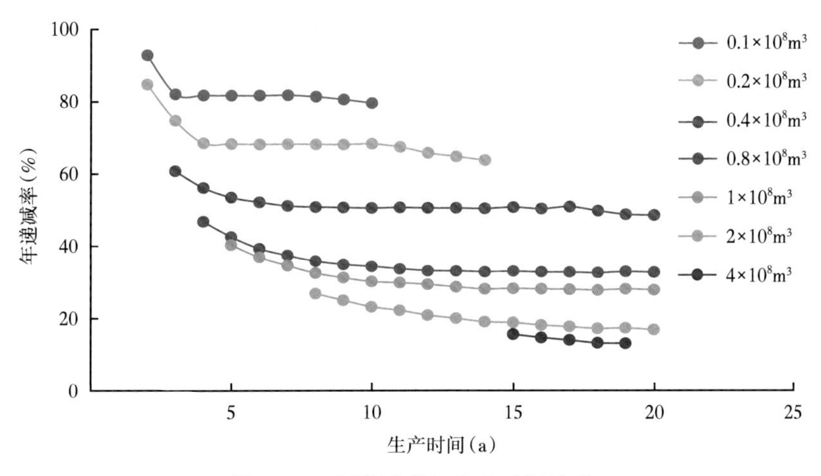

图 6-44　年递减率与生产时间关系

可以看出，井控储量越大，递减指数越大，整体递减较缓。当井控储量大于 $1\times10^8m^3$ 时符合双曲递减，井控储量小于 $1\times10^8m^3$ 时比较符合指数递减。当井控储量从 $0.1\times10^8m^3$ 增加到 $4\times10^8m^3$，递减指数 n 的值变化较大，说明井控储量对递减影响相对较大（图 6-45、表 6-8）。

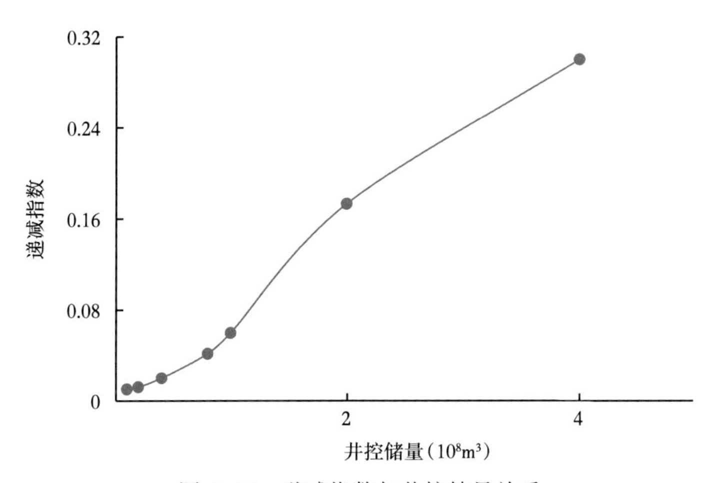

图 6-45　递减指数与井控储量关系

表 6-8　不同井控储量递减指数回归表

井控储量（10^8m^3）	0.1	0.2	0.4	0.8	1	2	4
n	0.01	0.012	0.02	0.0415	0.0598	0.1731	0.2998
递减类型	近指数	近指数	近指数	近指数	近指数	双曲	双曲

7. 定产量生产

设计定产量 $2\times10^4m^3$、$3\times10^4m^3$、$4\times10^4m^3$、$6\times10^4m^3$、$8\times10^4m^3$ 五种对比方案，研究

单井配产对产量递减及递减率的影响。随着定产量增大，稳产时间越长，稳产时间随定产量的增加成倍数增加。定产量越大，递减率越大；递减率由快速递减和缓慢递减两段组成，且在2~3年后递减率趋于稳定，生产后期递减率几乎不随定产量的改变而改变（图6-46、图6-47）。

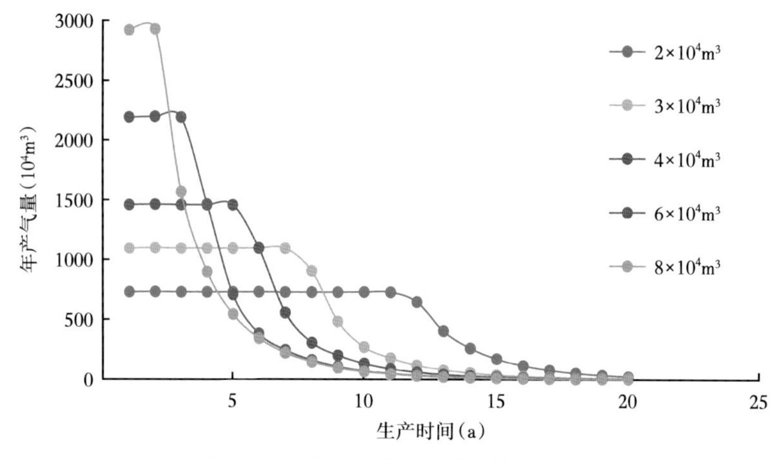

图6-46　年产气量与生产时间关系

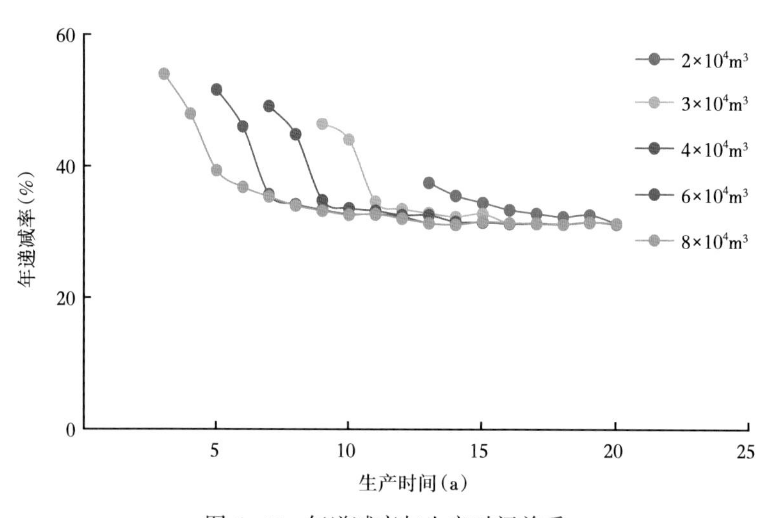

图6-47　年递减率与生产时间关系

可以看出，定产量越大，递减指数越小，整体递减较快。当定产气量从$2\times10^4m^3/d$增加到$8\times10^8m^3/d$，n变化较大，说明定产气量对递减影响相对较大（图6-48、表6-9）。

表6-9　不同定产量递减指数回归表

定产量（10^4m^3）	2	3	4	6	8
n	0.2039	0.1724	0.1148	0.0772	0.0365
递减类型	双曲	双曲	双曲	近指数	近指数

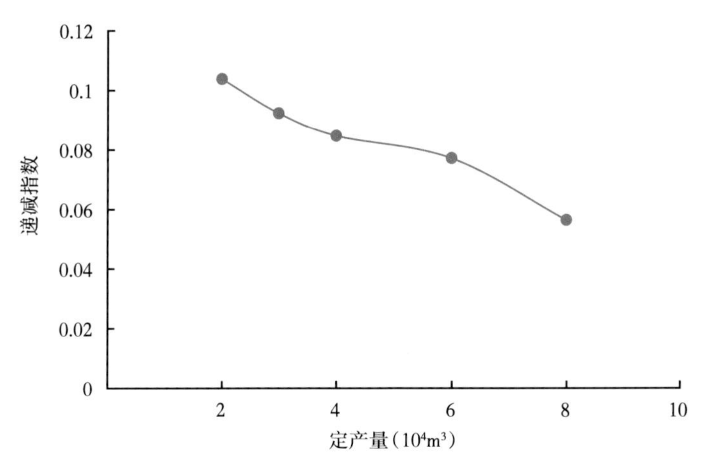

图 6-48 递减指数与定产量关系

8. 井口废弃压力

设计井口废弃压力 2MPa、3MPa、4MPa、5MPa、6.4MPa 五种对比方案，研究其对产量递减及递减率的影响。井口压力越大，稳产期越短；随着生产时间增加，气井递减率降低，2~3 年后趋于稳定。井口压力越大，递减率越大。井口压力越大，递减指数越小，整体递减较快。其递减类型比较符合近指数和双曲递减。当井口压力从 2MPa 增加到 6.4MPa，n 从 0.2705 降低至 0.0468，变化较大，说明井口压力对递减影响相对较大（图 6-49、图 6-50、表 6-10）。

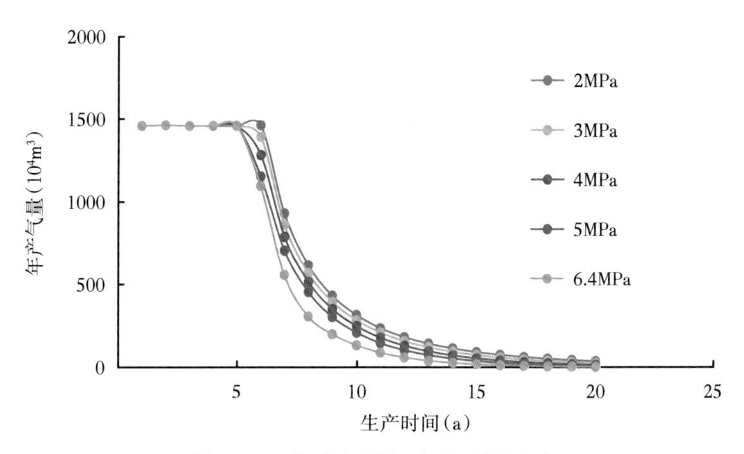

图 6-49 年产气量与生产时间关系

表 6-10 不同井口压力递减指数回归表

井口压力（MPa）	2	3	4	5	6.4
n	0.2705	0.1762	0.1115	0.068	0.0468
递减类型	双曲	双曲	双曲	近指数	近指数

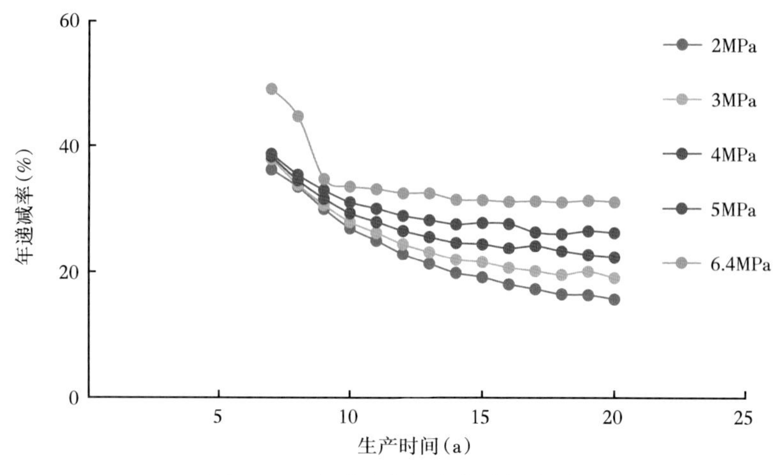

图 6-50　年递减率与生产时间关系

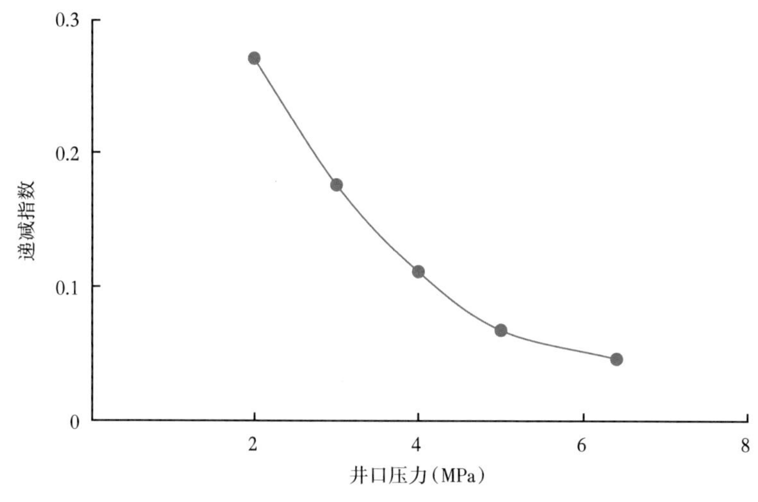

图 6-51　递减指数与井口废弃压力关系

二、气田递减影响因素

在根据时间阶段划分的递减率中，通常以年递减率指标为准，因此在气田开发数据库中，根据每月 1 点的老井产量数据(包括老井产量和老井措施增产量)和新井产量数据，可以绘制出一个开发单元的产量构成示意图，如图 6-52 所示。

根据开发数据管理规定，以年递减率为指标，把利用老井产量(包含措施增产量)计算的递减率定义为年综合递减率，而把剔除老井措施增产量后计算的递减率定义为年自然递减率。根据定义，从气田综合递减率的构成公式来看，主要由新井和老井两部分构成，结合气田生产实际分析评价影响综合递减率的因素。

综合递减率构成：

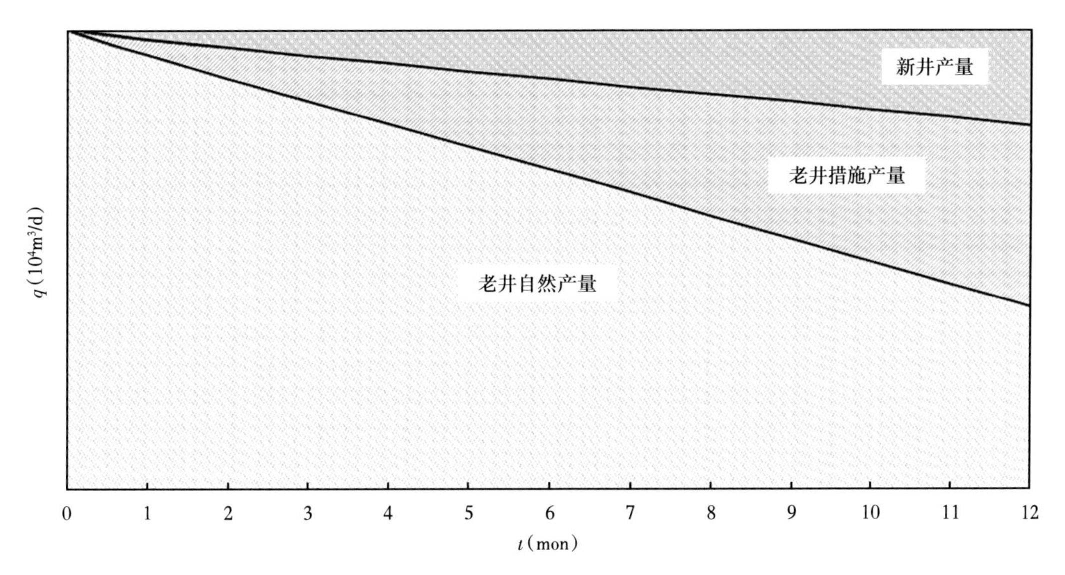

图 6-52　开发单元产量构成示意图

$$D_{综合}=\frac{q_{老井}}{q_{总}}D_{老井}+\frac{q_{新井}}{q_{总}}D_{新井} \tag{6-21}$$

从原理来说，数据库中的年度内老井产量变化具有较好的规律性，有利于对开发单元的产量变化进行统计分析及进行未来产量预测，因此综合递减率的影响主要受新井投产或增产措施的影响。

1. 新井对综合递减率的影响

1）新井产量占比

由于综合递减率是由不同投产年份气井递减率按照产量加权平均得到，所以综合递减率特征体现产量占比高的气井。上产期，新井产量占比高，综合递减率主要体现新井特征——递减率大；进入稳产期后，老井产量占比高，综合递减率主要体现老井特征——递减趋于平稳。

2）新井初期配产

低渗透气藏后期主要以新井投产弥补老井递减，初期配产对气田综合递减率较大，初期配产越高，新井初期递减率越高，从而气田综合递减率也越高。

2. 老井对综合递减率的影响

年度内老井产量变化具有较好的规律性，但因受气井产水、开井时率的影响，老井自然产量对综合递减率也产生了影响。

1）气井产水

随着气藏地层能量不断衰竭，气井携液能力减弱，气田开发范围的不断扩大和气井生产时间的延长，产水气井的数量在急剧增加，同时对气井的开采效果也将产生严重的影响。气井一旦产水，将导致气井的产量和最终累计采气量的降低和减少，产水严重时可将气井压死，致使气井失去生产能力，气井递减率陡增，导致气田综合递减率变大。

2)低产井发挥率

随着开发的深入，低产井所占比例逐年攀升。由于生产能力的降低，开井时率无法保证在90%，在这种情况下要保持气田稳产，则需要产量相对较高的气井提高产量进行弥补。提高气井配产，超出其合理配产范围，则气井递减率增大，也直接导致气田综合递减率增大。低产井受开井时率影响，产量贡献比例低，影响了气田综合递减率。

气井产水和开井时率在实际生产中是很难克服的。若要提高低产井的开井时率，积液井的生产管理，需要进行措施工作量投入，才能降低产水和开井时率对综合递减率的影响。因此老井措施对综合递减率的影响需要积极开展。

3)老井措施产量

气田投产的老井产量处在不断递减中，年产量受递减的影响而相对上一年也将降低，所以将整个区块能够挖潜的老井通过开展增产措施，使其产量增加，那么整个区块的产量递减率就会降低，最终降低了整个气田的递减率。

基于年综合递减率的定义可以得到老井产量(包含措施增产量)这部分在计算中不可或缺，而新井产量、老井产量(包括措施产量)对综合递减率的影响同时存在。因此从新井产量和老井产量两个方面分析：

(1)根据生产实际来看，若要降低新井对综合递减率的影响，应注重气井优化配产和现场管理。

(2)为了最终实现有效控制气田综合递减率，需进一步制定多种老井挖潜措施技术对策，主要是柱塞气举、速度管柱等排水采气工艺措施，增压开采技术对策，以及进攻性查层补孔、老井侧钻等挖潜技术对策。

第三节　递减分析在开发中应用

递减率是气田开发重要指标，在开发方案编制、气田生产运行、可采储量预测中都有重要作用。在新区开发方案编制中，利用递减率分析后给出气井和气田的产量剖面及累计产气量剖面，为气田经济评价提供基础数据。在生产运行中依据递减率，安排新井弥补递减工作量部署；在气井生产动态分析中，依据递减率预测未来产量变化，可作为开发生产动态趋势预警的重要参考；在气藏开发过程中，预测气田可采储量，可有效指导气田开发与管理。

一、预测气藏综合递减率

针对低渗透气藏生产实际，结合油气藏产量变化规律预测模型，采用以单井递减分析为基础，由单井递减分析到分年投产井分析，再由分年投产井到区块、气田递减分析，形成了具有低渗透气藏特色递减率评价方法。

根据分年投产气井产量变化特征(稳产或递减)，预测分年投产气井产量变化规律，再采用产量加权评价气田综合递减率(图6-53)。

气田综合递减率的评估，可以采用两种计算方法，算法一：根据分年投产井产量加权平均计算得到气田综合递减率公式［式(6-22)］。算法二：根据分年投产井拟合曲线产量累加，用年初产量减去年末产量公式［(式(6-23)］。

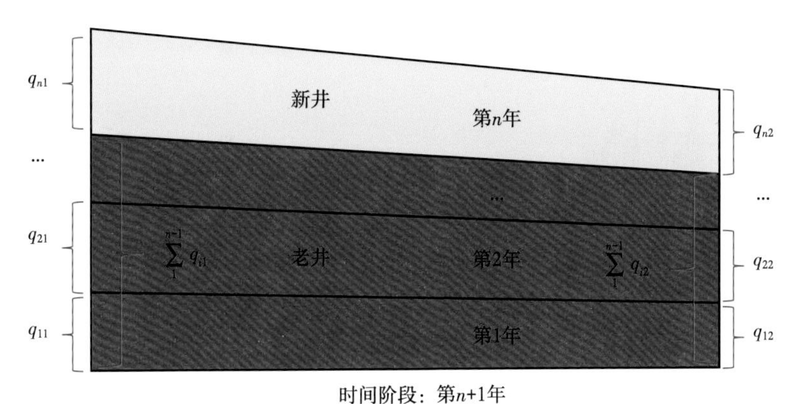

图 6-53 气田(区块)年产量构成示意图

新井指上一年投产井，综合递减率计算不包括当年投产新井

$$D_{综合} = \frac{q_{11}}{\sum_{i=1}^{n} q_{i1}} D_1 + \frac{q_{21}}{\sum_{i=1}^{n} q_{i1}} D_2 + \cdots + \frac{q_{n1}}{\sum_{i=1}^{n} q_{i1}} D_n \tag{6-22}$$

$$D_{综合} = \frac{\sum_{i=1}^{n} q_{i1} - \sum_{i=1}^{n} q_{i2}}{\sum_{i=1}^{n} q_{i1}} \tag{6-23}$$

式中 q_{i1}——分年投产井年初产气量，$10^4m^3/d$；

q_{i2}——分年投产井年末产气量，$10^4m^3/d$。

1. 分年投产井递减分析

在单井递减分析的基础上，将同一投产年份的气井作为一个整体，采用 Arps 递减分析法进行拟合，得到分年投产井递减变化规律(图 6-54 至图 6-58)。

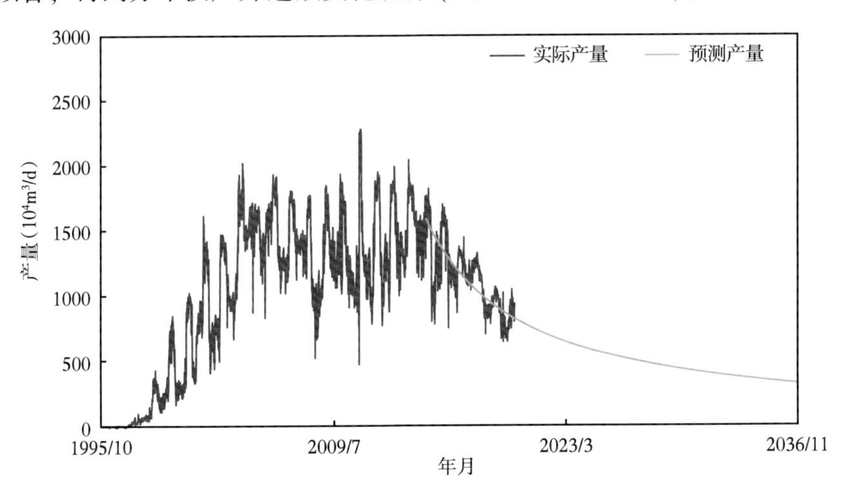

图 6-54 2014 年及以前投产井产气量拟合曲线

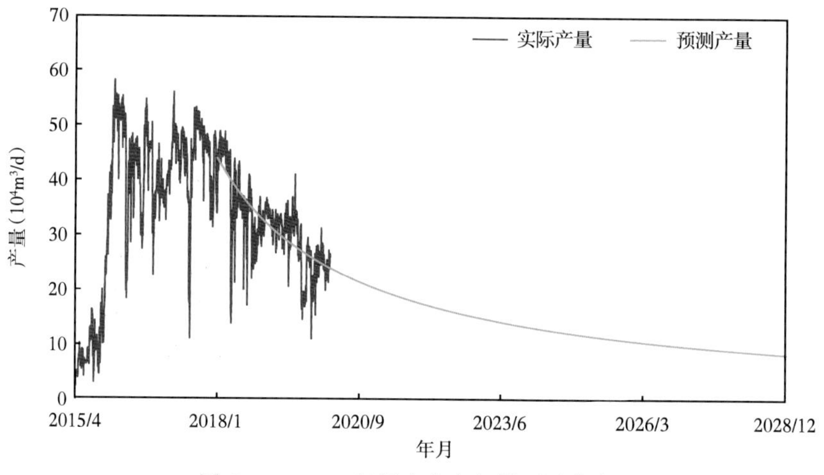

图 6-55　2015 年投产井产气量预测曲线

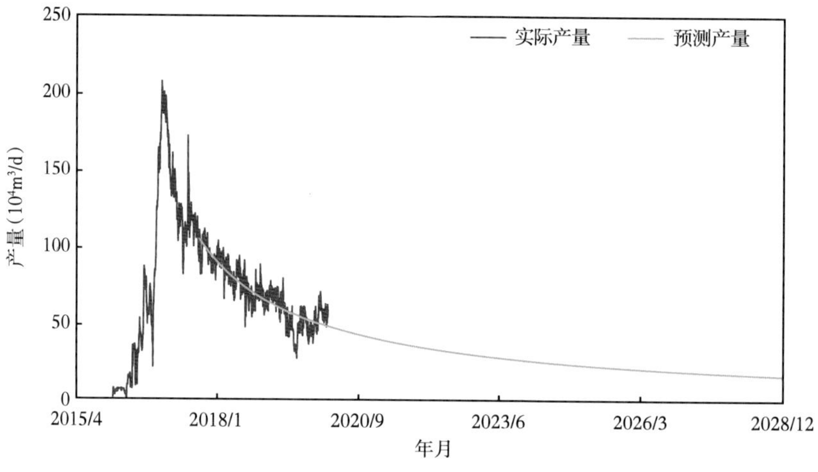

图 6-56　2016 年投产井产气量拟合曲线

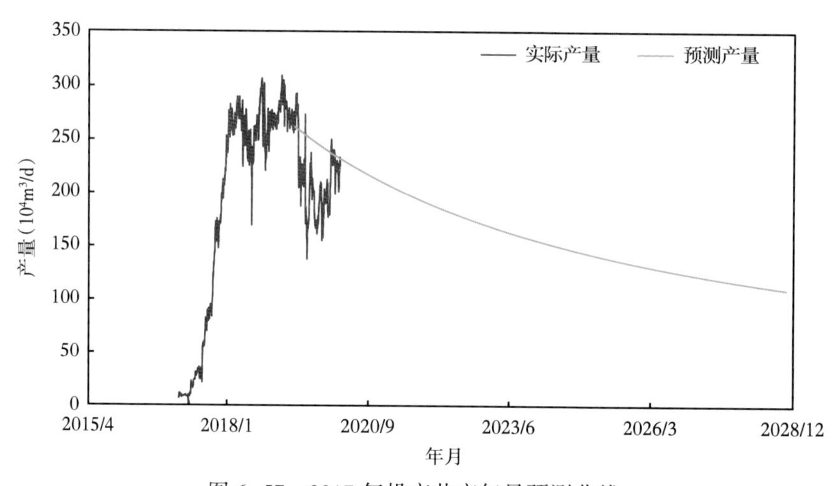

图 6-57　2017 年投产井产气量预测曲线

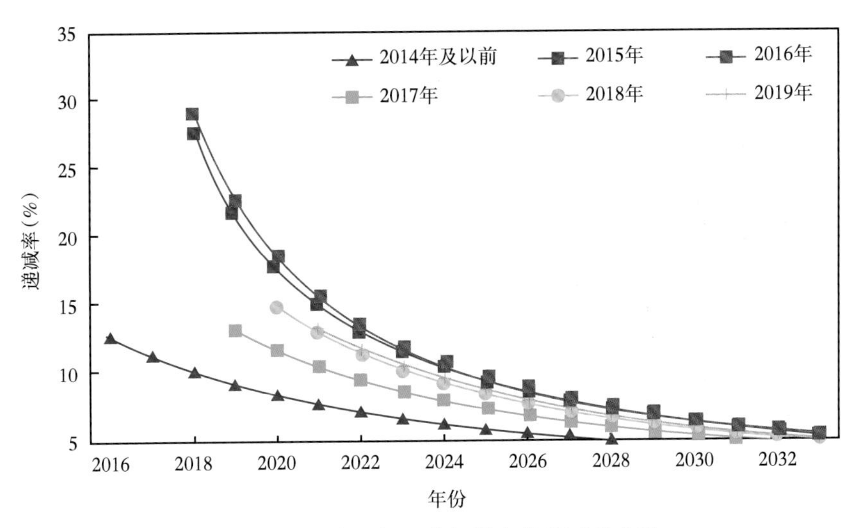

图 6-58　低渗透气田分年投产井递减率曲线

2. 气田综合递减率

应用上述单井—分年投产井—区块的递减分析方法，采用分年产量加权评价气藏进行综合递减率（图 6-59）。

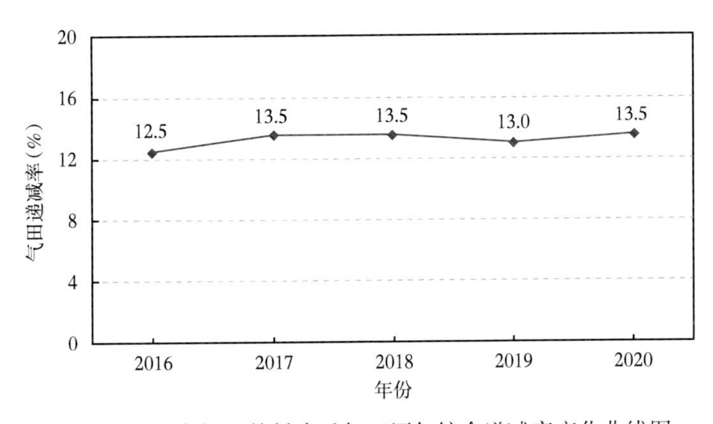

图 6-59　长庆气区某低渗透气田历年综合递减率变化曲线图

二、预测气藏产量变化规律

预测气井未来产量随时间的变化曲线，是气井动态预测和气田开发管理的首要任务。气田开发的所有管理决策都是在把握气井未来动态变化之后才制定的。气井动态是对开发效益进行经济分析的最重要依据。产量递减曲线分析法是预测气井或者气藏在正常生产情况下未来产量的有用工具。

对于气田整体或分年投产气井，若处于稳产阶段气井采用标定产能预测下一年产量，进入递减阶段气井，可再依据 Arps 递减分析的原理分析确定 q_i、D_i 和 n，预测未来产量随时间的变化关系，再采用产量叠加法预测气田分年产量（图 6-60）。

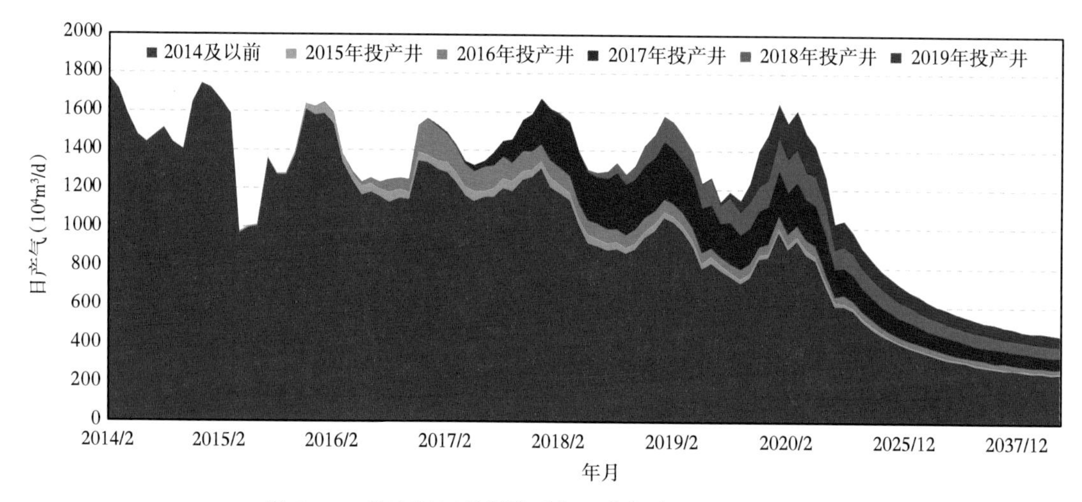

图 6-60　长庆气区某低渗透气田分年产量预测剖面图

三、规划气田产能建设

气田若处于上产期或稳产期，在老井产能标定及综合递减率研究的基础上，规划每年产建工作量，每年新建井产量规模等于弥补递减产量与上产新增产量之和，弥补递减产量等于上年产量规模乘以气田综合递减率（图 6-61）。当气田开发进入中后期，老井产量递减，生产达不到设计规模，需进一步建产弥补递减建产维持气田稳产。在老井产能标定的基础上，结合气田综合递减率研究，规划气田每年产能建设工作量，每年新建井产量规模等于上年产量规模乘以气田综合递减率（图 6-62）。

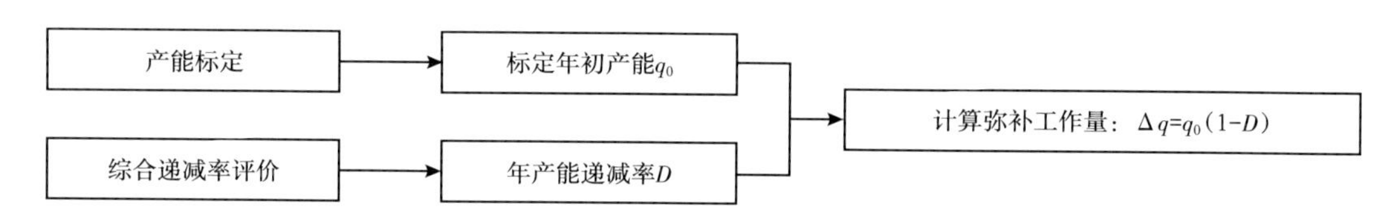

图 6-61　弥补递减产能建设工作量确定流程

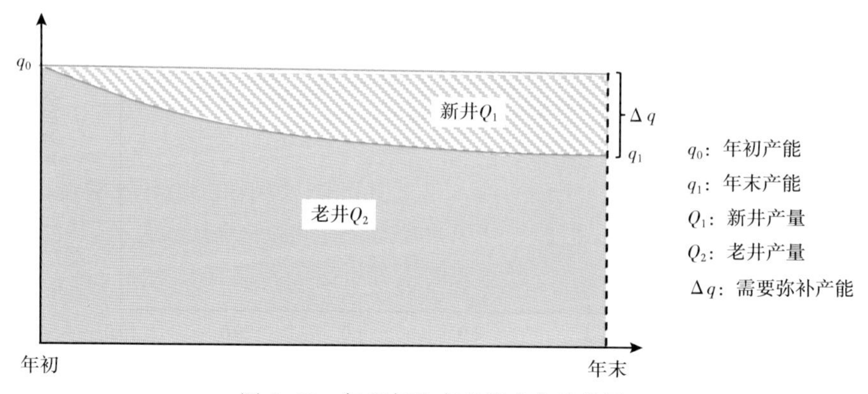

图 6-62　气田年生产产能变化示意图

以榆林气田南区弥补递减工作量计算为例，2019 年底气田标定产能 $20\times10^8m^3/a$，年综合递减率 11.5%，则年递减产能为 $2.3\times10^8m^3$，若 2020 年保持 $20\times10^8m^3$ 规模稳产，2019 年需要弥补递减的产能建设工作量 $2.3\times10^8m^3$。

四、预测气井可采储量

产量递减法是一种用油气田开发资料预测可采储量的有效方法，适合于处于递减阶段的各种类型的气藏。当气井或者气藏的产量开始递减时，以开始递减的时刻为时间零点，将观察到产量、时间数据与调和递减、指数递减以及双曲线递减曲线拟合，选择相关性高递减曲线，预测气井或者气藏未来的产量随时间的变化曲线，并预测气井或者气藏废弃时的累产气量，是常用的动态预测方法（图 6-63）。

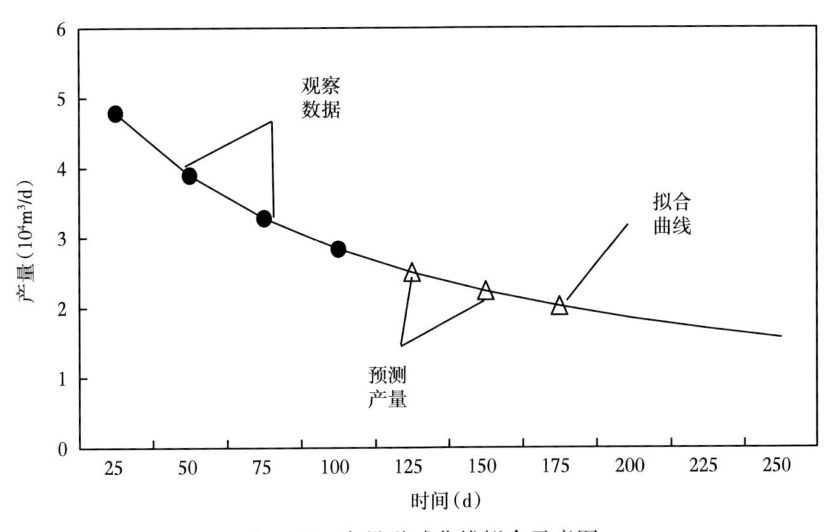

图 6-63　产量递减曲线拟合示意图

根据产量与时间的关系曲线，选取合适的曲线段进行统计分析，得出相应递减规律下的初始产量 q_i、递减率 D_i、递减指数 n，即可进行可采储量 G_{Rt} 计算。

计算出可采储量 G_{Rt} 之后，就可以用下式计算相应的采收率 E_R，即：

$$E_R = \frac{G_R}{G} \tag{6-24}$$

式中　G——地质储量。

以某低渗透气井 CB-X 井为例，该井采用放压生产模式，投产初期即开始递减，利用该井生产历史，结合 Arps 递减分析理论，判断该井为衰竭式递减，采用衰竭式递减模型对该井进行拟合及预测，评价该井初期日产气 $80\times10^4m^3$。初期递减率 44.6%，平均年递减率 19.0%，预测最终可采储量为 $6.5\times10^8m^3$（图 6-64、图 6-65）。

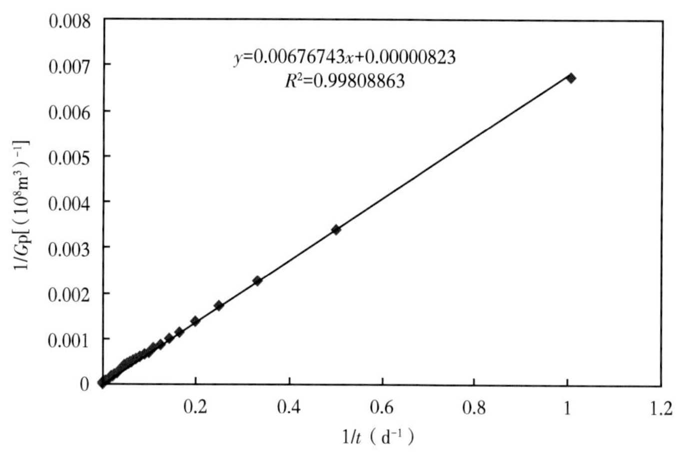

图 6-64　CB-X 井递减类型判断

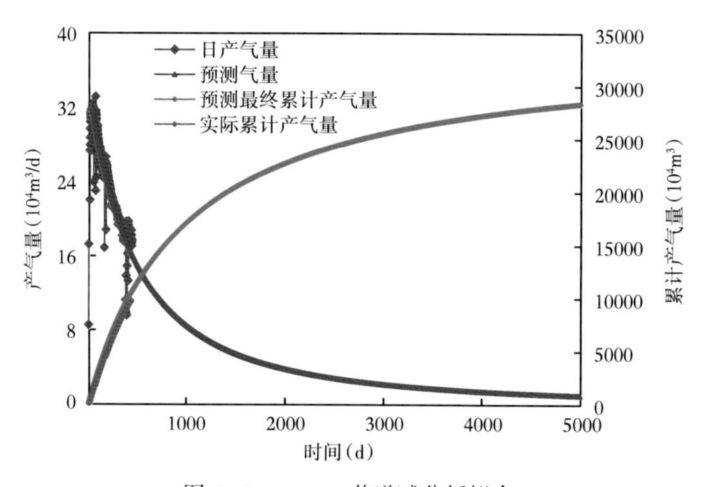

图 6-65　CB-X 井递减分析拟合

第七章　气藏动态监测

动态监测是贯穿于气田开发全过程的一项系统工程，它通过对气井在生产过程中的产量、压力、流体物性的变化，以及井下、地面工程的变化等监测，深入认识气藏气井特征与动态变化规律，支撑优化开采决策制定、确保生产系统正常运行、评价增产措施和开发方案实施效果、提供调整挖潜依据。

第一节　动态监测目的与原则

一、动态监测工作目的

气藏开发动态监测涵盖气藏工程、采气工程和地面集输工程方面的监测内容，其中气藏工程动态监测的目的是掌握气藏特征、开发规律性以及气井的生产能力，为制定相应开发对策提供依据；采气工程动态监测的目的是评价井身结构、相关工艺的适应性和安全性，或开展新工艺试验，为优选针对性采气工艺提供依据；地面集输工程动态监测的目的是掌握集输管线和设备的运行情况，为保障生产系统安全平稳运行、实时进行优化调整提供依据。

气藏工程动态监测工作目的及内容对应关系见表 7-1。

表 7-1　气藏工程动态监测目的及内容

<table>
<tr><td>监测对象</td><td colspan="2">全面覆盖生产气井，并根据不同类型气藏开发特点，相应地扩展到观测井、排水井及气田水回注井</td></tr>
<tr><td rowspan="8">监测目的</td><td rowspan="8">为生产管理和动态分析研究提供必需的基础资料。</td><td>评价气井产能现状和稳产性</td></tr>
<tr><td>复核和评价气藏储量</td></tr>
<tr><td>掌握储层渗流特征</td></tr>
<tr><td>描述地层压力及流体分布</td></tr>
<tr><td>判断井间、层间连通性</td></tr>
<tr><td>识别水侵状况</td></tr>
<tr><td>分析递减规律</td></tr>
<tr><td>诊断气井污染或改善情况</td></tr>
<tr><td rowspan="8">监测内容</td><td rowspan="4">常规监测</td><td>井口压力、温度监测</td></tr>
<tr><td>井的产量或注入量监测</td></tr>
<tr><td>产出流体组分监测</td></tr>
<tr><td>产出水的矿化度和主要离子含量监测</td></tr>
<tr><td rowspan="4">专项监测</td><td>井筒压力、温度梯度及井底压力、温度监测</td></tr>
<tr><td>试井</td></tr>
<tr><td>生产测井</td></tr>
<tr><td>产出流体 PVT 分析取样</td></tr>
</table>

高质量地录取监测数据，高效率地实现监控分析，是气藏工程动态监测工作的技术核心。

二、动态监测工作原则

动态监测的基本原则是系统、准确、实用，即要求监测对象相对全面、录取的资料满足动态分析技术要求，具有工艺和经济可行性。气藏开发动态监测工作重点包括三方面：制定监测方案，建立监测系统，录取监测资料。见表 7–2。

表 7–2　动态监测工作原则

基本原则	系统、准确、实用
针对性原则	针对不同类型气藏开发特点
	满足不同开发阶段气藏动态分析研究的需求
	点面结合，突出重点
	监测井点具有代表性、针对性
	监测资料具有连续性和可对比性
	产量、压力、水气比等指标出现异常情况时，强化动态监测
	在编制开发方案、制定开发决策前，对动态资料的需求较高的时间阶段，强化动态监测

第二节　动态监测和动态分析关系

一、气藏开发工作对动态监测和动态分析的需求

动态监测与动态分析贯穿气田开发全过程，是深入认识气藏气井特征与动态变化规律、支撑优化开采决策制定、确保生产系统正常运行、评价增产措施和开发方案实施效果、提供调整挖潜依据不可缺少的技术手段，工作质量高低直接影响气田开发水平和效果。

气藏开发不同阶段的工作目标及任务不同，对动态监测和动态分析的需求也不同，见表 7–3。

二、动态监测与动态分析关系

气田开发动态监测与动态分析以气藏工程范畴内的压力、温度、产量、流体性质监测分析等内容为核心，同时也包括工程测井、地面集输设备运行监控、生产指标跟踪分析等采气工程、地面工程及气藏管理范畴内的工作内容。

气藏工程动态监测与动态分析相辅相成，但各自的侧重点有所不同。动态监测工作重点是录取不同开采时期和专项测试阶段的单井压力、温度、产量、流体性质等基础数据，并进行简要分析，以便及时掌握气藏、气井基本动态特征，发现异常情况；动态分析工作重点是根据气藏开发需求和气藏工程理论方法，提出动态监测资料录取技术要求，并采用动态监测数据深入分析和综合认识气藏、气井特征与开采动态规律，如图 7–1 所示。

表 7-3 不同开发阶段动态监测和动态分析需求

<table>
<tr><th>阶段</th><th>阶段目标</th><th colspan="5">主要任务</th><th>动态监测和动态分析重点研究对象</th></tr>
<tr><td rowspan="2">开发前期评价</td><td>完成气藏开发概念设计，提交探明储量</td><td rowspan="6">不断深化气藏地质特征认识和明确开发规律性</td><td rowspan="6">跟踪分析气井产能</td><td rowspan="6">跟踪分析及评价气藏储量</td><td rowspan="6">建立和完善气藏描述模型</td><td>提出静、动态资料录取要求，部署开发评价井</td><td>气藏原始地层压力，压力、温度及流体分布关系，储层渗流特征，气井无阻流量，气井污染或改善状况</td></tr>
<tr><td>完成气藏开发方案编制</td><td>试采，优选开发方式，划分开发层系和开发单元，确定布井方式、气井配产、气藏采气速度</td><td>地层压力、渗透率及其他渗流特征参数，气井产能方程，井间、层间连通关系，储量的可采性，气井污染或改善状况</td></tr>
<tr><td>产能建设</td><td>达到开发方案设计的生产规模</td><td>提出补充录取资料要求，优化气井配产、待钻开发井井位和钻井次序</td><td>实际产能与预测产能的差异，影响产能发挥的因素，气井合理产量</td></tr>
<tr><td>稳产</td><td>提高气藏稳产能力、延长稳产期</td><td>维护气藏正常生产，优化气井生产制度，针对异常情况实施增产改造，水驱气藏治水，必要时补充开发井</td><td>压力、产能、渗流特征、连通性、污染或改善状况、水侵动态、井控储量、剩余储量分布等，以及相应的变化规律</td></tr>
<tr><td>递减</td><td>减缓气藏产量递减</td><td>必要时部署开发调整井、加密井提高储量动用程度，针对异常情况实施增产改造</td><td>压力、产能、渗流特征、连通性、污染或改善状况、水侵动态、井控储量、剩余储量分布等，以及相应的变化规律，产量递减规律</td></tr>
<tr><td>低产</td><td>提高气藏最终采收率</td><td>尽可能降低气藏废弃压力，延长气井开采时间，挖掘气藏开发潜力</td><td>产能、剩余储量分布、采收率等</td></tr>
</table>

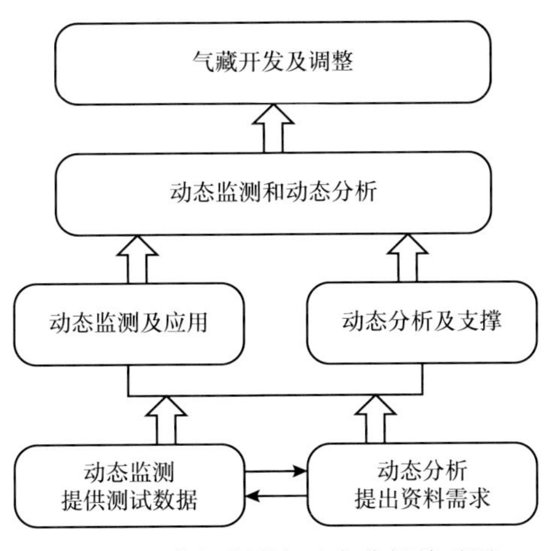

图 7-1 动态监测和动态分析关系图

第三节 动态监测内容

气藏动态监测内容主要包括压力测试（静压、流压）、试井（产能试井、压力恢复试井、干扰试井）、流体监测（气质分析、水质分析、硫化氢分析、氯离子分析、高压物性分析、凝析油分析）、产气剖面测试、腐蚀监测等。

一、压力监测技术

压力监测是落实气藏地层压力分布及变化情况、计算井筒压力梯度的主要手段；压力监测资料是了解气井生产压差、核实单井及区块动态地质储量、探测井筒积液情况的重要依据，也是气藏数值模拟和描述的主要开发资料。

1. 静压测试

静压测试包括原始地层压力和目前地层压力测试。

原始地层压力测试：对于新投产井，要求在投产前测试气井气层中部静压，明确气井原始地层压力。

目前地层压力测试：气藏投入开发以后，气井生产一段时间，测试关井恢复稳定状态下地层压力为目前地层压力。

通过对原始地层压力和目前地层压力监测，可研究气藏不同开发阶段的地层压力分布及变化情况。

2. 流压测试

流压测试：气井以一定产量生产，流动达到拟稳态时，测试气层中部的流动压力。

气田在不同开发阶段，要求对部分重点生产井及产水气井选择性地开展了流压测试，了解气井生产压差大小和井底积液情况，从而确定气井合理工作制度。

二、气井试井

气井试井主要目的是评价单井产能，制定合理配产方案，了解气井在生产过程中各种压力的变化规律，获得地层系数、渗透率、表皮系数、裂缝半长等地层参数；判断地层储集空间类型及储层横向上的变化规律及单井供气范围，了解气井井底附近储层伤害的情况；分析气层的连通性及井间的非均质性。

1. 压力恢复试井

压力恢复试井是气井稳定生产一定时间后瞬时关井，连续监测气井压力随关井时间而变化的一种试井方法。压恢试井目的是了解气井关井后压力恢复情况，识别储层类型，判断储层边界，求取储层物性参数，加深对储层横向变化规律的认识，同时评价气井增产措施效果。

利用试井软件对测试数据进行解释，结合地质情况及生产动态选择相适应的解释模型（由井筒、储层和边界组成）。井筒影响主要根据压力恢复早期曲线来确定，其影响因素有井储效应、表皮效应、井底裂缝等；储层特征包括均质、双孔等；边界指外边界条件，包括无限大、封闭边界、定压边界等，可根据压力恢复晚期曲线确定。在理论曲线与实测曲线充分拟合的基础上，进行压力历史拟合检验，并结合地质情况综合分析，获得与实际情况相符的储层解释参数(表 7-4)。

表 7-4　气井不稳定试井曲线诊断常见类型

$\lg\Delta p$—$\lg\Delta t$、$\lg\frac{d(\Delta p)}{d(\ln\Delta t)}$—$\lg\Delta t$ 关系图	储层及气井特征诊断结论
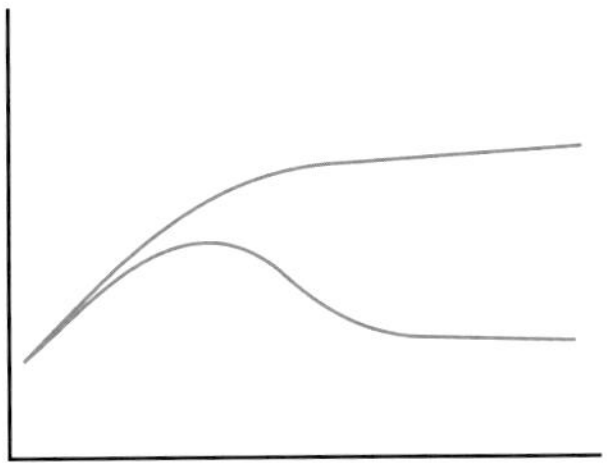	均质储层，存在井筒储集和表皮效应
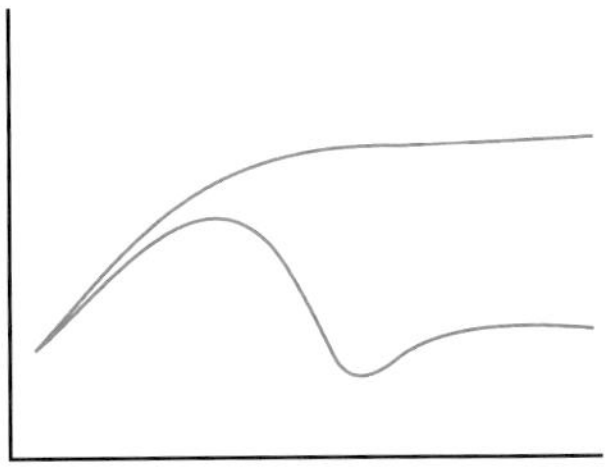	双重介质储层，双孔单渗，介质间拟稳定窜流，存在井筒储集和表皮效应
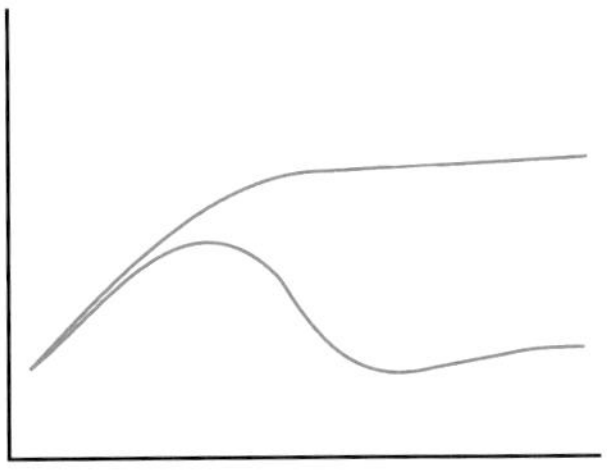	双重介质储层，双孔单渗，介质间不稳定窜流，存在井筒储集和表皮效应
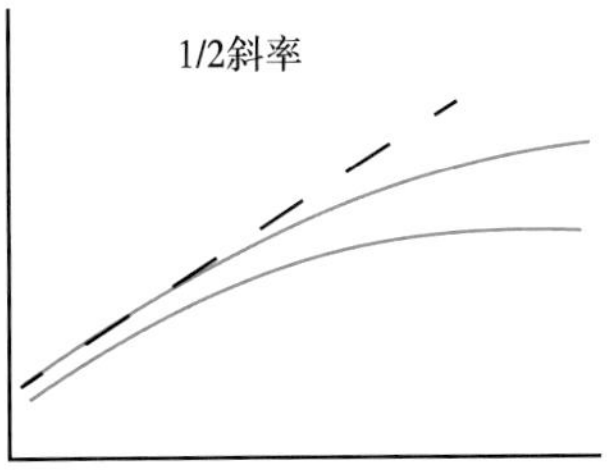 1/2斜率	存在穿过井底的无限导流垂直裂缝
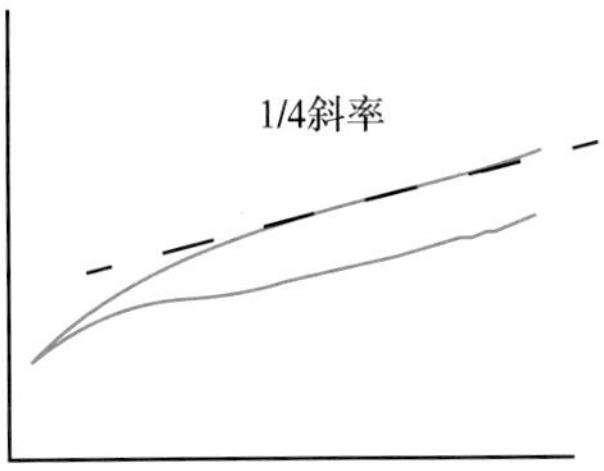 1/4斜率	存在穿过井底的有限导流垂直裂缝，大型加砂压裂后常出现这种情况

续表

$\lg\Delta p$—$\lg\Delta t$、$\lg\dfrac{d(\Delta p)}{d(\ln\Delta t)}$—$\lg\Delta t$ 关系图	储层及气井特征诊断结论
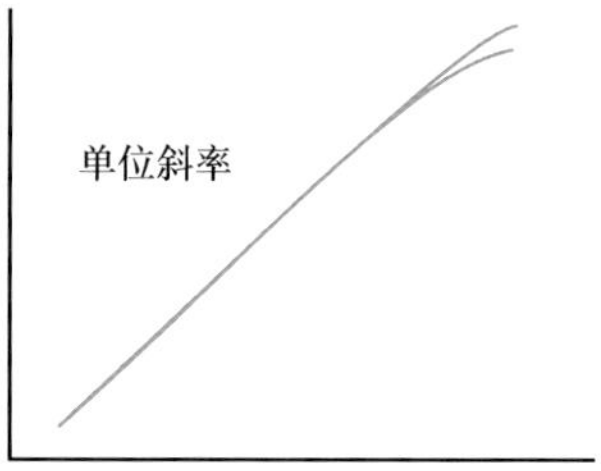 单位斜率	特低渗透储层低产量气井，关井后地层流体向井的补给过程极其缓慢
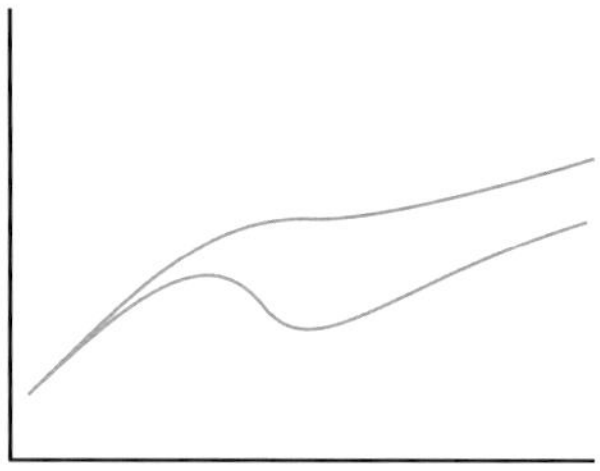	（1）低渗透地层中存在低速非达西渗流效应，在远井区小压力梯度条件下，低孔喉道处气体无法突破水的堵塞效应，导致气体流动不充分； （2）储层物性变异，远井区产能系数变差

2. 产能试井

气田产能试井主要有单点法、修正等时试井及系统试井等多种产能试井方法（表7-5），确定了气井生产能力，为气田开发方案编制与调整提供了依据。

表7-5　气井产能试井指示曲线诊断

$\dfrac{\Delta p^2}{q_g}$—q_g 关系图	$\lg\Delta p^2$—$\lg q_g$ 关系图	诊　断　结　论
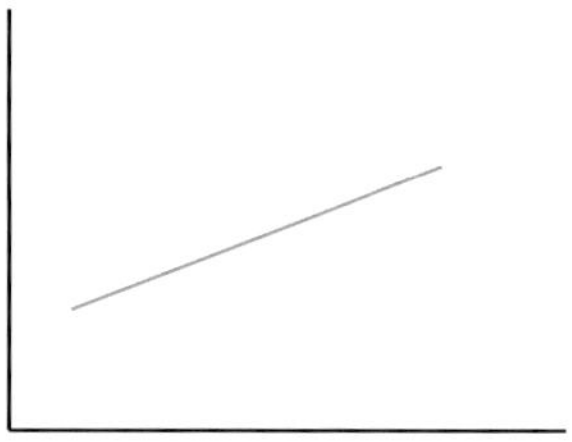	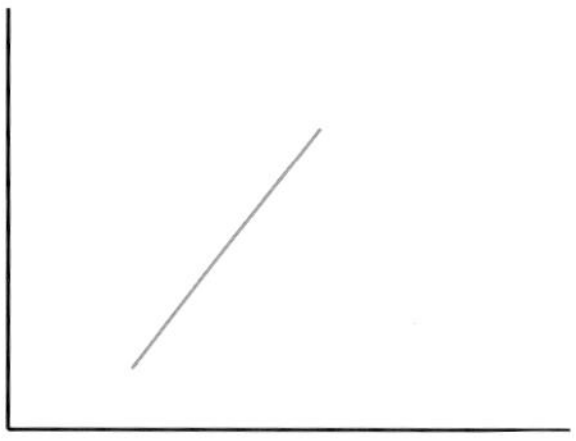	正常指示曲线
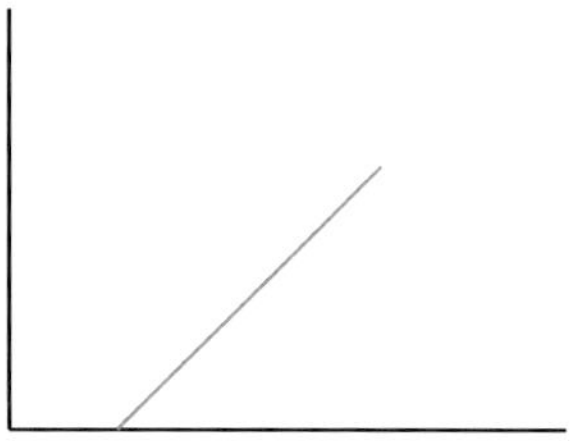	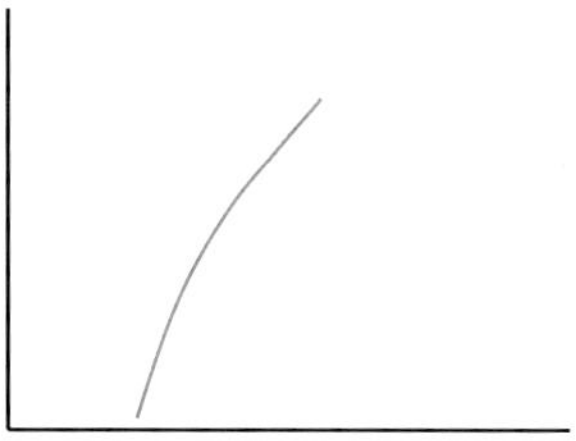	多数情况为井底有积液而引起计算产层中部地层压力偏低，或根据井口测压数据计算的井底流压偏高。这时二项式产能方程系数 A 为负值，与其物理意义矛盾，不应直接根据这种条件下的产能方程计算气井无阻流量

续表

$\frac{\Delta p^2}{q_g}$—q_g 关系图	$\lg\Delta p^2$—$\lg q_g$ 关系图	诊 断 结 论
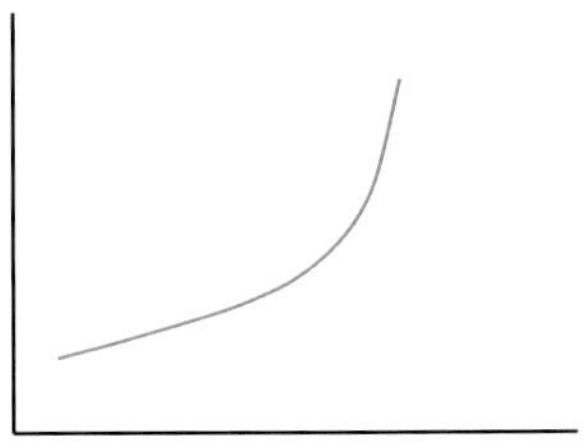	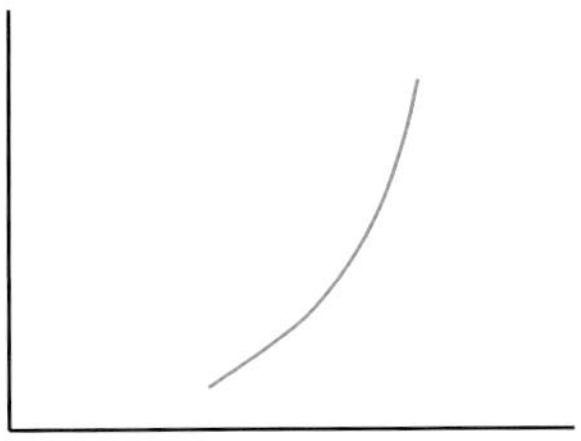	(1)大压差生产时井壁垮塌，井底堵塞。 (2)地层中底水或边水活跃，大压差生产时地层水迅速窜向井底，井底附近气相有效渗透率变差。 (3)凝析气井投产初期大压差生产时反凝析现象严重，引起井底附近气相有效渗透率远低于远井区
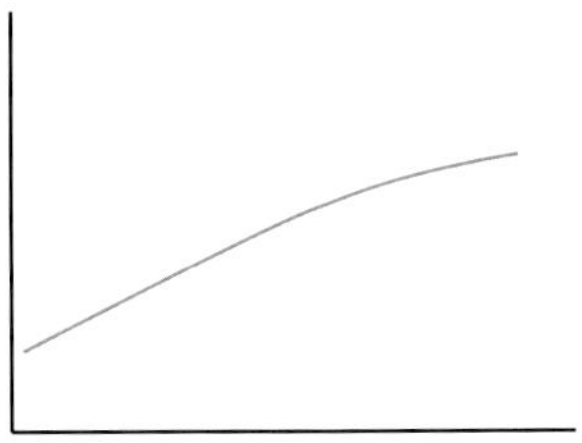	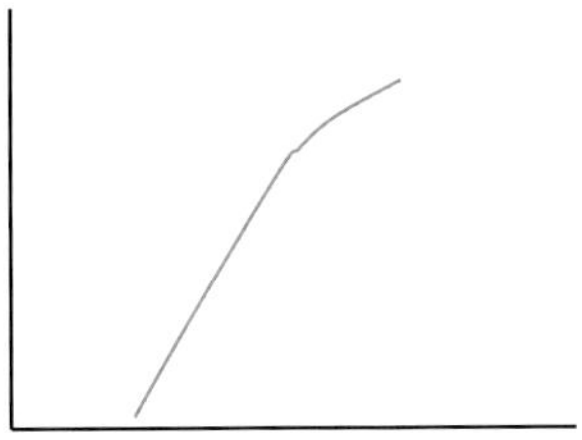	(1) 随着生产压差增加，造成井底堵塞的污物或积液被带出。 (2) 大压差生产时，低渗透层或介质对气井产量的贡献率增大
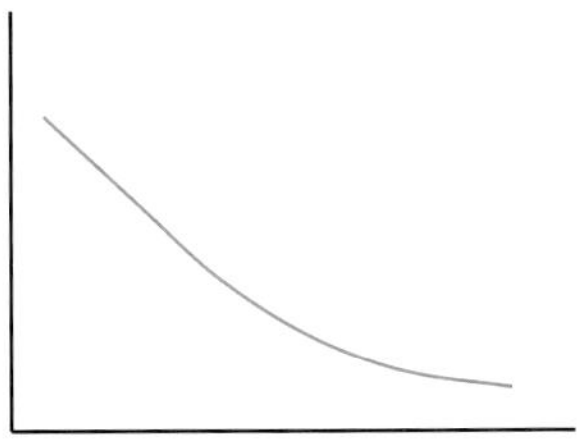	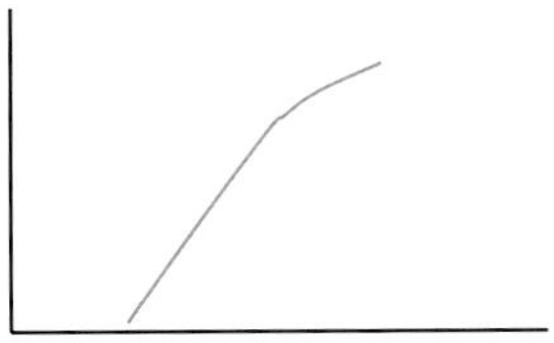 或 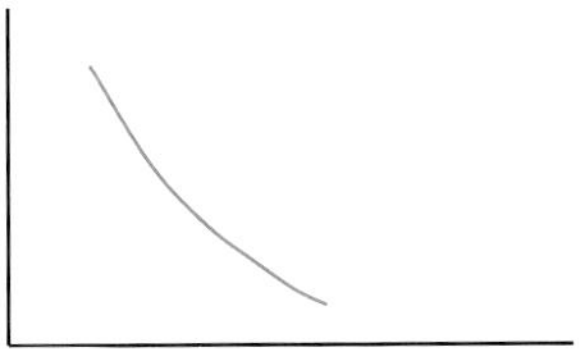	(1)小产量生产时井底积液，通过井口测压数据计算或压力计未下到产层中部测压而推算的井底压力误差大；产量增大后，井底积液被带出。 (2)小产量生产时井底积液抑制下部产层或低渗透层产能，产量增大后积液被带出。 (3)气水井或凝析气井小产量条件下带液和解除近井区水锁、凝析油伤害的能力弱，产量增大后带液、解除水锁和伤害能力增强。 (4)裂缝—孔隙型储层，测试产量过大，且测试阶段处于介质间流体窜流高峰期，未达到稳定流动状态

1) 系统试井

系统试井是指气井以不同产量生产，当压力达到拟稳态时，测试流动压力，来计算气井无阻流量。该方法由于生产时间较长，能够真实反映气井的生产动态特征，适用于中高渗气藏，对于低渗透气藏中的部分高产井亦可应用。长庆气田在靖边、榆林等气田部分气井中有所应用。

2) 修正等时试井

修正等时试井主要应用在气田开采初期，落实新区气井产能，评价气井稳产能力。初期有选择地对不同区块、不同层位、不同产能的气井进行修正等时试井。

长庆气田根据修正等时试井方法，在开发靖边、榆林等低渗透气藏过程中，对传统的理论进行了完善和发展。一是在第 4 次开井后，没有接着进入延续流量生产，而是增加了一次关井之后再用延续产量开井；二是延续开井结束后，增加了终关井测试，记录井底压力恢复数据。长庆气田修正等时试井由科学合理的设计、现场严格的实施和资料的全面分析组成。

(1)修正等时试井的合理设计。

影响修正等时试井结果的主要因素有等时间隔、产量序列和延续生产时间。为保证修正等时试井的有效实施，需给出科学合理的设计。在实际应用中，对试井设计的各个环节进行了深入的研究，完善和发展了原有设计方法。

①等时间隔的确定。

修正等时试井的理论依据是均质径向流理论，前人在此理论的指导下和在测试条件的限制下，忽略对等时间隔的研究，将利用等时不稳定阶段资料获得的产能方程系数 B 视为恒定常数，缺少可靠性评价及变化规律的认识。

长庆气田修正等时试井的全过程连续测压，为解决上述问题提供了条件。实质上，产能方程系数 B 在开井初期，由于受井筒储集效应的影响，是一个随时间而不断增大的变量，其变化规律与井底岩面流量变化规律相类似。等时间隔对 B 有着明显的影响，设计的偏短，获得的 B 偏小，造成最终计算的气井绝对无阻流量偏大；相反，设计的偏长，虽能获得可靠的 B，但增加了测试时间和费用。

从 B 的物理意义出发，结合实际气井的流动特征，指出造成 B 变化的主要影响因素是井筒储集效应，因此，为获得可靠的 B，等时间隔设计时间须大于气井的井筒储集效应时间。

②产量序列的选择。

严格地讲，修正等时试井仅是等时试井的近似，近似程度取决于储层物性及测试所采用的产量序列，产量序列对修正等时试井的结果有着明显的影响。通过误差分析可知，要使修正等时试井结果产生较小的误差，首先，其产量序列必须采用递增的方式，否则将会产生较大的误差；其次，产量序列所构成的等比数列要有较大的公比。

③延续生产时间的确定。

修正等时试井理论要求延续生产时间必须持续到压力稳定，但对于无限大和封闭地层，上述的稳定条件在实际测试时是不可能达到的。因此，仅依据井底流动压力变化速率确定延续生产时间是不合理的。

理论分析表明，延续生产时间对产能方程系数 A 有很大的影响，特别是对于存在边界和地层非均质性的气井，当延续生产时间较短时，由于边界对气井动态的影响未产生，井底流动压力可能保持较小的下降速率，由此判断满足测试条件而结束测试，必将造成确定的 A 偏小。实际上，当边界或地层非均质的影响产生后，A 将急剧增大。

因为 A 与气井绝对无阻流量 q_{AOF} 成反比，因此，偏小的 A 必将使确定的绝对无阻流量偏大。因此延续生产时间需要考虑气井供气半径 r_e 内的边界和地层非均质对气井产能的影响，保证气井绝对无阻流量的可靠性。

(2)修正等时试井的现场实施。

严格的现场实施是修正等时试井成功的保证，与传统的修正等时试井比较，长庆气田在测试工艺及现场测试取得了以下进展。

①在产量和压力序列上，最后工作制度生产后增加了一个等时关井，同时在延续生产期后增加了终关井压力恢复。优点是可以获得一条完整的压力降落和压力恢复曲线，用于确定地层参数，在相互验证的基础上，保证解释结果的可靠性。

②在开始实施修正等时试井前，实测井筒压力梯度曲线。

通过井筒静压力梯度测试，可以获得地层的压力、温度及压力梯度、温度梯度，为气井产能分析及试井解释奠定基础；同时判断井筒是否积液，确定液面位置，指导气井产量的安排。

③测试全过程采用高精度电子压力计在气层中深连续记录压力资料。

长庆气田气井修正等时试井的全过程连续测压，为深入研究 A、B 的变化规律提供了条件，可以判断气井产能的可靠程度及储层横向非均质变化规律；同时可以获得若干条压力恢复曲线，对于试井解释模型的选择，解释结果的可靠性提供了保证。

④各工作制度的产量波动小于 2%。

通过不断控制针阀等手段，保证在开井 30min 内使产量保持相对稳定，波动小于 2%。稳定的产量满足了试井理论的要求，对于获得准确的地层参数、气井产能奠定了基础。

(3) 修正等时试井资料的分析。

长庆气田修正等时试井在设计、测试条件的保证下，获得了更为丰富的测试资料，其分析较传统修正等时试井更全面。

①气井产能分析。

长庆气田气井修正等时试井分析包括等时不稳定阶段产能曲线的绘制、B 的可靠性分析、A 变化规律研究、气井产能方程的建立及绝对无阻流量的确定，补救不成功的修正等时试井。

②井筒静压力梯度资料分析。

在绘制井筒静压力梯度曲线的基础上，揭示井筒压力温度变化规律，求取地层压力、温度，获得压力梯度、温度梯度，判断井筒积液情况及确定液面深度。

③不稳定试井资料分析。

利用多条压力恢复曲线，判断储层类型，在资料解释的基础上，获得井筒及储层参数，边界性质及距离，储层横向非均质变化规律及程度。

④特殊分析。

利用每个工作制度的试井解释获得的表皮系数，在绘制 S_t—q_g 关系曲线的基础上，确定气井真实表皮系数，非达西系数 D 及渗透率随产量变化规律。

⑤气井稳产水平分析。

依据延续产量的井底流压变化速率，结合试井解释结果，初步分析气井的稳产水平。

修正等时试井通过在长庆低渗透气藏的实践，其理论、测试工艺、资料分析都得到了进一步发展和完善，并形成了低渗透气藏修正等时试井合理设计、现场严格实施、资料全面分析及应用的修正等时试井流程（图 7-2）。修正等时试井资料数据成果加强了对储层的变化规律及储层类型的认识，获取了气藏开发动态数据，为编制开发方案及规划提供了重要数据。长庆低渗透气藏应用修正等时试井的成果得到了国内外专家的高度评价，达到国内外领先水平。

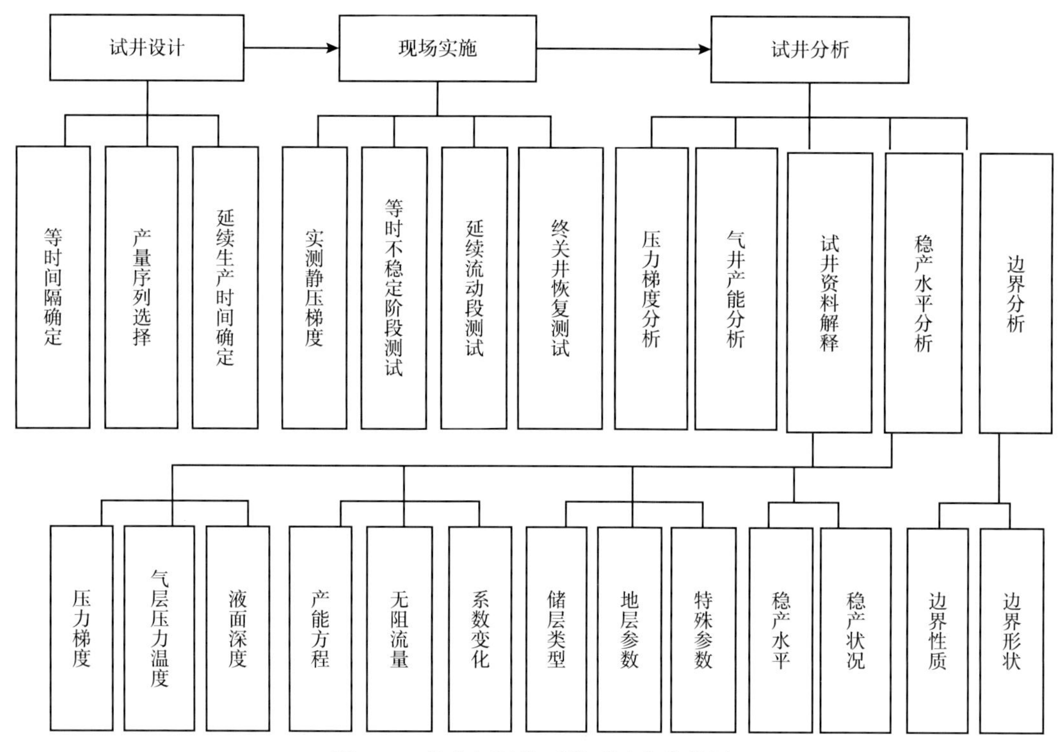

图 7-2　长庆气田修正等时试井流程图

选取不同区块、不同产能的气井，进行了修正等时试井，其结果真实地反映了气井的实际产能，为靖边、榆林等低渗透气藏初步开发方案的编制提供了依据。

3) 单点法试井

该方法是对陈元千“一点法”公式的修正，原一点法公式在实际应用中误差较大，因此，针对不同气田地质与生产特征，采用产能试井资料(主要是修正等时试井资料)，进行了回归分析，得到了不同气田的一点法公式：

榆林气田：
$$q_{\mathrm{AOF}}\frac{0.174q_{\mathrm{g}}}{\sqrt{1+0.378p_{\mathrm{D}}}-1} \tag{7-1}$$

子洲气田：
$$q_{\mathrm{AOF}}=\frac{0.2193q_{\mathrm{g}}}{\sqrt{1+0.4866p_{\mathrm{D}}}-1} \tag{7-2}$$

4) 干扰试井

干扰试井是用于专门验证井间是否连通的试井方法。干扰试井的实施步骤是先将待验证井组全部关井，等到压力恢复平稳之后，再以其中一口井作为激动井(选位于中间的井)投产，其余井作为观察井测量井底压力随时间的变化。在确定压力干扰存在的前提下，根据观察井的井底压力—时间曲线计算储层渗透率。干扰试井的分析计算公式和压力降落试井相同，只要把公式中的井半径 r_{w} 用观察井到激动井之间的距离 r 代替即可。

三、流体监测技术

主要内容是以国家现行标准为依据，监测气井产出流体（气、水、油），了解流体的分布及变化规律，为气田的开发和安全环保决策提供依据。

1. 气质监测

天然气中含有 CO_2 和 H_2S，这两种气体属于酸性气体，溶解在水中易形成酸性水溶液，对气井管串及输气管线具有较强的腐蚀作用。因此，在气体监测过程中除定期进行气质全分析，了解天然气的各组分含量的变化外，还加强了对 H_2S 的监测。

长庆气区每个区块选取1%~2%的气井进行气质分析，老井每年开展一次，新井每半年开展一次。钻遇下古生界层位气井，原则上全部开展硫化氢分析；老井每半年测试一次，新投产井加密监测；不含下古生界层位气井选取1%~2%气井进行硫化氢分析（表7-6）。

表7-6　S-X1井气质全分析结果表

气田	靖边气田	井　　号	S-X1
层　　位	石炭系	取样地点	Z1站
分析日期	YYYY-MM-DD	取样位置	井口针阀压力表处
分 析 人	XXX	审 核 人	XXX
分　析　结　果			
分析项目	烃类占比（%）	分析项目	非烃类占比（%）
CH_4	94.590	He	0.041
C_2H_6	0.391	H_2	0.000
C_3H_8	0.044	N_2	0.256
iC_4H_{10}	0.037	CO_2	3.566
nC_4H_{10}	0.027	H_2S	121.60
iC_5H_{12}	0.001		
nC_5H_{12}	0.000		
C_{6+}	0.001		
总烃	94.979		
相对密度	0.5965	密度（g/L）	0.6999
高位热量（kJ/m^3）		35956.23	
低位热量（kJ/m^3）		32136.90	

2. 水质监测

鄂尔多斯盆地下古生界低渗透气藏绝大部分气井生产过程中产水，通过对产出水进行化验分析，确定大部分气井所产水为凝析水，但还有部分井产出地层水。对产水气井及一些富水区边缘的气井进行连续跟踪监测，定期进行水质全分析，监测各种阴阳离子的含量变化，重点加强对 Cl^- 的监测（表7-7）。

表 7-7　S-X2 井水质全分析结果表

井号		S-X2		取样日期	YYYY-MM-DD
取样地点		分离器		分析日期	YYYY-MM-DD
分析人		XXX		审核人	XXX
分　析　结　果					
颜色：灰绿色，不透明		电导率：169.4mS/cm		pH 值/℃：5.57/19.4　密度：—	
分析项目		含量		分析项目	含量
		mmol/L	mg/L		mg/L
阳离子	Na^+、K^+	995.612	22899.076	Fe^{2+}	280.702
	Ca^{2+}	848.138	33993.371	Fe^{3+}	29.210
	Mg^{2+}	31.413	763.650	F^-	—
				Br^-	—
	总值	1875.163	57656.097	含油量	—
阴离子	Cl^-	2741.350	97180.860	含氧量	—
	SO_4^{2-}	0.000	0.000	SRB（个/mL）	—
	CO_3^{2-}	0.000	0.000	TGB（个/mL）	—
	HCO_3^-	13.364	815.739		
	OH^-	0.000	0.000		
	总值	2754.714			
总矿化度		155652.696mg/L		水型	$CaCl_2$
总硬		4925.486mmol/L		永硬	4888.067mmol/L
暂硬		37.419mmol/L		负硬	0.000mmol/L

四、产量监测技术

产量监测目的是为储层评价及储层分类，了解气井纵向上的产气状况；跟踪分析气井各产层产气状况的变化规律；了解井筒内压力温度场的分布规律，判断出水层位；研究气井各个产层的产气情况，评价用一套管柱开采多个层系的可行性。

产气剖面测试的原理是在油（套）管内径不变时流速与产量成正比，通过气体流速来计算产量，仪器测点的气量是其所处位置以下的所有产层气量总和，产层顶部所测气量减去产层底部所测气量就是该产层的气量，依次计算出各产层的产气量。在气井稳定生产时，通过在井筒中测试压力、温度、流体密度、流体流速等参数，来计算各产层产量，确定主要产气层段，了解次产层生产能力，为地质攻关研究及开发对策调整提供依据。

第四节　动态监测成果应用

气田自开发以来，坚持应用配套的一系列动态监测技术，获得了大量、翔实的动态资料。应用这些动态监测成果，结合地质、气藏生产动态资料，在储层压力场分布、区块压力变化规律、压力系统划分、动态储量评价、气井产能核实、储层评价以及地层水分布规律、酸性气体分布规律等方面的研究均取得了一定的成果，达到了深化气藏地质认识的目的，为气田科学、合理开发与调整发挥了重要作用。

一、压力场研究

1. 原始地层压力分布

绘制气井原始地层压力的监测及平面图，明确原始地层压力分布特征，例如靖边气田原始地层压力整体呈南高北低，西高东低分布，且压力分布与储层埋深一致。南区平均原始地层压力 32.01MPa，北区平均为 30.40MPa。Y3 井区位于气田西部，原始地层压力平均为 31.26MPa，而中区平均为 30.81MPa。区块中 X205 井区平均原始地层压力最低，为 29.63MPa，最高为南区，平均原始地层压力 32.01MPa。

2. 目前地层压力分布

为了准确获取气田的目前地层压力，了解地层压力的变化情况，评价气田开发效果，准确预测气田稳产能力，在气田利用建立观察井网、定点测压、区块整体关井等手段确定气田目前地层压力。

1) 建立观察井网

靖边气田观察井网从 2000 年开始建立，2001—2003 年，根据观察井的压力监测情况，进行了跟踪分析及调整。至 2004 年，靖边气田大规模建产完成，根据压力监测需要将气田观察井调整为 13 口，各个开发区块均有分布。利用压力计定期对观察井井底压力进行测试，以分析气田不同区块地层压力变化特征(图 7-3)。

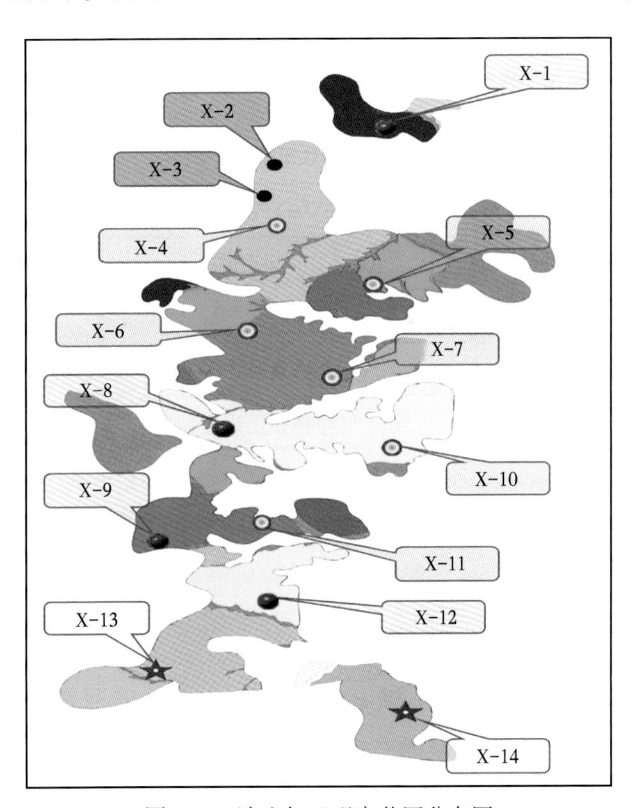

图 7-3 靖边气田观察井网分布图

2) 定点测压井

定点测压是通过对区块重点生产井开展定期关井测压，确定气井不同开发阶段的地层压力，要求同一口井每年关井时间基本相同，达到对比分析压力变化的目的。根据目前对流动单元的认识，在不同流动单元选取具有代表性的气井开展了定期地层压力测试。

靖边气田从 2004 年开始实施，选井 26 口，其中高产井 1 口、中产井 12 口、低产井 23 口。根据气田开发现状及气井生产动态，每年对定点测压井进行适当调整(图 7-4、图 7-5)。利用定点测压手段能够确定井底地层压力、了解不同开发阶段单位压降采气量。

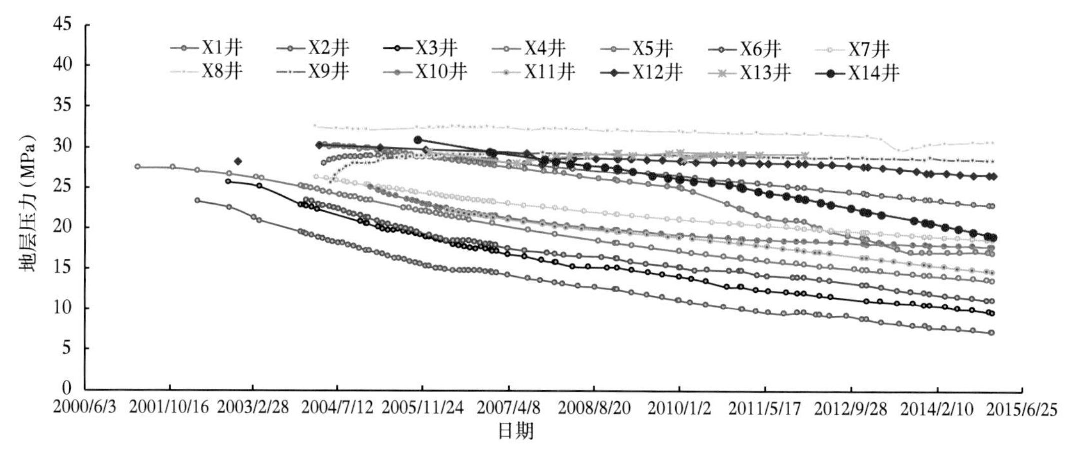

图 7-4　靖边气田观察井历年地层压力曲线图

图 7-5　靖边气田定点测压井分布图

3)区块整体关井测压

区块关井测压是了解区块地层压力分布最直接的一种方法。它是在一个独立气藏内，在采出一定气量后，所有气井同时关井进行压力恢复，待压力恢复稳定后进行地层压力测试，以确定区块地层压力。

地层压力的确定主要从两个方面考虑：一是在关井测压过程中，选取具有代表性的气井进行不同压力恢复阶段的地层压力跟踪监测，确定各阶段压力恢复程度，从而确定压力恢复基本稳定时的关井时间；二是选取不同类型气井开展压力恢复试井，计算测试压力和外推压力比值，其他气井利用压恢试井结果进行类比外推，确定区块目前地层压力(表7-8)。

表7-8 靖边气田区块整体关井统计表

井区	关井阶段	关井时间(mon)	关井数(口)	平均投产前地层压力(MPa)	平均目前地层压力(MPa)	压力恢复程度(%)
井区1	2001.4—2001.7	3	8	30.9	27.08	87.54
井区2	2000.4—2000.9	5	10	30.26	26.12	86.32
井区3	2001.4—2001.7	3	24	30.06	26.44	83.45
井区4	2000.4—2000.9	5	18	30.61	29	94.73
	2005.4—2005.6	2	53	29.58	20.18	68.22
井区5	2002.3—2002.7	4	5	28.83	25.52	81.31

2000年对4井区内的18口井进行了关井测压；2005年在同一范围内53口井关井测压；不同阶段的视地层压力与累计采气量几乎位于同一直线上，表明压降法适用于靖边低渗透气藏(图7-6)。

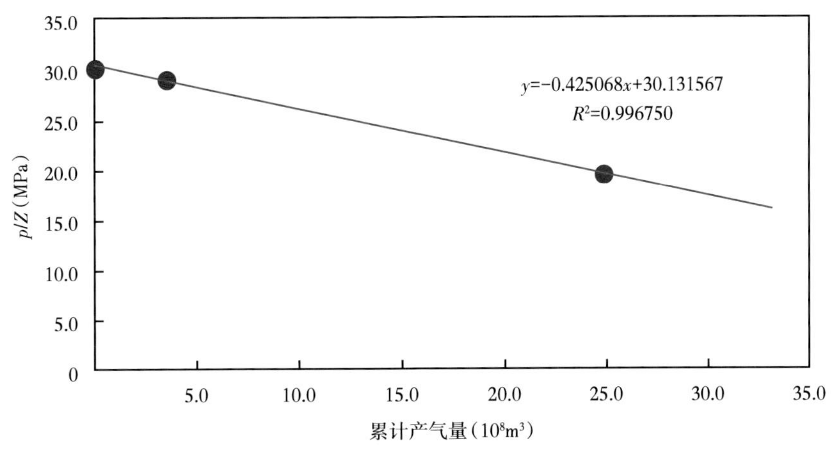

图7-6 井区4整体压降曲线

3. 地层压力变化分析

随着生产时间的延长、采出气量的增多，气井的压力在不断下降。对比目前地层压力与原始地层压力分布，各区块压力下降程度不一。通过靖边气田观察井分析可以看出，观察井均受到区块生产的影响，压力有所下降，但是不同区块的观察井，下降速率不同，同一口井在不同时期(正常生产与高峰期生产)压降速率也不同。以X1气井压力变化曲线为例来进行说明(图7-7)。

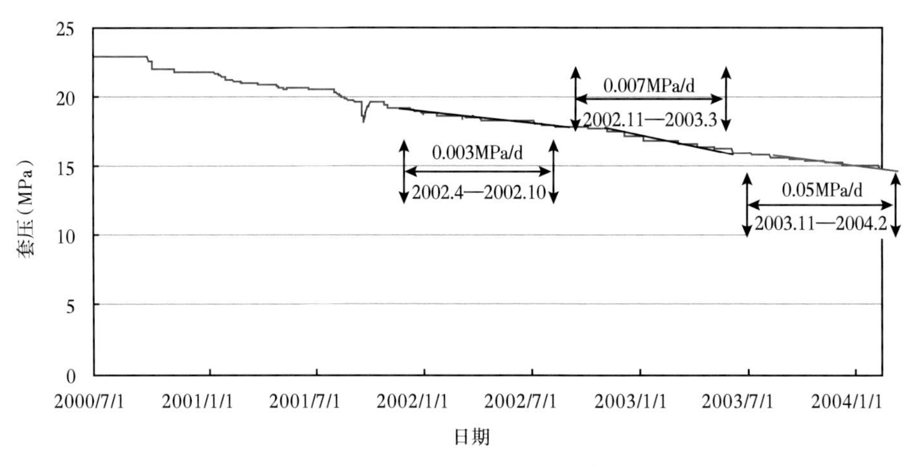

图7-7　X1井井口压力变化曲线

从图7-7可以看出，在2002年4—10月压降速率为0.003MPa/d，而在2002年供气高峰期(2002年11月—2003年3月)压降速率为0.007MPa/d，2003年供气高峰期(2002年11月—2003年2月)压降速率为0.005MPa/d。区块压降速率在高峰期较高，高峰期结束后压降速率减小，与高峰期采气速度较大，高峰期后采气速度降低相一致。

二、储层评价研究

通过测试气井关井恢复过程中地层压力随时间的变化数据，运用现代试井理论对测试数据进行分析，根据实测曲线图形特征，综合考虑地质研究成果，选择合适的解释模型。在理论曲线与实测曲线充分拟合的基础上，进行压力历史拟合检验，并结合地质情况综合分析，确定气层的物性参数，评价近井储层物性情况，分析外围储层物性变化规律，了解井底有无堵塞，为酸化压裂等增产措施提供依据和进行效果分析。

1. 井筒情况

气井在钻井、完井过程中由于钻井液的侵入，或在压裂酸化等增产措施的作用下，使得井底附近的渗透率与地层渗透率不同，表皮系数定量反映了井底附近储层伤害程度的大小。

靖边气田开展的压恢试井解释井中，35口井表皮系数小于0，大部分井表皮系数在-3~-1之间，表明井底附近的储层改善效果显著；7口井表皮系数在1~3之间，10口井表皮系数为0，表明受伤害的气井较少，且伤害程度较轻。

2. 储层类型

根据反映的储层特征进行分类，大致有以下几种类型。

(1)均质地层类型：对下古生界气藏来说均质储层主要反映储层中渗透性较好，且裂缝较发育较均匀，层间渗透率差异不大，该类储层典型的井有X3井(图7-8)。

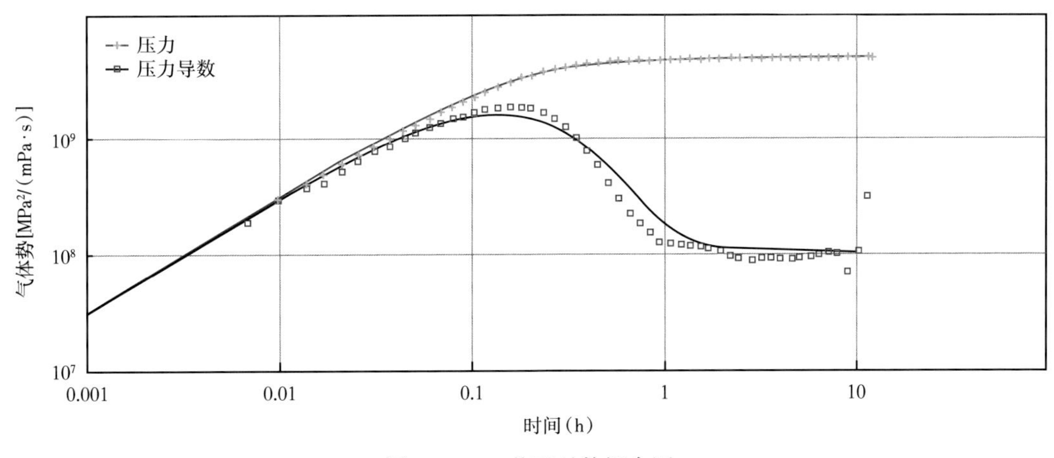

图 7-8 X3 井双对数拟合图

(2)双重介质类型：压力导数曲线反映出双重介质特征的储层，该类型的储层中流体从低渗透系统(基质岩块)流向高渗透系统(裂缝)，其导数曲线的特征是井储效应结束后呈现出两段下凹的段。对下古生界气藏来说主要反映的是渗透性较好、裂缝较发育的储层，典型井有 X6 井(图 7-9)。

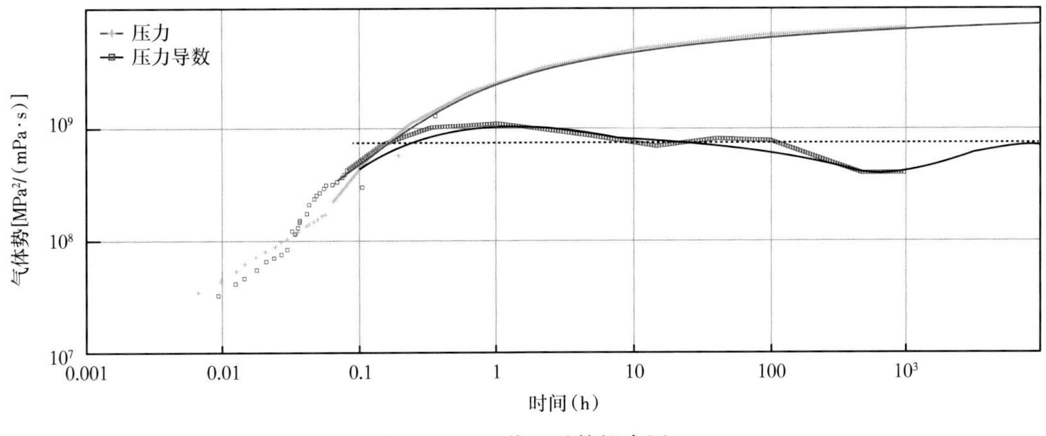

图 7-9 X6 井双对数拟合图

(3)复合类型：具有线性流特征的压力导数曲线主要反映压裂井和地层存在条带形边界的气井，对上古生界气藏来说主要表现为河流相砂体，对下古生界气藏来说，主要为裂缝较发育区。典型如图 7-10 所示。

3. 边界反映

长庆低渗透气藏储层非均质性强，试井解释也证明了这一点，试井解释表现出有边界反映。均质地层，井附近不存在不渗透边界，典型井如 X10 井(图 7-11)。井附近存在平行边界，典型井如 X11 井(图 7-12)。

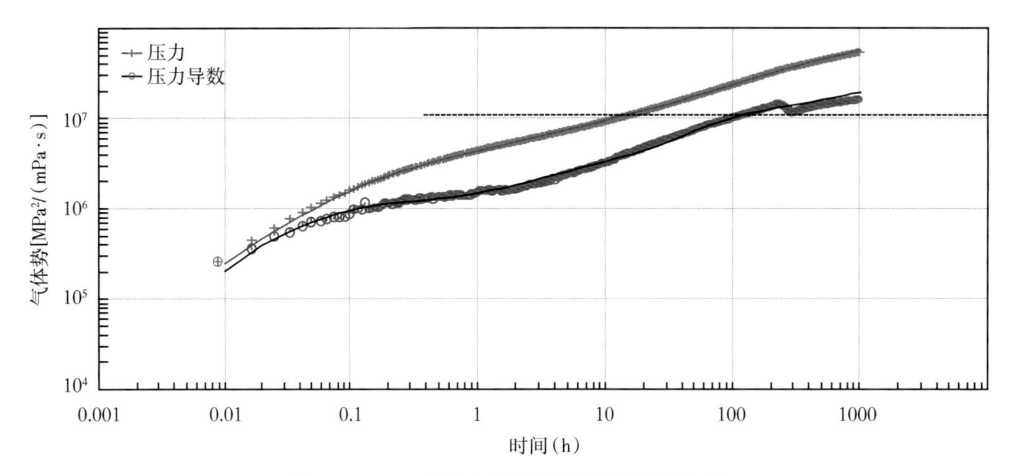

图 7-10 X2 井压力恢复试井双对数拟合图

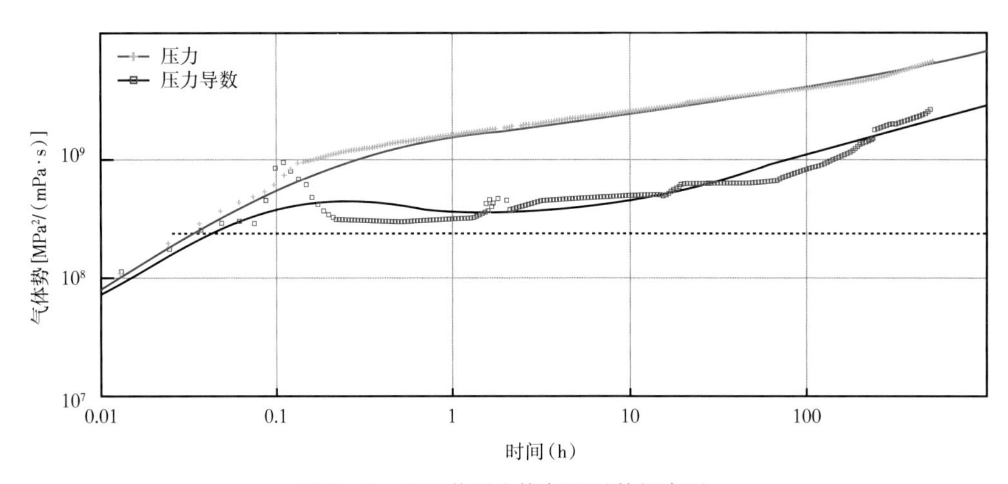

图 7-11 X10 井压力恢复双对数拟合图

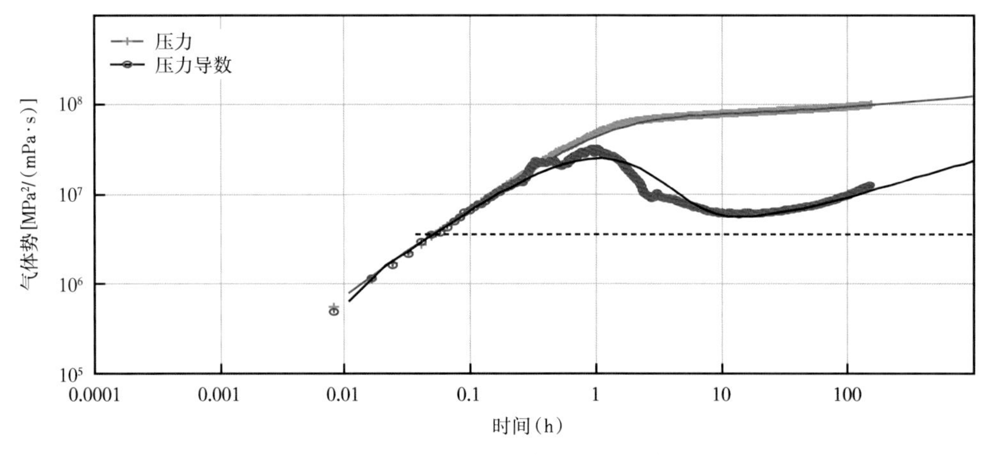

图 7-12 X11 井压力恢复双对数拟合图

三、流体分布规律

气田流体监测主要监测气井气水变化、酸性气体变化（主要包括 H_2S、CO_2 监测）。通过长期监测确定气田水体规模的大小、酸性气井分布规律，为气田开发对策及地面工艺流程设计等提供依据。

1. 酸性气体监测

长庆气区靖边气田属于干气气藏，甲烷含量大于95%，天然气中酸性气体主要有 CO_2 和 H_2S。CO_2 和 H_2S 溶解在水中形成酸，对气井油套管及输气管线具有较强的腐蚀作用，因此，在监测过程中重点监测 CO_2 和 H_2S 的变化。

随着气田投入开发区范围扩大，投产井数增多，经过多年连续跟踪测试，得出如下认识。

H_2S 统计数据结果显示，H_2S 含量最低为 0.54mg/m^3，最高为 28038.83mg/m^3，全区平均含量为 1031mg/m^3，全气田历年统计的 H_2S 平均含量基本稳定，如图 7-13 所示。CO_2 统计数据结果显示，CO_2 含量最低为 0.354%，最大为 7.628%，全区平均含量为 3.8%，全气田历年统计的 CO_2 平均含量变化不大，如图 7-14 所示。

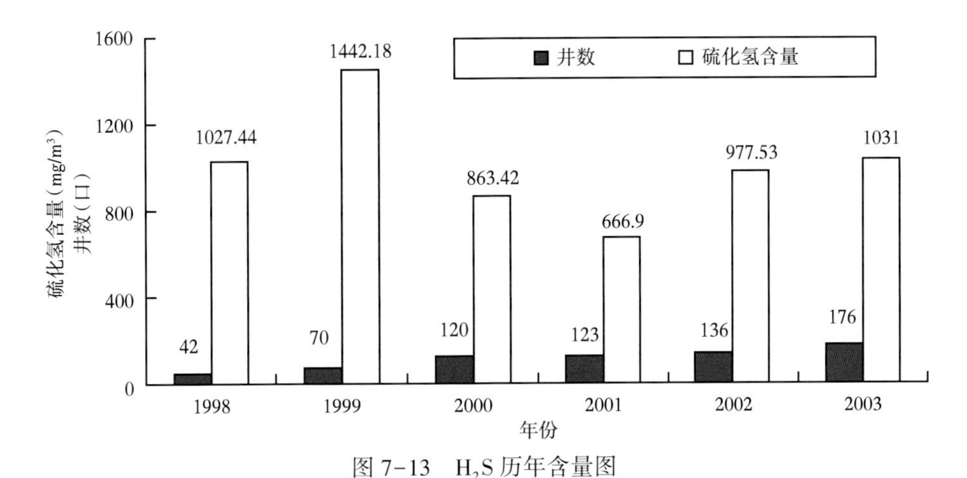

图 7-13 H_2S 历年含量图

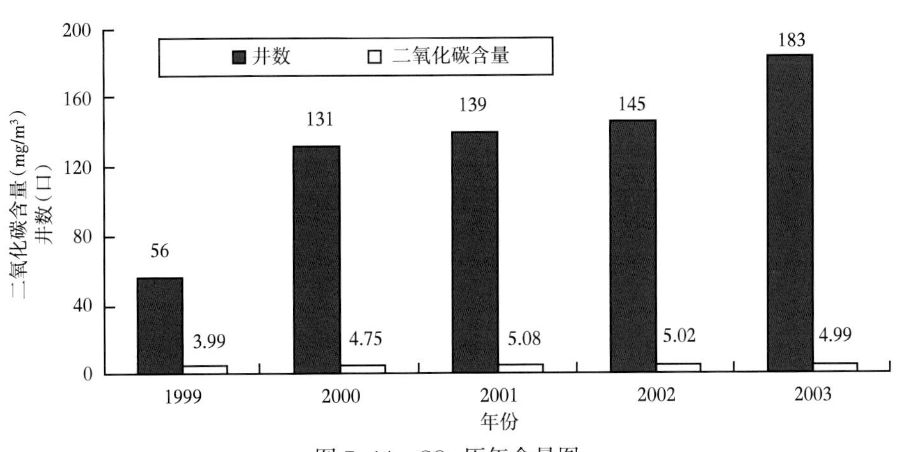

图 7-14 CO_2 历年含量图

从气田开发初期到2005年，H_2S含量平面分布规律变化不大，大致呈北高南低、西高东低的趋势。在井间连通的情况下，同一储层构造高部位的气井H_2S含量较低，构造低部位相对较高。纵向上，马五$_4H_2S$含量明显高于马五$_{1+2}$。CO_2在全气田都有分布，平面上高含量的气井主要分布在北部，纵向上无明显变化（图7-15、图7-16）。

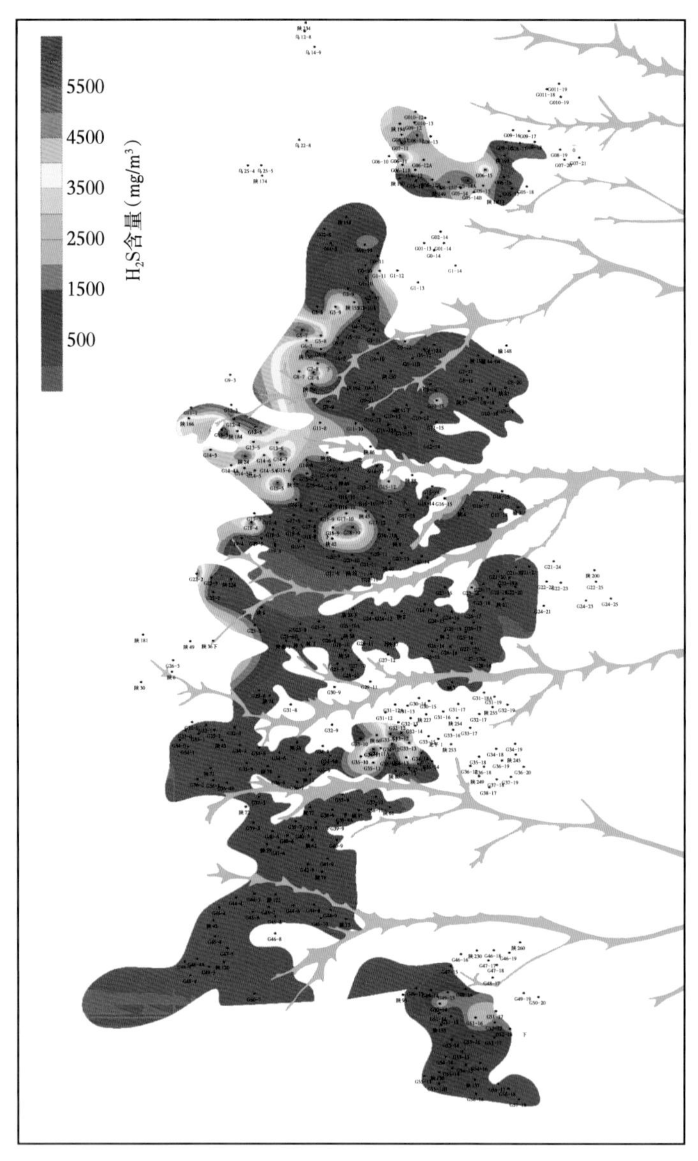

图7-15　靖边气田H_2S平面分布图

通过对靖边气田酸性气体分布及成因研究表明，天然气中H_2S含量、CO_2含量主要受地质因素制约，主要因素有气藏沉积—成岩作用、地层水、构造和流体运移等方面影响；其次，储层物性也是影响因素之一。

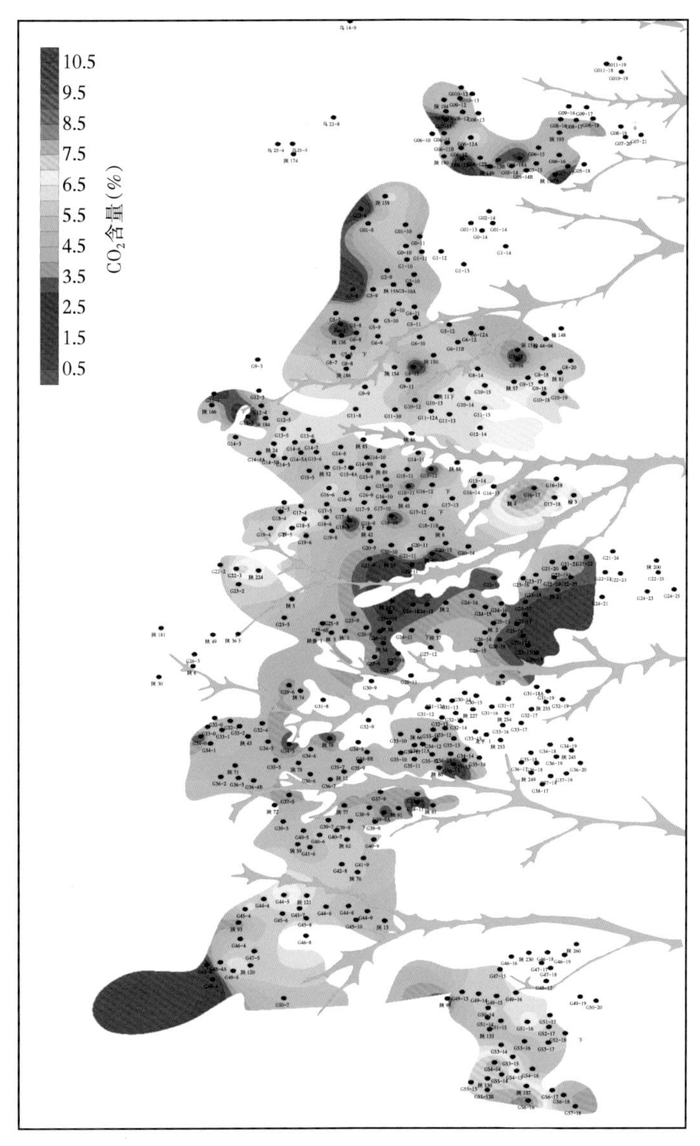

图 7-16　靖边气田 CO_2 平面分布图

2. 水体监测

靖边气田下古生界气藏受区域西倾单斜构造控制，整体上相对富水区分布于气田西部，东部基本不存在相对较大的富水区。在相对富水区内，产水气井处于由小幅度构造控制的构造相对低部位，且水体储层储集性、渗透性较好。其他位于气田东部的产水单井点也处于小幅度构造相对低部位，但储层物性相对较差。

榆林气田山 2 段气藏经过多年的生产实践，绝大部分气井基本不产地层水，大部分属于凝析水。由于构造、成藏等因素，局部存在富水区。通过密切跟踪分析，形成富水区的控水采气，效果明显。榆林气田存在陕 209 富水区，共有 11 口井产地层水。研究认为区域地质构造控制水体的分布，气水界面在-1810~-1800m 之间，气藏水体主要为边水，局部存在底水，地层水型主要为 $CaCl_2$ 型，水体不活跃，为弱边水驱动气藏。为保持气藏具有一定稳产能力，控制水体的推进速度，把该区块划分为 A、B、C 区：A 区的气井由于山 2 段多为气水层、水层，故当前重点开发下古生界气藏，暂不射开山 2 段气层；B 区的气井在水线附近，容易引发地层水，应努力做好控水采气，推迟见水时间，延长无水稳产期；C 区的气井上古生界山 2 段气层发育较好，距水线相对较远，以合理配产，保持稳定生产(图 7-17)。

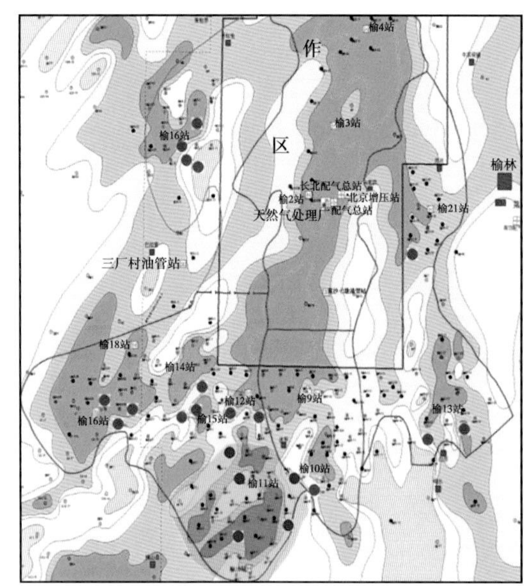

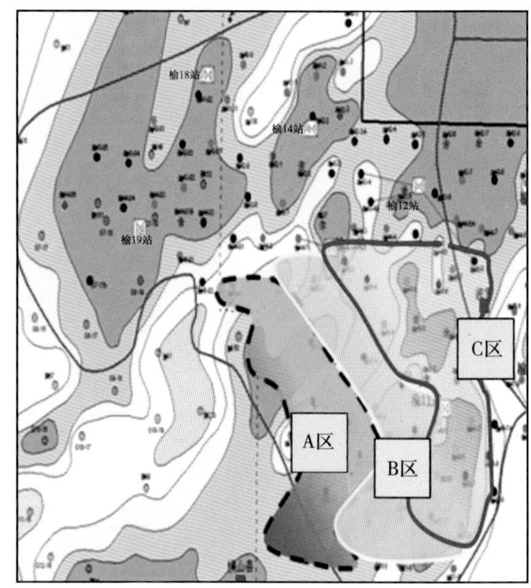

图 7-17　榆林南区陕 209 井区水体分布及分区开采示意图

四、气井分层产能评价

靖边气田通过产气剖面测试，主要达到以下三个目的。测试小层的产气情况，评价储层动用情况；判别产水气井出水层位；评价用一套管柱开采多个层系的可行性。

产气剖面测试原理：当油(套)管内径不变时，流速与产量成正比，通过气体流速来计算产量，仪器测点的气量是其所处位置以下所有产层产气量的总和，产层顶部所测气量减去产层底部所测气量就是该产层的气量，依次计算出各产层的产气量。在气井稳定生产时，通过在井筒中测试压力、温度、流体密度、流体流速等参数，来计算各产层产量，确定主要产气、产水层段。

通过对历年产气剖面测试结果进行整理，得出以下主要认识。

1. 明确气田主力产层

长庆气区靖边气田主力产层突出，马五$_1^3$ 小层是气田的主力产层，产能贡献率 64.35%，其次是马五$_1^2$ 小层，产能贡献率为 17.04%。

又如榆林气田随着开发时间的延长，山 2 段储层贡献率逐渐增大。气田西部及南部的气井下古为主要产气层，气量贡献大；单采下古气井，马五$_1^3$ 小层为主要产气层，气量贡献大；山2段与本溪组等层位合采，山2段产量贡献率较大。不同时间的测试结果对比，各小层产量贡献率变化不大。

2. 低渗透产层存在启动压差

X14井不同产量及生产压差下进行测试，低渗透储层马五$_2$亚段、马五$_4^1$小层在生产压差分别为0.54MPa、0.43MPa时均未产气，而在生产压差分别为2.11MPa、1.92MPa时产能比例分别达1.78%、0.93%，表明低渗透储层在生产压差大于其启动压差时，低渗透气层即可参与供气，使气井产气剖面得到改善（表7-9）。以此为依据，可对部分主力产层物性差的气井放大压差生产，提高单井产量。

表7-9　X14井产气剖面测试成果对比表

层位	有效厚度（m）	孔隙度（%）	渗透率（mD）	测试1			测试2		
				分层产量（$10^4m^3/d$）	产能比例（%）	生产压差（MPa）	分层产量（$10^4m^3/d$）	产能比例（%）	生产压差（MPa）
马五$_1^1$	未解释			0.66636	7.13	0.58	0.8646	3.16	2.31
马五$_1^2$	2.8	7.2	0.5101	0.2483	2.66	0.57	1.3568	4.96	2.3
马五$_1^3$	4.4	7.1	0.6165	5.8940	63.03	0.56	15.3229	56.04	2.27
马五$_1^4$	1.6	10.7	2.1876	2.5430	27.19	0.55	9.0575	33.12	2.24
马五$_2$	2.4	6.3	0.0777	0	0	0.54	0.4880	1.78	2.11
马五$_4^1$	2.4	6.7	0.2591	0	0	0.43	0.2542	0.93	1.92
合计				9.35174	100		27.344	100	

3. 上古生界、下古生界合采技术可行，单井产量有一定提高

自2000年至2006年先后对15口井进行了上古生界、下古生界合采试验和不同产况下的产气剖面测试。结果表明，只要井底流压不高于上古生界、下古生界产层的地层压力，上古生界、下古生界产层都能参与供气，如X15井上古生界地层静压为25.80MPa，2000年两次测试，上古生界流压分别为27.28MPa、26.98MPa，上古生界均发生倒灌，倒灌量分别占下古生界产气量的8.52%、3.40%；2001年经长期生产重新测试，上古生界流压降为23.43MPa时，开始参与供气，产气量占总产量的8.33%，生产动态分析表明上古生界、下古生界合采使单井的产能和生产稳产性都有一定程度提高。结合工艺试验结果综合分析，采用一条管线、单根管柱同时开发上古生界、下古生界两套气层是可行的。

4. 确定出水层位

X16井为一口产水气井，2001年10月5日对该井进行测试，测试产气量3.0424×$10^4m^3/d$，日产水2.07m^3，主力产层马五$_1^3$小层产气量占全井总产量的87.68%，产水量占全井总产量的88.41%，次产层马五$_1^2$小层产气量占全井总产量的12.32%，产水量占全井总产量的11.59%。测试结果表明主要出水层位为马五$_1^3$小层，与该井电测资料分析结果相符。以此为依据，可相应分析其他出水井的出水层位，为产水层位研究提供依据。另外马五$_1^3$小层是X16井的主力产层，同时也是主要出水层位，对此类气井应充分利用气井产能，以合理产量稳定生产，控制产水量。

五、压力系统划分

气田压力系统(即独立气藏或流动单元)是组成气田的基本单元。压力系统是气藏动态分析、开发效果评价、数值模拟、动态预测、开发调整等工作的基础。实质上，气藏工程研究就是基于独立的压力系统，只有正确划分出气田内的压力系统分布，才能开展气田开发研究与管理工作。靖边气田压力系统划分主要采用以下方法。

(1)储层地质方法。

划分压力系统首要条件是储层无明显的断层分隔和岩性变化，否则不能化为同一压力系统。

(2)流体性质。

统一压力系统内的气井具有统一的气水界面，各井流体性质组分大致相近。

(3)压力与埋深关系。

同一压力系统内气井具有单一的压力梯度曲线，原始地层压力与储层埋藏深度呈良好的线性关系，且其直线斜率(压力梯度)与流体的地下密度相对应。

图 7-18 是 Y1 井区部分气井压力与埋深曲线，各井压力梯度曲线基本相同或平行，具备划分同一压力系统的条件。

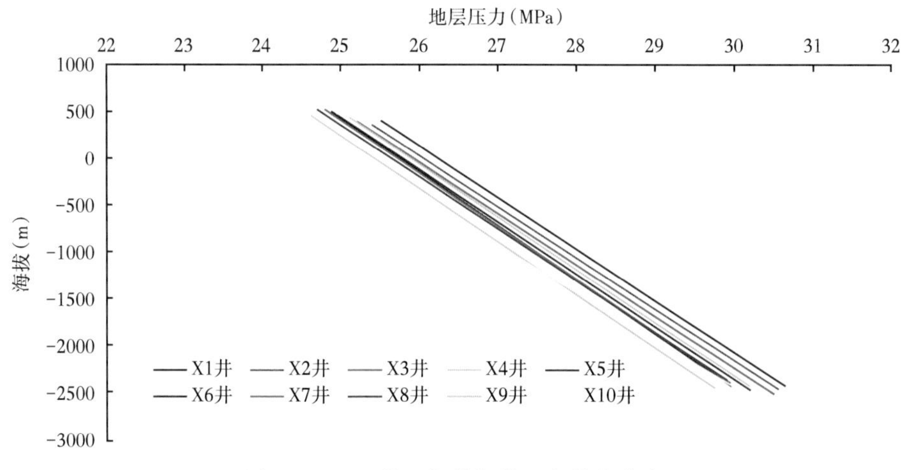

图 7-18　Y1 井区部分气井压力梯度曲线

(4)井间干扰。

同一压力系统内的气井，随着生产时间的延长将出现井间压力干扰现象，由此可以准确划分压力系统。

干扰试井是确定井间干扰行之有效的方法，是以一口井作为激动井生产，相邻的多口井作为观察井，连续监测井底压力的变化。若观察井出现压力干扰，表明该井组是连通的，属于同一压力系统。

靖边气田自开发以来，开展了 X17—X18—X19、X20—X21 等井组的干扰试井，通过试验，证实了气藏的连通性。

①X17—X18—X19 井组干扰试井。

X17—X18—X19 井组干扰试井以 X18 井为激动井，其他两口为观测井。共分两个阶段进行，第一阶段开激动井，X18 井以稳定产量 $4\times10^4m^3/d$ 连续生产 234 天，观察井 X17 井、X19 井均明显监测到干扰压力的影响，其中对 X17 井造成的干扰压力约为 0.27MPa，对 X19 井的干扰压力约为 0.138MPa，证明 X19 井、X17 井均与 X18 井连通。

②X20—X21 井组干扰试验。

X20—X21 井组干扰试验以 X20 井为激动井，X21 井、X22 井为观测井。X20 井以 $10.0\times10^4m^3/d$ 配产生产，连续测试 X21 井的压力，共 42 天，井底压力由 30.28MPa 下降为 30.24MPa，日降率 0.0011MPa，说明井间是连通的。而 X22 井未测到压力变化，对 X22 井进行井底地层压力测试，测得中深地层压力为 30.44MPa，与 X20 井地层压力相差较大，证实 X20 井与 X22 井不连通。

(5) 单井影响半径。

单井影响半径是判断划分压力系统一个重要依据，在生产层位相同条件下，通过计算单井压力波及范围，判断井间连通关系。如 Y2 井区中 X23 井计算单井影响半径 3410m，X24 井影响半径 1666m，两口井井距为 2800m，生产层位相同，影响半径之和已大于井距，结合地质认识可以判断两口井连通。

(6) 动态分析法。

该方法类似于干扰试井法，其原理也是通过井间干扰，证明储层连通性。区别是观察井内不下压力计连续监测井底压力，而是以气井投产的先后时间差异及对应测试的初始地层压力，来判断井间连通性。如靖边气田 Y3 井区 X25 井于 2002 年投产，投产前测试地层压力 23.44MPa，远低于该井区原始地层压力 31.26MPa，说明该井已经受到邻井生产影响，与邻井储层连通，属于同一压力系统。

(7) 区块内部原始地层压力、目前地层压力分布。

当一个区块采出一定气量后进行整体关井测压，根据测试得到的目前地层压力与该区原始地层压力进行对比分析，判断储层连通性。同一压力系统内部气井，原始地层压力折算至同一海拔后大致接近，目前地层压力也应基本相同，同时压降也基本相同。

压力系统的划分是上述各种分析方法结果的综合判断。研究表明，靖边气田的压力系统主要受侵蚀沟槽控制，其次是储层非均质性。

六、气井产能核实与递减分析

气井产能随气田开发和地层压力下降是不断变化的，因此气井产能核实是贯穿气田开发全过程的一项工作，针对不同开发阶段采用不同方法对气井进行产能核实。开发早期采用试气和短期放空试采（修正等时试井），稳产期主要采用简化修正等时、单点法产能试井。同时，开展部分区块的定压生产试验，评价气井递减规律。

1. 修正等时试井

修正等时试井适用于低渗透气藏，在等时阶段不要求气井流动压力达到稳定状态，其整个测试过程延续时间相对较短。而且严格的现场实施使修正等时试井取得结果比较精确。在靖边气田开发前期评价阶段，选取了不同区块、不同产能的 25 口气井进行了修正等时试井，其结果真实地反映了气井的实际产能，为气田开发初期制定气井合理配产提供了依据（表 7-10）。

表 7-10 修正等时试井产能核实结果

井号	试气无阻流量（$10^4m^3/d$）	修正等时试井无阻流量（$10^4m^3/d$）	产能比（%）	井号	试气无阻流量（$10^4m^3/d$）	修正等时试井无阻流量（$10^4m^3/d$）	产能比（%）
L1	38.6	13.7	36.0	L14	21.9	19.1	96.9
L2	110.0	43.0	42.7	L15	14.9	13.0	97.5
L3	16.9	10.9	61.1	L16	9.1	8.2	97.8
L4	19.3	11.1	65.9	L17	11.1	10.8	98.1
L5	62.0	37.5	67.7	L18	44.8	37.8	100.0
L6	9.5	7.5	78.6	L19	39.9	39.2	100.1
L7	10.6	8.4	85.6	L20	16.8	15.9	100.7
L8	45.4	36.5	87.6	L21	38.1	35.0	101.1
L9	74.4	65.2	88.3	L22	84.0	78.3	102.7
L10	3.8	3.3	88.4	L23	56.0	58.2	110.1
L11	15.4	13.7	90.1	L24	6.5	10.1	126.4
L12	11.9	9.9	93.0	L25	29.1	39.9	145.2
L13	27.4	23.2	96.3	平均	32.7	26.7	81.7

2. 单点法试井

长庆气田在勘探前期采用陈元千统计得到的 $\alpha=0.25$，得到产能方程的经验公式为：

$$q_{\mathrm{AOF}}=\frac{6q_{\mathrm{g}}}{\sqrt{1+48p_{\mathrm{D}}}-1} \tag{7-3}$$

随着勘探的深入，试井资料的丰富，对长庆气田下古生界 16 口气井的修正等时试井资料进行统计，发现 α 变化范围很大（0.2423～0.9711），平均为 0.6329，显然较文献的 0.25 大出许多（详见第五章第二节）。

根据气井 α 的变化规律，发现随着气井边界及地层非均质程度的增加，α 在不断增大。为此，将地层相对均质气井和存在边界的气井分别处理。通过统计研究，发现对于地层相对均质气井，平均 α 为 0.3631，对应的单点经验产能公式为：

$$q_{\mathrm{AOF}}=\frac{3.5081q_{\mathrm{g}}}{\sqrt{1+19.3232p_{\mathrm{D}}}-1} \tag{7-4}$$

对于井外围存在边界和物性变差的气井，平均 α 为 0.7356，对应的单点经验产能公式为：

$$q_{AOF}=\frac{0.7189q_g}{\sqrt{1+1.9545p_D}-1} \tag{7-5}$$

3. 简化修正等时试井

稳产阶段为了进一步缩短测试时间，国内外诸多学者在修正等时试井的基础上进行了进一步的简化，提出了利用等时不稳定资料建立气井稳定产能方程的方法。简化后的修正等时试井只进行等时阶段的测试，而不进行延续生产期的测试，从而大大地缩短了测试时间，减少了天然气的消耗。其原理是：首先利用等时不稳定阶段的测试资料确定产能方程系数 B；同时利用不稳定资料建立 At—lg$t$ 关系曲线，在井筒储集效应基本消失后，均质地层气井的 At—lg$t$ 将是一条直线。对于给定气井供气半径 r_e，利用下式计算有效驱动时间 t_d：

$$t_d=\frac{0.02755\phi\mu C_t r_e^2}{K} \tag{7-6}$$

将计算得到的 t_d 代入 At—lg$t$ 的关系表达式，便可获得稳定的产能方程系数 A，从而达到利用等时不稳定测试资料建立气井稳定产能方程的目的。

利用该方法选取榆林气田及子洲气田有代表性的气井进行计算对比分析。研究中选取均质储层气井 3 口、非均质储层气井 5 口，表 7-11 分别为非均质气井和均质气井的简化修正等时试井和修正等时试井确定的气井绝对无阻流量结果对比表。

从对比结果可以看出，对于均质地层气井，简化修正等时试井确定的结果与修正等时试井结果基本吻合；但对于非均质地层气井，简化修正等时试井确定的结果偏大，且误差较大。因此认为简化修正等时试井仅适用于均质地层。

表 7-11　简化修正等时试井和修正等时试井确定结果对比表

井号	延续测试时间（h）	地层压力（MPa）	无阻流量（$10^4m^3/d$）			备注
			修正等时	简化修正等时	误差（%）	
XX1	720	24.22	12.82	20.82	62.4	非均质
XX2	648	24.06	20.23	25.66	26.84	
XX3	552	25.2	17.87	24.67	38.05	
XX4	672	21.41	32.15	33.3	3.6	
XX5	645	24.83	16.83	32.27	91.74	
XX6	792	24.1	23.95	22.29	6.9	均质
XX7	912	24.98	23.04	25.3	9.8	
XX8	1080	24.74	14.046	15.017	6.9	

4. 定压生产试验评价气井递减规律

为了研究定压方式下气井产量递减规律，进一步认识气井的稳产能力，2004—2005 年在陕 X 井区开展定压生产试验，额定井口压力 14.0MPa。

2004 年 1 月 15 日试验正式开始，2005 年 7 月结束。试验前平均油压、套压分别为 14.77MPa、14.77MPa，单井日均配产 $7.1\times10^4m^3$；试验结束后平均油压、套压分别为

13.24MPa、13.79MPa，单井日均配产 $5.0\times10^4m^3$。

通过试验初步得到如下认识，在额定井口压力条件下，单井平均递减率在5.25%~42.19%之间，多数井递减率在20%左右，21口井递减规律表明，不同井口压力条件下，单井递减率不同，平均递减率为21.40%。

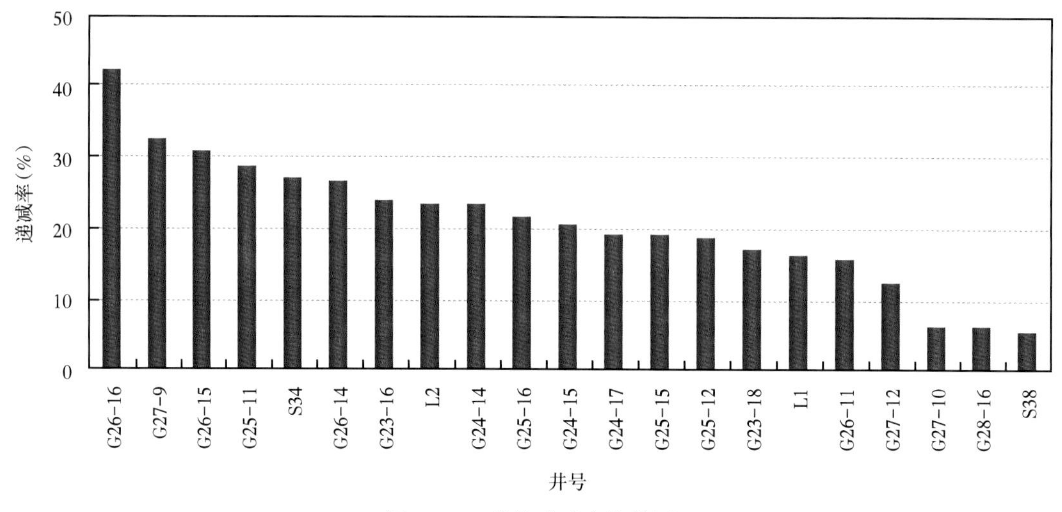

图7-19　单井递减率柱状图

动态监测广泛应用于气田开发各个阶段，为气田初期开发方案编制、中后期开发方案优化与调整提供了直接依据。

参考文献

程时清，李菊花，李相方，等，2005. 物质平衡—二项式产能方程计算气井动态储量［J］. 新疆石油地质，26(2)：181-182.

杜新龙，康毅力，2010. 低渗透储层应力敏感性控制因素研究［J］. 天然气地球科学，21(2)：295-299.

冯友良，2003. 修正的二相法［J］. 大庆石油地质与开发，22(1)：15-17.

付金华，王怀厂，魏新善，等，2005. 榆林大型气田石英砂岩储集层特征及成因［J］. 石油勘探与开发，32(1)：30-32.

高勤锋，党玉琪，李江涛，等，2009. 柴达木盆地涩北气田动态储量计算方法与评价［J］. 新疆石油地质，30(4)：499-501.

葛家理，2003. 现代油藏渗流力学原理［M］. 北京：石油工业出版社.

韩会玲，蒋建方，杨玉凤，等，2008. "一点法"快速试气在陕北气田的应用研究［J］. 油气井测试，17(5)：17-19.

郝玉鸿，王方元，2000. 地层压力下降对气井产能方程及无阻流量的影响分析［J］. 天然气工业，(1)：71-74，2.

胡建国，张宗林，张振文，2008. 气田一点法产能试井资料处理新方法［J］. 天然气工业，28(2)：111-113.

黄炳光，2004. 气藏工程分析方法［M］. 北京：石油工业出版社.

黄全华，王富平，尹琅，等，2011. 低渗气藏气井产能与动态储量计算方法［M］. 北京：石油工业出版社.

郎兆新，1994. 压裂水平井产能研究［J］. 石油大学学报，18(2)：43-46.

李传亮，2005. 油藏工程原理［M］. 北京：石油工业出版社.

李锋，2013. 低渗透油田产量递减规律研究［D］. 西安：西安石油大学.

李海平，任东，郭平，等，2016. 气藏工程手册［M］. 北京：石油工业出版社.

李培超，孔祥言，卢德唐，2000. 利用拟压力分布积分方法计算气藏平均地层压力［J］. 天然气工业(3)：67-69，4.

李爽，贾旭峰，井元帅，2010. 苏 10 区块低渗透气藏动态储量预测研究［J］. 断块油气田，17(1)：70-72.

李晓平，关德，沈燕来，2002. 水平气井的流入动态方程及其应用研究［J］. 中国海上油气地质，16(4)：250-253，290.

李跃刚，郝玉鸿，范继武，2003. "单点法"确定气井无阻流量的影响因素分析［J］. 海洋石油(1)：39-44.

李跃刚，王晓东，1996. 利用单点测试资料建立气井产能方程的新方法［J］. 天然气工业(2)：49-51.

刘方玉，马华丽，蒋凯军，等，2010. 压裂后气井的产能评价方法分析［J］. 油气井测试，19(5)：35-38，47.

刘姣姣，刘志军，刘倩，等，2020. 基于数值试井法的神木气田多层压裂气井产能评价［J］. 非常规油气，38(5)：75-82.

刘能强，2002. 实用现代试井解释方法［M］. 北京：石油工业出版社.

刘想平，1998. 气藏水平井稳态产能计算新模型［J］. 天然气工业，18(1)：37-40

刘晓旭，胡勇. 2006. 储层应力敏感性影响因素研究［J］. 特种油气藏，13(3)：18-19.

刘尧文，张茂林，刘常旭，等，2013. 利用流动物质平衡确定低渗气藏单井控制储量［J］. 天然气勘探与开发，36(2)：41-44.

刘志军，兰义飞，夏勇，等，2014. 靖边气田动态精细评价及水平井开发技术研究与实践［J］. 天然气勘探与开发，37(3)：37-40，5.
刘志军，蒙晓玲，安文宏，等，2014. 低渗气藏气井产能动态追踪评价方法研究［J］. 石油化工应用，33(1)：50-53.
刘志军，许黎明，黄有根，等，2015. 低渗透气井短期关井计算地层压力［J］. 科学技术与工程，15(6)：159-163，169.
马镐，2013. 低渗透气田气井产量递减规律分析［D］. 西安：西安石油大学.
孙志道，胡永乐，方义生，等，2011. 一点法求气井产能适用范围的研究［J］. 天然气工业，31(11)：63-65.
谭中国，2005. 低渗透气田动态监测技术指标计算方法研究［J］. 海洋石油，25(4)：55-60.
王富平，黄全华，2009. 利用生产数据计算气井地层压力方法优选［J］. 断块油气田，16(1)：66-68.
王富平，黄全华，张浩，2009. 一种气藏平均地层压力的计算方法［J］. 大庆石油地质与开发，28(6)：175-177.
王俊魁，2007. 油气藏产量递减规律的研究与可采储量的预测［J］. 新疆石油地质，28(2)：189-193.
王怒涛，黄炳光，梁尚斌，等，2004. 气井产能分析方法研究［J］. 大庆石油地质与开发，23(1)：33-34.
王卫红，沈平平，马新华，等，2004. 非均质复杂低渗气藏动态储量的确定［J］. 天然气工业，24(7)：80-82.
伍勇，兰义飞，蔡兴利，等，2013. 低渗透碳酸盐岩气藏数值模拟精细历史拟合技术研究［J］. 钻采工艺，36(2)：52-54，8.
向阳，向丹，杜文博，2002. 致密砂岩气藏应力敏感的全模拟试验研究［J］. 成都理工学院学报，29(6)：617-619.
谢姗，伍勇，张建国，等，2020. 低渗碳酸盐岩气藏提高采收率技术对策［J］. 科学技术与工程，20(6)：2231-2236.
晏宁平，王旭，吕华，等，2013. 鄂尔多斯盆地靖边气田下古生界非均质性气藏的产量递减规律［J］. 天然气工业，33(2)：43-47.
杨莎，2012. 沙罐坪石炭系低渗气藏产量递减规律研究［D］. 成都：西南石油大学.
俞启泰，2000. Arps 递减指数 $n<0$ 或 $n\geq1$ 怎么办［J］. 新疆石油地质，21(5)：408-411.
张国东，2005. 新场气田沙溪庙组气藏压裂井产能分析及压裂效果评价研究［D］. 成都：西南石油大学.
张海波，黄有根，陈红飞，等，2018. 应用数值模拟研究间歇井生产制度——以苏里格气田南区上古生界气藏为例［J］. 天然气勘探与开发，41(1)：58-62，68.
张海波，王京舰，靳锁宝，等，2017. 鄂尔多斯盆地苏里格气田南区产水气井合理产量研究［J］. 天然气勘探与开发，40(3)：72-77.
张海波，王蕾蕾，刘志军，等，2016. 苏里格南区马五$_5$气藏产水气井合理配产研究［J］. 油气藏评价与开发，6(1)：14-17.
张继成，高艳，宋考平，2007. 利用产量数据计算封闭气藏地层压力的方法［J］. 大庆石油学院学报，31(1)：35-37.
张琰，崔迎春，2001. 低渗气藏应力敏感性及评价方法的研究［J］. 现代地质，2(4)：453-457.
张宗林，赵正军，张歧，等，2006. 靖边气田气井产能核实及合理配产方法［J］. 天然气工业，26(9)：106-108.
朱光亚，刘先贵，高树生，等，2009. 低渗透气藏气水两相渗流模型及其产能分析［J］. 天然气工业，29

(9)：67-70.

庄惠农，2009. 气藏动态描述和试井［M］. 2版. 北京：石油工业出版社.

Al-Khalifah A J，Aziz K.，Horne R N，1987. A New Approach to Multiphase Well Test Analysis［C］. paper SPE 16743 presented at the 1987 SPE Annual Technical Conference and Exhibition，Dallas，Sept 27-30.

Al-Hussainy R，1965. The Flow of Real Gases Through Porous Media［C］. Thesis，Texas A. and M. Univ.

Al-Hussainy R，1967. Transient Flow of Ideal and Real Gases Through Porous Media［C］. Ph. D. Thesis，Texas A. and M. Univ.

C H Whitson，1990. Application of the van Eerdingen-Meyer Method for Analyzing Variable-Rate Well Tests［C］SPE15428.

Cullender M H，1955. The Isochronal Performance Method of Determining the Flow Characteristics of Gas Wells［C］Trans.，AIME，204，137-142.

Deussen A，1936Acre-foot Yields of Texas Gulf Coast Oil Fields，Trans［J］. AIME. 1936，118，53.

Havena D，Odeh A S，1936. The Material Balance as an Equation of a Straight Line［J］. JPT（August 1936）896；Trans. AIME，228.

J J Arps，1945. Aanalysis of declines curve［C］. AIME（1945）160，228-247.

Katz D L，D Cornell，R Kobayashi，et al.，1959. Handbook of Natural Gas Engineering［M］. McGraw-Hill Book Co.，Inc.，New York.

L E Blasingame，1973. Decline Curve Analysis Using Type Curves［C］. SPE 30774.

L Mattar，D M Anderson，2003. A Systematic and Comprehensive Methodology for Advanced Analysis of Production Data［J］. SPE 84472.

M J Fetkovich，1980. Decline Curve Analysis Using Type Curves［C］. SPE4629.

M J Fetkovich，1987. Decline-curve Analysis Using Type Curves：case Histories［C］. SPE13169.

Miller C C，Dves A B，Hutehinson C A，1950. The Estimation of permeability andreservoir pressure From bottom hole pressure buildup characteristics tran［J］. AIME1950.

Noman R，Archer S J，1987. The Effect of Pore Structure on Non-Darcy Gas Flow in Some Low-permeability Reservoir Rocks［C］. SPE16400.

Pascal H，Kingston J D，1980. Analysis of Vertical Fracture Length and Non-Darcy Fflow Coefficient Using Variable Rate Test［C］. SPE9348.

Pierce H R，E LRawlins，1929. The Study of a Fundamental Basis for Controlling and Gauging Natural-Gas Wells［C］. U. S. Dept. of Commerce—Bureau of Mines，Serial 2929.

Pinson A E，1972. Concerning the value of proudcing time used in a pcrage pressure determinations form pressure biludup analysis［J］. J P T，1369-1370.

Ram G Agarwal，David C Gardner，1998. Analyzing Well Production Data Using Combfined-Type-Curve and Decline-Curve Analysis Concepts［C］. SPE57916.

Ram G Agarwal，et al.，1998. Analyzing Well Production Data Using Combfined-Type-Curve and Decline-Curve Analysis Concepts［C］SPE57916.

Rawlins E L，M A Schellhardt，1936. Backpressure Data on Natural Gas Wells and their Application to Production Practices［C］. U. S. Bureau of Mines，Monograph 7.

Robert C Earlougher J R，1977. Advanees In well test analysis［J］. Dohertv Memorial Fund of AIME. Soeiety of Petroleum Engineers of AIME，New York.

Russell D G，et al，1966. Methods for Predicting Gas Well Performmance［J］. JPT（January 1966）99.

T A Blasingame，W J Lee，1988. The Variable-Rate Reservoir Limits Testing of Gas Wells［C］SPE 17708.

Zhang Haibo, et al, 2020. Production Allocation Analysis of Commingle Production Wells in Multi-layer Tight Gas Reservoirs [C]. Proceedings of the International Field Exploration and Development Conference 2020.

Zuo Hailong, 2018. Identification of Iner-well Inerference Based on Production Dynamics [C]. Proceedings of the International Field Exploration and Development Conference 2018.

Zuo Hailong, Zhang Haibo, Liu Qian, et al. 2019. Research On The Technology Of Supercharging In Low Permeability Gas Field [C]. Proceedings of the International Field Exploration and Development Conference 20190.